Praktische Psychologie für den Umgang mit Mitarbeitern

Uta Rohrschneider und *Michael Lorenz* sind Diplom-Psychologen und führen die grow.up. Managementberatung GmbH. Sie verfügen über umfassende und langjährige Erfahrung in Fragen der Human Resources Strategy, der Personalentwicklung und der Management-Diagnostik und -Qualifikation. Schwerpunkte ihrer Arbeit sind die Prozessbegleitung und Moderation von strategischen Neuausrichtungs- und Umstrukturierungsprozessen sowie die Ausrichtung von Servicebereichen. Weitere Schwerpunkte liegen in Trainings und Workshops für Manager und Führungskräfte in den Themenfeldern Management, Führung, Persönlichkeitsentwicklung und Vertrieb sowie in der Konzeption, Implementierung und Projektleitung bei Personalentwicklungsprojekten. In individuellen Coachings begleiten sie Manager und Führungskräfte bei persönlichen Veränderungs- und Entwicklungsprozessen in Führungs- und Positionierungsfragen.

Beide Autoren haben zahlreiche Artikel und Bücher zum Themenfeld Management, Führung und Human Resources veröffentlicht.

Michael Lorenz, Uta Rohrschneider

Praktische Psychologie für den Umgang mit Mitarbeitern

Die vier Mitarbeitertypen führen

Campus Verlag
Frankfurt/New York

Bibliografische Information der Deutschen Nationalbibliothek:
Die Deutsche Nationalbibliothek verzeichnet diese Publikation in der Deutschen Nationalbibliografie. Detaillierte bibliografische Daten sind im Internet über http://dnb.ddb.de abrufbar.
ISBN 978-3-593-37988-3

Umschlaggestaltung: Init GmbH, Bielefeld
Satz: Fotosatz Huhn, Linsengericht
Druck und Bindung: Druckhaus »Thomas Müntzer«, Bad Langensalza
Gedruckt auf säurefreiem und chlorfrei gebleichtem Papier.
Printed in Germany

Besuchen Sie uns im Internet: www.campus.de

Inhalt

1. Was ist Führung?

Wenn wir uns mit Psychologie für Führungskräfte beschäftigen, ist es sinnvoll, zu Beginn die Führungskraft und ihr Führungshandeln in den Vordergrund zu stellen. Damit meinen wir die Auseinandersetzung mit der Aufgabe und Rolle als Führungskraft. Diese beginnt mit der Frage: »Was ist Führung überhaupt?«

Zu reflektieren, was der Begriff Führung meint und impliziert, erklärt in weiteren Schritten viele der Anforderungen, die an Führungskräfte gestellt werden.

Versuchen wir im ersten Schritt eine Definition des Begriffs Führung. Dafür beginnen wir exemplarisch mit der Definition eines weniger komplexen Begriffs: mit »Wurst«. Wurst kennen wir alle, und es fällt uns auf den ersten Blick auch nicht schwer, sie zu definieren. Etwas schwieriger wird die Sache dadurch, dass eine Begriffsdefinition bestimmte Anforderungen stellt. Für die Definition benötigen wir einen Oberbegriff oder eine Kategorie, in welche die zu definierende Sache grundsätzlich einzuordnen ist. Und wir brauchen eine Spezifikation, durch die sich die eine Sache von den anderen in der Kategorie unterscheidet.

Stellen Sie sich vor, Sie müssten jemandem »Wurst« erklären, jemandem, bei dem dieser Begriff nicht zu seinem Sprachgebrauch gehört. Wie würden Sie jemandem verständlich machen, was der Begriff Wurst bedeutet, der überhaupt nicht weiß, was das ist? Was fällt Ihnen auf Anhieb dazu ein?

»Nahrungsmittel« oder »Salami« oder »zerkleinertes Fleisch« tauchen bestimmt in Ihrer Definition auf. Kann aber der Ahnungslose mit diesen Begriffen genug anfangen, um zu wissen, was Wurst ist? Wahrscheinlich nicht oder nur zum Teil. Unser wissbegieriges Gegenüber braucht eine Kategorie, in welche er den neuen Begriff einordnen kann. In diesem Fall könnte das zum Beispiel Nahrungsmittel sein. Erst im nächsten Schritt spezifizieren Sie den Begriff weiter, indem Sie überlegen, was macht die Wurst denn eigentlich zur Wurst und unterscheidet sie beispielsweise von Käse? Eine

Möglichkeit, Wurst zu definieren, wäre: Nahrungsmittel, welches aus zerkleinertem, gewürztem Fleisch besteht und geformt ist – eine kurze, zackige und prägnante Definition mit übergeordneter Kategorie und Spezifikation.

Das Wurstbeispiel können wir anwenden, um eine Definition von Führung zu gewinnen. Welcher Kategorie könnte man Führung zuordnen und welche besonderen Kennzeichen würden Sie benennen, um jemandem verständlich zu machen, was Führung genau ist?

Führung – aus psychologischer Sicht

Stellen wir diese Frage den Teilnehmern in unseren Seminaren, erhalten wir viele Anregungen und gute Ideen. Eine Sammlung könnte zum Beispiel so aussehen: Motivieren, Ziele vereinbaren, andere steuern, Ergebnisse erreichen, Mitarbeiter fördern. Alle genannten Begriffe beschreiben Verhaltensweisen, die zur Führungsaufgabe gehören, sie definieren Führung aber noch nicht.

Beginnen wir mit der Frage, in welche Kategorie Führung denn gehört. Hilfreich ist hier zu überlegen, wo wir Führung überhaupt finden. Führung ist ein Verhalten, welches dem Formenkreis der sozialen Beziehungen entstammt, das heißt es bedarf mindestens zweier Lebewesen, damit wir Führung erleben können. Damit ist die Kategorie, entsprechend der des »Nahrungsmittels« für das Beispiel Wurst, für Führung die »soziale Beziehung«.

Genau wie oben geht es jetzt um die Frage, was Führung von anderen sozialen Beziehungen wie Freundschaft oder Liebe unterscheidet. Führung ist ein richtungweisendes und steuerndes Einwirken auf den anderen, um eine bestimmte Zielvorstellung zu erreichen. Ein weiteres besonderes Kennzeichen ist, dass zwischen den Beteiligten eine Ungleichheit besteht. In der Führungsbeziehung gibt es ein oben – »Chef« – und ein unten – »Mitarbeiter«, also eine Hierarchie. Durch diese hierarchische Beziehung kann eine der beiden oder mehreren Parteien bestimmen, was getan wird, und den eigenen Willen durchsetzen. Ob es der Alpha-Rüde im Wolfsrudel, der Silberrücken bei den Berggorillas oder der Leiter der Projektgruppe ist – Führung begegnet uns überall.

Die Vertikalität beziehungsweise Hierarchie ist das wesentliche und nicht wegzudiskutierende Merkmal der Führungsbeziehung. Sie ist wichtig für Ihre Rollendefinition und Positionierung und damit für Ihr Selbstverständnis als Führungskraft. Sie sind sozusagen immer »oben« und Ihre Mitarbeiter immer

»unten«. Die Aussage, die einige Führungskräfte gerne treffen, »ich bin Gleicher unter Gleichen«, kann somit nicht zutreffen. Wie stark sie die gegebene Vertikalität leben, ist eine andere Frage, auf die wir später eingehen.

Die Aufweichung der Selbstbestimmung

Die beschriebene Vertikalität bedeutet auch, dass wir uns bei der Beschäftigung mit Führung mit Macht auseinandersetzen müssen. Macht nutzen wir, um andere dazu zu bewegen, das zu tun, was wir möchten. Wir verstehen darunter die Fähigkeit, andere auch gegen ihren Willen dazu zu bringen, unseren Wünschen entsprechend zu handeln. Das, was wir mit Macht erreichen wollen, kennen wir auch aus ganz anderen Beziehungen, es geht dabei jedoch im Grunde immer um das gleiche Prinzip.

Bei Führung, im Management, im Vertrieb und beim Flirten geht es darum, die Selbstbestimmung des Gegenübers etwas aufzuweichen. Mein Gegenüber soll anfangen zu tun, was ich gerne möchte, nicht was er oder sie will. Hierfür nutzen wir in unterschiedlichen Beziehungen oder Situationen lediglich unterschiedliche Methoden. Manche Vorgehensweisen werden als akzeptabel empfunden, andere erleben wir als inakzeptabel.

Folgende Verhaltensweisen betrachten wir gemeinhin als akzeptable Methoden, unser Gegenüber dazu zu bringen, seine Selbstbestimmung aufzugeben:

- Werben
- Überzeugen
- Argumentieren
- Verhandeln
- Vorteile aufzeigen
- Verkaufen
- Verführen (hier steckt übrigens schon »Führung« drin)

Gemeinhin als inakzeptabel betrachtete Verhaltensweisen sind:

- Erpressen
- Drohen
- Sanktionieren
- Unterdrücken
- Bestrafen

Unsere Sichtweise, was wir für akzeptabel und was für inakzeptabel halten, ist sehr von der Kultur, dem jeweiligen Zeitgeist und dem Grad der Kultivierung geprägt. Die Wikinger hatten zum Beispiel eine völlig andere Vorstellung von akzeptabel und inakzeptabel. Die Fähigkeit, andere Menschen mit Hilfe von Worten dazu zu bringen, etwas anderes zu denken und zu tun, mussten wir im Lauf der Jahrhunderte mühsam lernen. Einige Griechen haben zu diesem Prozess nachhaltig beigetragen, indem sie viel darüber nachdachten, wie man klug vorgeht, um den anderen davon zu überzeugen, besser etwas zu tun oder zu lassen, was dieser vorher (so) nicht wollte.

Abbildung 1

Die Aufweichung der Selbstbestimmung

Woher bekomme ich Macht und wie funktioniert sie?

Machtbasis	Machtausübung durch...	Vorteile und Risiken
Person	Ausstrahlung und Persönlichkeit sowie den Aufbau von Abhängigkeiten (etwa durch Erpressung).	Macht durch Persönlichkeit und Ausstrahlung erfordert hohen, persönlichen Einsatz, hat oft aber auch einen hohen Wirkungsgrad. Machtausübung durch den Aufbau von Abhängigkeiten geht oft mit Schwierigkeiten einher, z. B. kann Erpressung zu Gegenerpressung führen.
Funktion	Status (z. B. einen Titel oder die Funktion, die zum Gebrauch von Machtmitteln, wie Anordnungen, berechtigt) sowie Einsatz von Belohnungen.	Vom Status abhängige Macht ist relativ schwach, wenn sie nicht mit entsprechender Persönlichkeit einhergeht; wird nämlich der Status entzogen, ist die Machtbasis dahin. Auch Machtausübung durch Belohnungen (etwa Gehaltserhöhungen) ist nicht immer wirksam; manche wollen z. B. gar nicht mit Geld und Status belohnt werden. Der Zugang zur Funktionsmacht ist allerdings leicht und die Machtmittel sind kurzfristig einsetzbar.
Sache	Informationszugang und -nutzung sowie Expertise.	Wer auf diese Machtquellen setzt, muss Informationen schnell nutzbar machen und sein Wissen ständig up-to-date halten, was sehr aufwändig ist. Expertenwissen kann zwar langfristig die Machtposition sichern, es kann aber auch schnell überflüssig werden, z.B. wenn es von außen zugekauft wird. Informationen können zudem falsch oder unvollständig sein.
Festlegung	Zwang, Regeln, Tabus sowie das Recht, auf das Verhalten anderer einzuwirken (sprich: Legitimation).	Zwang (z. B. in Form von Anweisungen) kann ignoriert oder sabotiert werden und muss ständig aufrechterhalten werden, da er bei mangelnder Konsequenz unwirksam wird. Zwang und Regeln allein ändern das Verhalten zudem nicht nachhaltig. Werte müssen vielmehr auch vorgelebt werden. Spielregeln haben jedoch den Vorteil, dass sie jederzeit einforderbar sind. Die Legitimation durch höhere Stellen wiederum kann zwar eine solide „Hausmacht" sichern, wenn sich aber die Beziehung zu den eigenen Vorgesetzten verschlechtert, ist die Basis weg.

grow.up.
Managementberatung GmbH

Für die nachfolgenden Überlegungen ist es hilfreich, »Macht« wertfrei zu definieren und diese Fähigkeit neutral anzuschauen. Im Moment haben Sie bei diesem Wort vielleicht unterschiedliche Gefühle und Assoziationen. Das ist ganz normal. Denn es ist nicht einfach, wertfrei zu denken. Sie erleben Macht auf der Ebene der Phänomene, haben sie irgendwie erlebt, gespürt oder ertragen. Sicher haben Sie schon Macht ausgeübt, indem Sie andere dazu gebracht haben, Ihrem Willen zu folgen. Und wahrscheinlich mussten Sie auch schon Macht erdulden, das heißt, andere haben ihre (in der Situation) größere Macht dazu angewendet, damit Sie tun, was der oder die andere wollte.

Auf einer offiziellen Definitionsebene resultiert unsere Macht aus (diese sind in Abbildung 1 beschrieben):

- Person/Persönlichkeit
- Funktion
- Sache/Information/Expertise
- Festlegung/Position.

Formen der Macht in Geschichten und Realität

Die nachfolgenden Überlegungen wollen versuchen, das Thema Macht– und wie wir sie im Alltag nutzen – von einer anderen Seite aufzuzeigen. Um Ihnen eine gut nachvollziehbare Grundlage zu bieten, bedienen wir uns bei der Beschreibung der Macht eines Modells, welches die Phänomene gut abbildet und verständlich macht: das Kasperletheater. Neben dem Kasperletheater übertragen wir unsere Überlegungen auch noch auf eine im Moment sehr publikumswirksame Geschichte: Harry Potter. Sie werden sehen, auch hier lassen sich die unterschiedlichen Formen der Macht wiederfinden.

In dem Modell nutzen wir zwei Kriterien, um die abgebildeten Phänomene zu sortieren:

Sortierung 1: In der Welt geht es um gut (konstruktiv) und böse (destruktiv).

Sortierung 2: Nicht alle Wesen sind gleich mächtig.

Anhand der Figuren des Kasperletheaters lassen sich die unterschiedlichen Quellen der Macht beziehungsweise Formen, sie auszuüben, gut erklären.

Dabei unterscheiden wir sozial akzeptierte Macht (konstruktive Macht) und sozial nicht akzeptierte Macht (destruktive Macht).

Wenn wir uns dieses Schema, die Welt des Kasperletheaters, als verkleinertes Abbild der realen Welt und der darin auftauchenden Rollen vor Augen halten, so finden wir verschiedene Figuren, die alle auf ihre eigene Weise Macht nutzen, in dem Grad, der ihnen zugestanden wird.

Als zentrale Figur finden wir den Kasper. Er ist dadurch gekennzeichnet, dass er zwischen der guten und der bösen Welt wandern und zu beiden Seiten Beziehungen aufnehmen kann. Solche Figuren gibt es in jeder Form von Mythologie, denken Sie zum Beispiel an Hermes, den Götterboten.

Der Kasper gewinnt seine Macht zum einen aus dieser Fähigkeit, zwischen beiden Welten zu wandern. Dies gelingt ihm aufgrund seiner Persönlichkeit. Er versteht es, eine Sprache zu sprechen, die beide Seiten verstehen. So kann er zum Beispiel auch kritische Dinge so ansprechen, dass sie von anderen akzeptiert werden. Ein weiterer Machtgewinn für ihn ist seine Schlauheit. Aber er hat nicht nur gute Ideen, sondern weiß immer auch, wie diese umzusetzen sind. Darüber hinaus ist er mutig, also er traut sich nicht nur, kritische Aspekte aufzuzeigen und anzusprechen, sondern Dinge auch tatsächlich umzusetzen. Seine Quellen der Macht sind demnach Persönlichkeit, Intelligenz, Mut sowie eine hohe Handlungsorientierung.

Als Nächstes unterscheiden wir die anderen Figuren des Kasperletheaters anhand der Kriterien gut (konstruktive Machtnutzung) und böse (destruktive Machtnutzung).

Beginnen wir mit der guten Seite der Macht. Die am wenigsten mächtige Person ist der Seppel. Bei Harry Potter übernimmt diese Rolle Ron. Seppel und auch Ron sind eher durch Bauernschläue als durch wirkliche Intelligenz gekennzeichnet. Sie verfügen nicht über viele, aber ein paar ganz besondere Talente, die in bestimmten Situationen für den Erfolg entscheidend sind. Ihre Macht leitet sich aus der Freundschaft und der Loyalität zu Kasper beziehungsweise Harry ab.

Die nächste mächtige Person im Kasperletheater ist Gretel, die erste weibliche Figur, die erscheint. Ihr Pendant findet sich bei Harry Potter in Hermine. Sie ist mächtiger als Ron, da sie deutlich schlauer ist. Sie verfügt nicht nur über eine hohe Intelligenz, sie hat auch eine schnelle Auffassungsgabe und kann daraus einen höheren Einfluss durch Ideenreichtum und Lösungsgenerierung gewinnen. Darüber hinaus zeigen Gretel und Hermine eine ausgeprägte Lernfähigkeit. Sie lernen aus bereits gelösten

Problemen und übertragen die erarbeiteten Lösungen auf neue Problemstellungen. Was Gretels und Hermines Macht schmälert oder klein hält ist, dass sie zwar viele Ideen haben, aber nicht unbedingt den Weg zur Umsetzung wissen.

Die nächste mächtige Figur ist der Polizist. Ihr Pendant findet sich bei Harry Potter in Hagrid. Der Polizist und auch Hagrid leiten ihre Macht aus der Einhaltung des bestehenden Regel- und Ordnungssystems ab und haben eine funktionsbezogene Macht. Sie reicht aber nur so weit, diese Regeln einzuklagen und auf deren Einhaltung zu achten. Was ihnen nicht obliegt ist, an den Regeln etwas zu verändern. Das Regelsystem und dessen Ausübung geben ihnen formale Macht.

Noch etwas mächtiger als der Polizist oder Hagrid ist die Großmutter beziehungsweise Prof. McGonagall bei Harry Potter. Im Unterschied zum Beispiel zu Gretel oder Hermine ziehen diese Personen ihre Macht aus Erfahrung, welche deutlich wertvoller ist als reines Wissen und reine Intelligenz. Die Erfahrung erlaubt ihnen, Schlussfolgerungen zu ziehen und diese auf neue Situationen zu übertragen, ohne vielleicht alle Informationen zu haben. Sie brauchen zum Teil an den auftretenden Entwicklungen gar nicht mehr teilzunehmen, sie lösen die Probleme durch Kombinatorik und Intuition.

Die mächtigste Person auf der guten Seite der Macht ist im Kasperletheater der König, sein Pendant bei Harry Potter ist Dumbledore. Beide ziehen ihre Macht aus Weisheit (extrem schwer zu erlangen), als Essenz aus Erfahrung und Güte. Beide haben die Macht, Regeln (Gesetze) zu erlassen. Dies ist also die höchste Form der Macht, die wir auf der guten Seite finden können.

Nun kommen wir zur bösen (destruktiven) Seite der Macht. Hier wird die Macht im Gegensatz zur guten Seite genutzt, um zu zerstören. Die Person mit der geringsten Macht auf der destruktiven Seite ist der Räuber. Ihm entspricht bei Harry Potter Draco Malfoy. Die Macht des Räubers oder die von Draco Malfoy resultiert daraus, dass sie etwas wegnehmen, verstecken oder kaputtmachen können. Sie haben mechanische Macht. Sie sind auch nicht wirklich intelligent, denn sonst – übertragen auf das Kasperletheater – wären sie keine Räuber geworden. Ihre Macht resultiert letztendlich nur aus der Angst der anderen, ihnen etwas wegnehmen oder zerstören zu können.

Die nächstmächtige Person der destruktiven Seite ist die Hexe. Bei Harry Potter ist dies der Hausmeister. Sie verfügen über gewisse magische

Fähigkeiten (Mächte, von denen wir nicht wissen, wie sie funktionieren). Sie können etwas verhexen, verwünschen, anhexen oder verschwinden lassen. Sie haben Macht über Form, Aussehen und Gestalt. Aber sie bleiben an der äußeren Hülle der anderen Wesen und können nicht in sie eindringen. Dies beschränkt ihre Macht.

Deutlich mächtiger als die Hexe ist der Zauberer. Bei Harry Potter ist dies Snape. Beide sind mächtiger als eine Hexe, weil sie Macht über etwas haben, zu dem die Hexe keinen Zugang hat – den Geist, die innere Welt des Gegenübers. Die Macht des Zauberers ergibt sich daraus, dass er durch die äußere Hülle dringen und die Wahrnehmung, Sichtweise und Vorstellungen von Menschen verändern kann. Er kann sie »verzaubern«.

Noch mächtiger ist der Teufel. Er zieht seine Macht letztendlich daraus, dass er Inbegriff des Bösen und in unserem Verständnis auch des Todes ist. Die Angst davor nutzt er, um seine Macht auszuüben. Bei Harry Potter entspricht Voldemort dem Teufel.

Am mächtigsten ist der Tod, er ist Herr über Leben und – seinem Namen entsprechend – Tod.

Jetzt haben wir anhand von Kriterien eine einfache Ordnung erstellt und können prüfen, ob wir uns mit ihrer Hilfe erlebte Phänomene erklären können, um die Nützlichkeit einer solchen Ordnung zu begreifen. Hierfür haben wir sie auf Ausschnitte der Welt, wie sie zum Beispiel in Filmen und Büchern wie *Harry Potter* dargestellt werden, übertragen. Abbildungen 2 und 3 auf Seite 15 machen dies noch einmal deutlich.

Auch hier sind die besprochenen Rollen vorhanden und unserem Modell entsprechend identifizierbar. Ein anderes Beispiel ist der *Herr der Ringe*, wo die Rollenverteilung analog aufgeht, oder *Star Wars* – auch hier sind alle Grundrollen vorhanden.

Auch andere bekannte Dramaturgien werden mit Hilfe dieses Modells verständlicher: In *Das Schweigen der Lämmer* geht Gretel (Jodie Foster) in der Rolle der jungen Kommissarin Claris Darling eine Beziehung zu Hannibal Lector, dargestellt durch Anthony Hopkins, ein. Lector ist zweifellos eine Mischung aus einem Zauberer (er ist ein erstklassiger Psychiater, also auch jemand, der in den Geist der Menschen eintaucht und Veränderungen der Wahrnehmungen vornimmt beziehungsweise vornehmen kann) und einem Teufel. Denn leider hat er auch eine teuflische Seite, er frisst Menschen und zeigt ein Verhalten, was wir gemeinhin als teuflisch bezeichnen.

Sie können auch ausprobieren, ob unser Modell auf altes deutsches Kulturgut passt. Im *Faust* treten die Figuren fast in der Reinzeichnung auf.

Abbildung 2

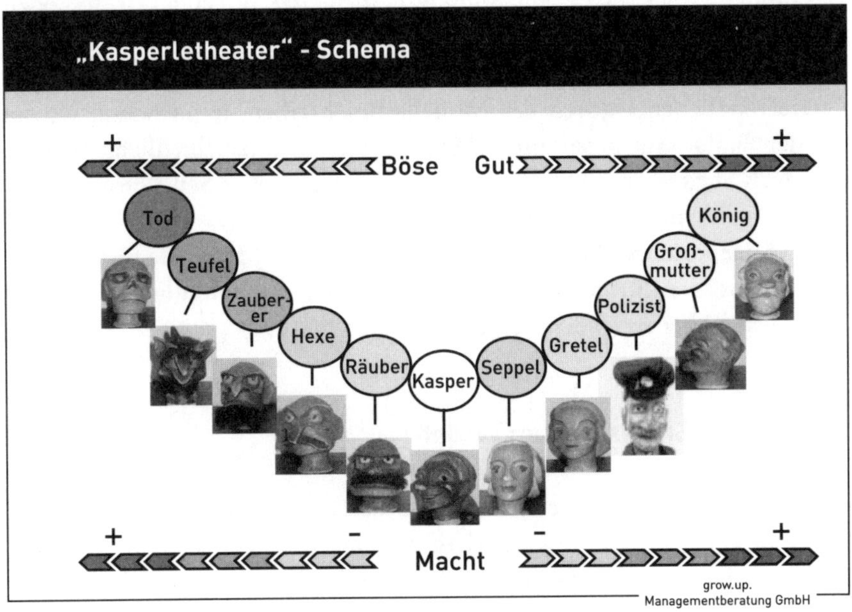

Abbildung 3

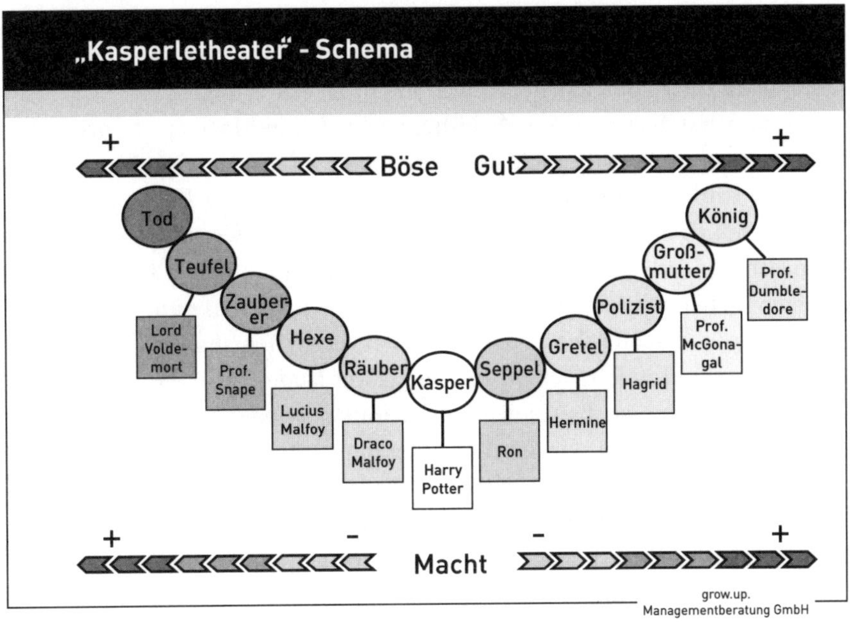

Das kleine Machtmodell des Kasperletheaters ermöglicht uns, bestimmte Zusammenhänge des Lebens und Phänomene der Wirklichkeit besser zu erkennen, zu verstehen und einzuordnen.

Dazu übertragen wir unser Modell auf die Welt, in der wir leben. Die unterschiedlichen Figuren des Modells beschreiben, je nachdem, wo sie auf der Skala »gut/böse« und »Macht« stehen, unterschiedliche Formen und auch Strategien, Menschen dazu zu bewegen, ihre Selbstbestimmung aufzugeben – also Macht auszuüben.

Auch Sie können überlegen, welche Formen der Macht Sie bislang nutzen, mit welcher Strategie Sie bei wem etwas erreichen können oder wer Ihnen gegenüber welche Strategie anwendet.

Ertrag – der Schlüssel zum Wollen

Andere Menschen zu beeinflussen ist auf verschiedene Art und Weise möglich. Die Figuren im Kasperletheater machen dies deutlich und sind letztendlich ein Abbild der Wirklichkeit.

Am liebsten ist es uns – und dieser Weg ist auch sozial und gesellschaftlich akzeptiert –, wenn Mitarbeiter das, was sie tun, aus freien Stücken tun, also eine eigene Motivation dafür haben.

Mitarbeitermotivation ist für Führungskräfte immer wieder eine Herausforderung. Warum tut der eine etwas mit Freude und der andere nur schleppend oder auch gar nicht, wenn kein Druck erfolgt?

Um zu verstehen, wie Sie als Führungskraft die Motivation Ihrer Mitarbeiter positiv beeinflussen können, bietet nachfolgendes Modell den Rahmen und die Ausgangsbasis: das Aufwand-Ertrag-Balance-Modell. Wir werden es in diesem Buch immer wieder aufgreifen und vertiefen.

Dieses Modell geht von der Annahme aus, dass wir alle, wenn wir arbeiten gehen, einen gewissen Aufwand haben. Aufwand meint alle Aspekte, die wir auf der negativen Seite verbuchen. Es sind die Dinge, die uns keine Freude machen, die wir lästig finden. Überlegen Sie kurz, was Ihr Aufwand ist. Beispiele, die wir immer wieder hören, sind: Kraft, Anstrengung, Nerven, Gesundheit, Herzblut oder das Getrenntsein von Menschen, die wir gerne mehr sehen würden.

Der erlebte Aufwand ist von Person zu Person unterschiedlich. Nehmen Sie einmal Ihre Mitarbeiter: Wer erlebt ganz individuell für sich welchen und wie viel Aufwand?

Einen objektiven Aufwand gibt es nicht. Es handelt sich hierbei um die rein subjektive Bewertung der individuellen Situation. Würden wir nur Aufwand erleben, gingen wir unserer Tätigkeit wahrscheinlich nicht sehr leistungsbereit nach. Doch in der Regel erleben wir nicht nur Aufwand, vielmehr haben wir durch unsere Tätigkeit auch einen sehr individuellen Ertrag.

Der Ertrag ist alles, was wir auf der positiven Seite verbuchen: das, was uns motiviert, unsere Arbeit zu tun, und was uns Spaß und Freude bereitet.

Auch hier stellt sich wieder die Frage, was ist Ihr Ertrag und was ist der Ertrag Ihrer Mitarbeiter? Als Ertrag werden häufig genannt: Anerkennung, Status und Prestige. Wir haben Kontakt zu anderen Menschen, stellen uns Herausforderungen und dürfen etwas lernen. Wir entwickeln uns weiter, erwerben Freiraum und dürfen gestalten. Abbildung 4 verdeutlicht die beiden Seiten. In der Abbildung ist die Ertragsseite etwas niedriger gezeichnet als die Aufwandssäule, denn in vielen Beschäftigungsverhältnissen wird der Ertrag etwas niedriger erlebt als der Aufwand. Vielleicht sind die Tätigkeiten zu wenig spannend oder lustvoll. Viele Arbeitsaufgaben sind vielleicht auf längere Zeit oder bei häufiger Wiederholung mehr oder weniger stupide, monoton oder langweilig für denjenigen, der sie ausführt, also nicht mehr motivierend oder ertragreich.

Die Differenz zwischen den Säulen führt, wenn sie zu groß wird, bei den betroffenen Personen zu einer erlebten Diskrepanz zwischen dem, was sie investieren müssen (Zeit, Ärger, Kraft, Nerven), und dem, was sie davon haben. Hier kommt nun eine dritte Variable zum Tragen.

Man erfand – schon lange, bevor es Organisationen gab – etwas, das beim Einzelnen einen Diskrepanzausgleich bewirken sollte: die *Compensation*. Diese wird meist in konvertiblen Währungen wie Geld oder geldwerten Vorteilen geleistet und lässt den Einzelnen die Diskrepanz zwischen wahrgenommenem Aufwand und erlebtem Ertrag akzeptabel erscheinen; es stellt sich eine empfundene Balance ein.

Die *Compensation*, also das geregelte Gehalt, trägt einer weiteren Tatsache Rechnung: Weltweit ist der weitaus größte Teil der Menschen darauf angewiesen, seine Arbeitskraft anzubieten, um den eigenen Lebensunterhalt sicherzustellen.

Vor diesem Hintergrund spielt Geld eine wichtige Rolle. Die meisten Menschen würden, wenn man ihnen ihr Gehalt wegnähme, morgen nicht mehr zur Arbeit gehen oder zumindest nicht im gleichen Umfang. Dass

Abbildung 4

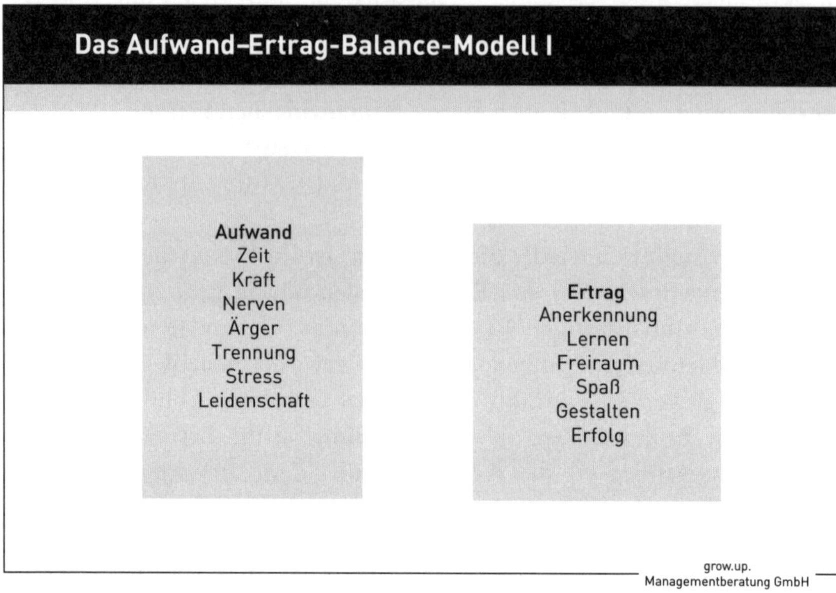

es aber auch ertragsgesteuerte Tätigkeiten gibt, beweist eine Vielzahl an ehrenamtlichen Beschäftigungen, in denen Leistung oft mit mehr Motivation ohne finanzielle Vergütung erbracht wird.

Der erlebte gesamte Ertrag besteht in normalen Anstellungsverhältnissen aus der Summe des Ertrags und der *Compensation.* Steht der Gesamtertrag in einem ausgewogenen Verhältnis zum erlebten Aufwand, empfinden wir Zufriedenheit. Abbildung 5 macht dies noch einmal deutlich.

Anhand des Modells können wir mehrere Aspekte nachvollziehen:

1. Es kommt nicht auf das absolute, sondern nur auf das relative und subjektiv erlebte Niveau von Aufwand und Ertrag an. Objektive Belastungen können unglaublich hoch sein, werden aber nicht immer so erlebt. Menschen sind, absolut gesehen, zu extremen Anstrengungen und Leistungen bereit und in der Lage, wenn sie einen entsprechenden Profit oder Ertrag erleben beziehungsweise erwarten. Denken Sie zum Beispiel an Leistungssportler, die für die Olympischen Spiele trainieren.
2. Berufe, bei denen für den Arbeitnehmer ein eigener Ertrag vermutet wird, werden in der Regel schlechter bezahlt. Das ist zum Beispiel einer der Gründe, warum Krankenschwestern traditionell relativ niedrig

Abbildung 5

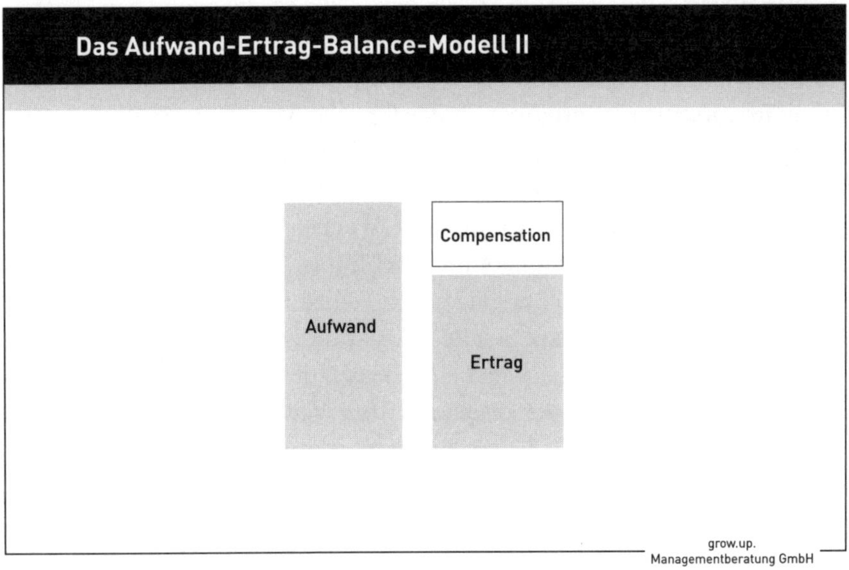

entlohnt werden konnten: Ihnen wurde ja immer die Befriedigung des »Hilfemotivs« auf der Ertragsseite mit angeboten. Dasselbe gilt auch für Künstler oder Musiker. Alle Berufsgruppen, bei denen die Vermutung gilt, die Ausübung der Tätigkeit als solche mache Spaß oder trage zur eigenen Motivbefriedigung bei, werden gerne schlechter bezahlt.

Wichtig ist zu beachten, dass die tatsächliche Zufriedenheit mit dem Arbeitsplatz an der direkten Differenz zwischen Aufwand und Ertrag gemessen wird. Wird diese durch Steigerung des Aufwands oder Sinken des Ertrags zu groß, kann sie durch die *Compensation* nicht mehr ausgeglichen werden und wir erleben Unzufriedenheit.

In Zeiten von wenig verfügbaren Alternativen – der Möglichkeit, den Job zu wechseln – ertragen wir allgemein eine höhere Diskrepanz zwischen Aufwand und Ertrag.

Um Zufriedenheit und Motivation zu erreichen, muss das Ziel des Handelns als Führungskraft sein, ein Gleichgewicht, eine Balance für den Mitarbeiter zwischen erlebtem Aufwand und erlebtem Ertrag zu erreichen. Dies kann als fortbestehende Anforderung an Führungskräfte beschrieben werden. Prozesse und Zustände in Unternehmen sind nicht statisch, sondern Unternehmen reagieren auf die Umwelt und auf Marktanforderungen. Steigende oder sich verändernde Anforderungen führen erst zu Neuorientierungen oder Umstrukturierungen, seien es Strategien wie Diversifikation, Expansion in neue Märkte, Internationalisierung oder Globalisierung. Diese Strategien und deren operative Umsetzung in Wachstums-, Qualitäts-, Kundenorientierungs- oder Change-Management-Programme generieren Aufwand für alle Beteiligten: Mitarbeiter und Führungskräfte. Dies hat zur Folge, dass die Aufwand-Ertrag-Balance aus dem Gleichgewicht gerät. Für einen Zeitraum von Wochen ist dies nicht erheblich, vielleicht auch für sechs Monate nicht schlimm. Irgendwann jedoch wird die Diskrepanz als zu groß erlebt und es stellen sich Frust und Unzufriedenheit ein. Abbildung 6 auf Seite 21 macht dies noch einmal deutlich.

Jetzt stellt sich die Frage, wie die Mehrzahl der Menschen darauf wohl reagiert und auf welche der insgesamt drei Variablen Aufwand, Ertrag oder *Compensation* sie als Erstes Einfluss nehmen möchten, um die verlorene Balance wiederherzustellen. Hierbei sind verschiedene Strategien möglich:

1. Die A-Minus-Strategie: Der Aufwand wird verringert, bis er wieder zum wahrgenommenen Ertrag passt. Die »Dienst-nach-Vorschrift«-Strategie.
2. Die C-Plus-Strategie: Es wird versucht, mehr Compensation in Form von Geld oder geldwertem Vorteil zu erlangen, um die Diskrepanz zwischen dem wahrgenommenem Aufwand und dem erlebten Ertrag wieder zu verringern.
3. Die E-Plus-Strategie: Der Versuch besteht darin, den Ertrag zu maximieren, also etwa mehr Anerkennung, mehr Herausforderungen oder mehr Status zu erreichen.

Nun prüfen Sie Ihr Menschenmodell: Was denken Sie, welches Verhalten trifft in der ersten Phase auf die Mehrzahl der Menschen in unserem Kulturraum zu?

Sie denken: Die C-Plus-Strategie? Die Mehrzahl der arbeitenden Menschen strebt im ersten Schritt nach mehr Compensation? Nein, es ist nicht so. Natürlich streben wir eine möglichst hohe *Compensation* an für das, was wir tun. Aber nur ein kleiner Teil der Menschen ist primär geldmotiviert. Das heißt, wirkliche Motivation können Sie nur bei einem kleinen Teil Ihrer Mitarbeiter mit Geld erreichen. Für alle anderen ist Geld nur ein vorübergehendes Trostpflaster.

Abbildung 6

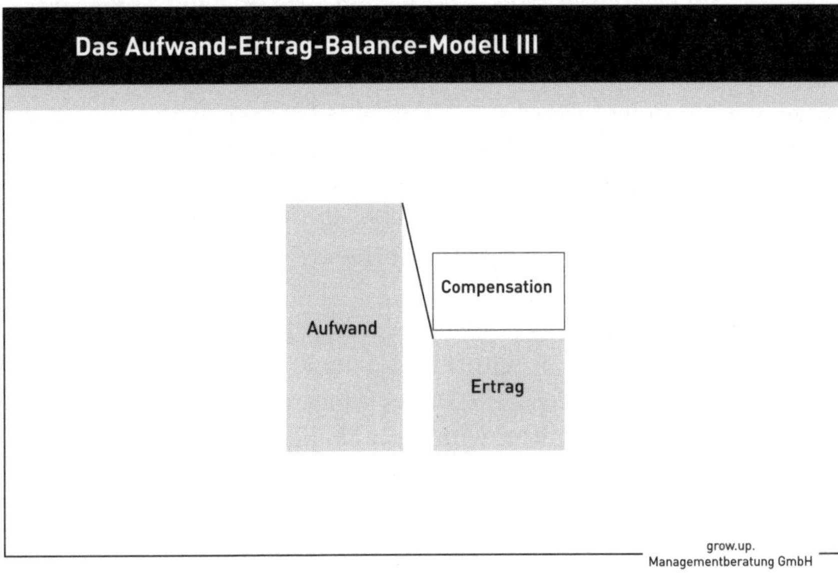

Sie denken: Die A-Minus-Strategie? Sie vermuten, die Menschen versuchen, zügig ihren Aufwand zu reduzieren, damit er wieder zum wahrgenommenen Ertrag passt? Nein, auch das ist bei der Mehrheit nicht so.

Viele Menschen arbeiten einfach gerne, strengen sich an und erbringen gute Leistungen, weil es ihnen Freude bereitet und weil sie dadurch ihren ganz individuellen Ertrag erhalten.

Wenn wahrgenommen wird, dass eine anhaltende oder stärker werdende Diskrepanz zwischen Aufwand und Ertrag auftritt, tauchen in der ersten Phase Bemühungen auf, den Ertrag zu erhöhen. Dies geschieht selbst dann, wenn das sogar eine vorübergehende Aufwandserhöhung bedeuten kann.

Es wird versucht, mehr Anerkennung für die geleistete Arbeit zu bekommen, durch eine Beförderung ein Mehr an Status zu gewinnen, durch Weiterbildung etwas hinzuzulernen oder durch mehr Verantwortung einen höheren Gestaltungsfreiraum zu erwerben. Versuchen Sie einmal herauszufinden, warum Menschen Ihr Unternehmen beziehungsweise Ihren Verantwortungsbereich wirklich verlassen. Wegen mangelnder *Compensation*? Normalerweise nicht. *Compensation* mag zwar einer der Beweggründe sein, eine bestimmte Position einzunehmen, sie ist aber selten ein Grund dafür, das Unternehmen zu verlassen.

Dies ist ein wichtiger Aspekt für Ihr Handeln als Führungskraft. Wenn

Sie eine dauerhafte Leistungsbereitschaft und Motivation Ihrer Mitarbeiter erreichen wollen, liegt es in Ihrer Verantwortung, dafür Sorge zu tragen, dass deren Ertrag auf einem ausreichend hohen Niveau stabilisiert wird. Bedenken Sie jedoch, dass nicht jeder Mitarbeiter über die gleichen Ertragsaspekte zu motivieren ist. Während es bei dem einen vielleicht die Anerkennung ist, ist es bei dem anderen der erreichte Status, beim dritten der Verantwortungsspielraum und beim vierten die Möglichkeit, viele neue Dinge lernen zu können. Die Ertragssäule, und zwar die ganz individuelle Ertragssäule Ihrer Mitarbeiter, ist Ihre wesentliche Einflussvariable auf deren Motivation.

Wenn Mitarbeiter allerdings erleben, dass ihre Bemühungen nicht fruchten, ertönt in einem zweiten Schritt häufig der Ruf nach mehr Compensation, nach einem Schmerzensgeld. Dieses Schmerzensgeld behebt zwar die Ursachen der Schmerzen nicht, wirkt aber ähnlich wie ein Schmerzmittel: Man nimmt die Schmerzen nicht mehr so deutlich wahr.

Leider wirkt das Schmerzensgeld nicht allzu lange, manchmal zwei Monate, manchmal ein Jahr. Wenn der Ertrag mangelhaft bleibt, öffnet man sich für berufliche Alternativen, erprobt seinen aktuellen Marktwert, wird ansprechbar und lässt sich möglicherweise abwerben. Natürlich kann die Erhöhung der Compensation ein Mittel sein, um Mitarbeiter über Phasen geringerer Ertragsmöglichkeit hinwegzutrösten. Wichtig ist aber, dass Sie um die nur kurzfristige Wirksamkeit dieses Instrumentes wissen und sich gemeinsam mit dem Mitarbeiter schnell auf die Suche nach Ertragssteigerungspotenzialen machen.

Die zeitlich befristete Wirkung des Schmerzensgeldes auf die Motivation der Mitarbeiter ergibt sich auch daraus, dass das Verhältnis zwischen erlebtem Aufwand und erlebtem Ertrag durch eine erhöhte Compensation nicht verändert wird. Abbildung 7 macht dies noch einmal deutlich. Sie erinnern sich, dass Zufriedenheit und damit Motivation und Leistungsbereitschaft oder Unzufriedenheit sich aus einem Abgleich zwischen erlebtem Aufwand und erlebtem Ertrag, und zwar hier ohne die Compensationsvariable, ergeben. Nur, wenn Aufwand und Ertrag in einem angemessenen Verhältnis stehen, kann vom Mitarbeiter Zufriedenheit erlebt werden.

Erfüllen sich die Erwartungen nach Ertragssteigerung in der ersten Phase nicht und wird auch in Phase zwei der Ruf nach Schmerzensgeld nicht gehört beziehungsweise lässt dessen Wirkung nach, so können Mitarbeiter in der dritten Phase in das Aufwandsreduktionsstadium gelangen. Je größer das Unternehmen, desto wahrscheinlicher ist dieser Verlauf.

Abbildung 7

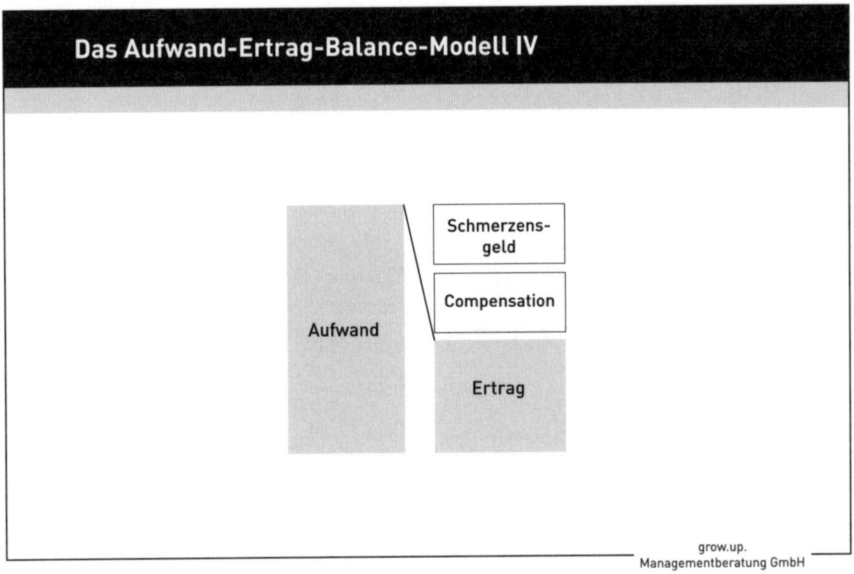

Dieser Zustand ist – und das macht die Problematik aus – wieder ein stabilisierter Zustand. Mitarbeiter reduzieren ihren Aufwand so weit, dass er subjektiv wieder zum empfundenen Ertrag passt. Die wirklich befriedigenden Ertragsfelder suchen sich diese Mitarbeiter außerhalb der beruflichen Tätigkeit: Man verbringt ganze Tage mit der alten Modelleisenbahn, gründet einen eigenen Karnevalsverein oder organisiert aufwändige Sommerolympiaden im erweiterten Freundeskreis. Viele Menschen befriedigen fast ihren gesamten Ertragsbedarf aus Tätigkeiten im privaten, neben- und ehrenamtlichen Bereich.

Das hat etwas damit zu tun, dass in der Ertragssäule letztendlich die Bedürfnisse beziehungsweise Motive der Menschen verankert sind. Unsere Bedürfnisse – besonders die hoch ausgeprägten – wollen und müssen wir befriedigen, damit wir insgesamt zufrieden sind. Ist eine Bedürfnisbefriedigung über die berufliche Tätigkeit nicht möglich, müssen wir uns hierfür zwangsläufig andere Felder suchen.

Je größer das Unternehmen und je häufiger Reorganisationen durchgeführt wurden, desto weniger fällt das jemandem auf. Manche Menschen, deren Leistungsverhalten in Großorganisationen wir gut beobachten konnten, haben im Verlauf von über 15 Jahren fast nichts gearbeitet. Durch mehrere Reorganisationen wurden sie im Haus herumgereicht,

Abbildung 8

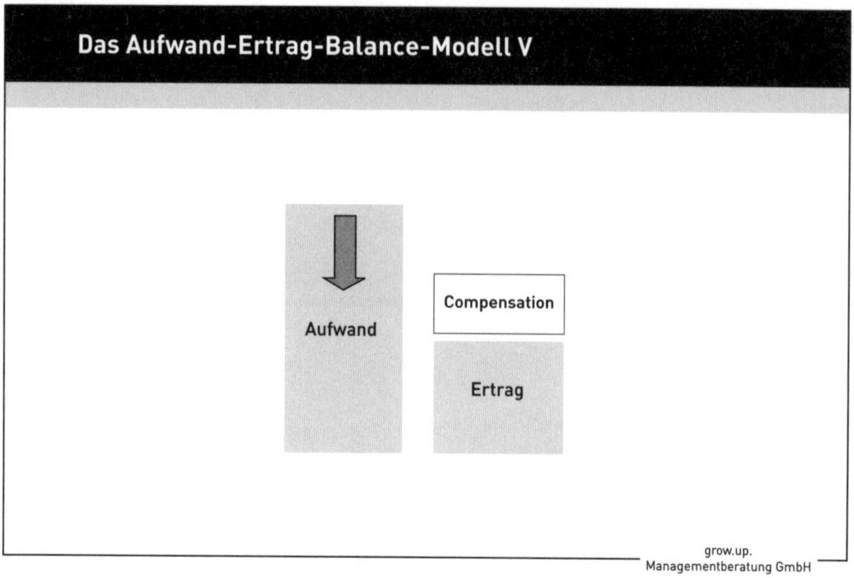

sogar ein wenig ins Ausland verschoben und lernten schnell, dass weniger Anstrengung viel entspannter sein kann. Sie haben ihr privates Haus zum großen Teil während der Arbeitszeit kernsaniert, haben promoviert und bei eBay professionell ge- und versteigert. Sie wurden zu Angestellten, die zwar da sind, aber nicht mehr viel bewirken. Diese Mitarbeiter gibt es auf den unterschiedlichsten Ebenen, auch Führungskräfte sind betroffen. Sie besuchen Meetings, malen Flip-Charts voll und erklären jedem, dass es gut ist, mal darüber gesprochen zu haben. Sie betrachten das Unternehmen als, im Sinne der Selbstbedienung, optimierbare Opportunität und verwenden unglaublich viel Zeit auf das Erlangen dieses oder jenes realen, scheinbaren und vor allem sehr individuellen Vorteils (vergleiche Kapitel 7).

Wenn sich solch ein Verhalten auf der Mitarbeiterebene breit macht, ist höchste Vorsicht geboten. Es stellt sich ein ernstes Problem: Sie bekommen diese Menschen nur auf zwei Arten aus diesem stabilen Zustand wieder heraus: Entweder Sie beginnen, diesen Mitarbeitern ihr »Nichtstun« durch Kontrolle, enge Führung und Sanktionen unangenehm zu machen. Oder Sie bieten den Mitarbeitern Ertrag an: glaubhaft, dauerhaft und nachvollziehbar.

In Führungspositionen sind solche Mitarbeiter besonders gefährlich.

Denn die Vorbildwirkung strahlt weithin sichtbar ab. Es wird vergessen, warum die Organisation da ist, man beschäftigt sich nur noch mit sich selbst und mit politischen Spielchen. In dieser Situation müssen Sie schnell handeln, um die mangelhafte Effektivität zu beenden. Ein Management-Audit mit entsprechenden Konsequenzen kann ein adäquater Weg sein, wieder Ertrags-, Kunden- und Leistungsorientierung in den Mittelpunkt des betrieblichen Alltags zu stellen.

Menschen sind anders – Mitarbeiter auch

Nicht alle Menschen sind gleich, das wissen wir. Aber welche Dimensionen, welche die Individualität eines Menschen ausmachen, sind für das Arbeitsleben wirklich relevant? Nachfolgend lernen wir ein pragmatisches Motivationsmodell und seine Wirkungen kennen, auf das Sie später im Alltag auch ohne Hilfsmittel zurückgreifen können.

Ganz wichtig ist uns: Es geht nicht darum, das einzige, wahre, letztendlich »richtige« Modell abzubilden. Bemühen Sie sich in Ihrem Entwicklungsprozess als Führungskraft lieber darum, viele brauchbare Modelle kennen zu lernen, mit denen Sie gut umgehen können. Je besser Sie mit den Modellen spielen können, desto flexibler werden Sie.

Das einzig wahre und richtige Modell der Mitarbeitermotivation sucht selbst die psychologische Forschung seit vielen Jahren vergeblich. Es wurden jedoch viele gute Modelle entwickelt und publiziert, die es uns insgesamt leichter machen, menschliches Handeln zu verstehen. Bei dem in diesem Kapitel vorgestellten Motivationsmodell ist das Auswahlkriterium die Handhabbarkeit und tatsächliche Hilfe im Alltag. Es ist uns wichtig, Ihnen ein Modell an die Hand zu geben, mit dem Sie wirkungsvoll auf die Motivation Ihrer Mitarbeiter einwirken können.

Dass Mitarbeitermotivation insgesamt ein herausforderndes Thema für Führungskräfte ist, macht folgende Aussage deutlich: »Wenn es Führungskräften gelingt, Mitarbeiter nicht zu demotivieren, dann haben sie schon viel erreicht.« Dieser Satz sagt uns, dass im Führungshandeln selbst ein hohes Gefahrenpotenzial besteht, den individuellen Bedürfnissen der Mitarbeiter genau entgegenzuwirken und deren restliche Motivation damit auch noch zu zerstören. Die Psychologie unterscheidet zwischen *intrinsischer* (von innen kommender) und *extrinsischer* (von außen bewirkter) Motivation. Eine lange Diskussion in der Psychologie zog die Frage nach sich, ob Menschen von außen überhaupt motiviert werden können. Entsprechend dem aktuellen Stand der Forschung kann man formulieren, dass eine dauerhafte Leistung und Motivation von Mitarbeitern nur dann erreicht werden kann, wenn deren intrinsische Motivation – also das, was in ihnen als Bedürfnisse ohnehin schon vorhanden ist – durch die Führungskraft beziehungsweise die Rahmenbedingungen der Arbeitserbringung angesprochen wird. Eine dauerhafte Motivation von außen, also eine extrinsische Motivation, können wir nicht erreichen. Selbstverständlich können Sie durch bestimmte Anreize Mitarbeiter dazu bewegen, etwas Bestimmtes zu tun. Der Unterschied zwischen extrinsischer und intrinsischer Motivation besteht darin, dass der Mitarbeiter bei ersterer diese Leistung/dieses Verhalten nur so lange zeigen wird, wie der äußere Anreiz vorhanden ist. Es ist also keine dauerhafte Motivation erreichbar. So wirkt Geld genauso wie auch Sanktionen nur über eine bestimmte Zeit. Fällt die Sanktion weg, lässt auch die Leistung wieder nach. Stellen Sie sich folgendes Beispiel vor: Sie gehen im Park spazieren und plötzlich steht ein großer, knurrender Hund vor Ihnen. Diese angedrohte »Sanktion« wird Sie unverzüglich dazu bewegen, schnell wegzulaufen. Ist der Hund aber weg, werden Sie von sich aus kaum im gleichen Tempo weiterlaufen. Genauso können Sie sich die Wirkung der extrinsischen Motivation, ob als positiver oder negativer Anreiz, bei Ihren Mitarbeitern vorstellen.

Das Motivationsmodell, welches wir Ihnen mit auf den Weg geben möchten, beschreibt drei wesentliche intrinsische menschliche Antriebsfaktoren, nämlich die Anschluss-, die Leistungs- und die Machtmotivation. Bei der Motivation von Mitarbeitern geht es um unterschiedliche Bedingungen, die zur Erfüllung der unterschiedlichen Motive vorhanden sein müssen.

Das Anschlussmotiv: In jeder Gruppe, in jedem Team, in jeder Abteilung und in jedem Bereich gibt es Menschen, die für den Zusammenhalt des Teams wichtiger sind als andere. Versuchen Sie einmal, sich einen solchen Mitarbeiter vorzustellen. Wie verhält sie oder er sich? Was tut sie oder er? Wenn wir denselben Typus Mitarbeiter meinen, dann können wir feststellen, dass dieser (ob männlich oder weiblich) sich fast immer integrativ verhält, das heißt er bezieht andere mit ein und nimmt Rücksicht. Dieser Mitarbeitertypus polarisiert nicht, denn das würde ausgrenzen. Er (wir benutzen jetzt der Einfachheit halber nur noch die männliche Form) ist fast immer kommunikativ und gerne gesehen. Manchmal ist er Sprachrohr der Gruppe, fast immer ist er sozial kompetent. Meist verfügt er über eine gute Portion Einfühlungsvermögen, soziales Fingerspitzengefühl, Sensibilität oder sogar Empathie. Wo er kann, gibt er Hilfestellung und Unterstützung. Haben Sie einen Mitarbeiter vor Augen, der sich so oder so ähnlich verhält? (Achtung: Vielleicht sind Sie es ja selbst!) Wenn ja, gut, wenn nicht, auch nicht schlimm, Sie können sich sicher einen Mitarbeiter mit dem entsprechenden Verhalten vorstellen. Sie müssen übrigens nicht nur im beruflichen Kontext suchen. Diese Menschen verhalten sich privat genauso.

Warum verhalten sich diese Mitarbeiter so, was veranlasst sie dazu? Ist es anerzogen oder ererbt? Wird es in der frühen Kindheit erworben oder erst im späteren Verlauf erlernt? Haben diese Menschen einen Nutzen aus ihrem Verhalten oder sind sie nur konfliktscheu? Tarnen sie ihre Durchsetzungsschwäche oder sind ihnen der Kontakt zu anderen und das Wohl der Gruppe wirklich ein Anliegen?

Folgen wir der psychologischen Forschung, können wir davon ausgehen, dass Motive, also auch das Anschluss-Motiv, zum Teil genetisch bedingt sind, aber auch durch soziale Einflüsse (zum Beispiel Erziehung) weiter ausgebildet werden. Grundsätzlich ist es einem Mitarbeiter mit einem hoch ausgeprägten Anschluss- oder Zugehörigkeitsmotiv jedoch wichtig, Teil einer Gruppe zu sein. Er definiert sich selbst in Relation und Verbindung zur Gruppe. Seine Motivation resultiert primär aus dem Miteinander, der Gemeinschaft, den guten Beziehungen untereinander. Das Anschlussmotiv ist ein Bedürfnis, welches er immer wieder befriedigen will. Gelingt ihm dies durch den Kontakt zu anderen, geht es ihm gut.

Das geschilderte Verhalten wird in dieser Reinheit sicher eher selten vorgekommen, aber es wird Sie möglicherweise erstaunen, zu erfahren, dass in der Gesamtbevölkerung mehr als 50 Prozent aller Menschen mehr oder weniger primär anschlussmotiviert sind. Das heißt sie beziehen einen wesentlichen Teil ihrer Motivation nicht etwa aus dem Inhalt ihrer Tätigkeit oder aus den Entwicklungsmöglichkeiten. Sie kommen nicht, weil in der Firma so tolle Markenprodukte hergestellt werden oder so interessante Herausforderungen auf sie warten. Sie kommen schlicht und ergreifend hauptsächlich deswegen, weil die anderen Mitarbeiter und Kollegen da sind. Die Gemeinschaft, das kollegiale Miteinander machen einen Großteil der Bedürfnisbefriedigung dieser Menschen aus. Das soziale Gefüge im Unternehmen ist den Anschlussorientierten häufig wichtiger als die produzierten Ergebnisse. Mit ihrer integrativen Haltung wirken sie als »Klebstoff«, der das Team zusammenhält. Sie gelten jedoch auch als eher konfliktscheu und harmoniebedürftig. Anschlussmotivierte werden häufig als »die guten Geister« oder »Seelen« des Teams oder der Abteilung bezeichnet.

Wenn wir das interne Skript dieser Menschen betrachteten, würden wir dort lesen: »Es ist nicht so wichtig, was wir hier tun, Hauptsache, wir tun es gemeinsam.« Welche Auswirkungen dieses Motiv auf Motivation und Bindung, auf Qualifikation und Entwicklung, auf Sanktion und Steuerung hat, erläutern wir später. Zunächst wollen wir die anderen zwei Motive vorstellen.

Das Leistungsmotiv: Waren Sie früher in der Schule gut im Sport? Versuchen Sie doch einmal, sich an den 100- oder 200-Meter-Lauf zurückzuerinnern. Worum ging es wirklich?

Genau, es war ein Wettbewerb. Es ging darum, besser zu sein als die anderen, sich zu messen und zu vergleichen, sich in Relation zu setzen, und es ging darum, etwas toll zu machen. Investieren Sie heutzutage in Ihre Fitness? Joggen Sie oder gehen Sie regelmäßig schwimmen? Wahrscheinlich wollen Sie sich optimieren, leistungsfähig und in Form bleiben. Das Thema, etwas leisten zu wollen, ist häufig Ursprung des Lernens. Viele von uns lernen gerne etwas, weil sie gerne besser werden bei den Dingen, die sie tun, und auch mehr Leistung erbringen wollen.

Bis jetzt könnte man sagen, alle bisher beschriebenen Motivationstypen verhalten sich allein so, um Anerkennung zu bekommen. Sie wollen eben wegen ihrer herausragenden Leistungen und nicht wegen ihres sozialen Verhaltens geliebt, bewundert und beachtet werden.

Das ist sicher nicht ganz fasch, aber auch nicht völlig zutreffend. Denken Sie an Menschen, denen die Anerkennung der anderen häufig vorenthalten bleibt. Dies sind zum Beispiel Mitarbeiter, die hausintern in der IT-Anwendungsprogrammierung arbeiten, oder Konstrukteure, die sich mit Materialflussoptimierung beschäftigen. Warum sollten die sich anstrengen und versuchen, gute Leistungen zu erbringen, wo ihnen doch offensichtlich die Anerkennung der anderen häufig versagt bleibt, weil nur wenige sehen, was sie leisten.

Offensichtlich gibt es Motivatoren, die nicht so viel mit Anerkennung zu tun haben, sondern aus dem Inhalt der Tätigkeit, aus der Sache selbst entstehen. Hier spielen Aspekte wie forschen, entwickeln, basteln und entdecken und Merkmale wie Neugier, Ehrgeiz und erlebter Werkstolz eine bedeutsamere Rolle. Die Motivation kommt aus der inneren erlebten Befriedigung über die erbrachte Leistung. Daraus besteht das Leistungsmotiv. Berufsgruppen, die stark von dieser Art von Motivation getrieben werden, sind vor allem solche, die primär dem Inhalt sehr verpflichtet sind. Häufig sind es technische und Ingenieur-Berufe, aber auch naturwissenschaftliche und künstlerische Professionen gehören dazu. Um in diesen Berufen erfolgreich zu sein, muss man nicht nur im Studium, sondern auch in vielen Phasen danach Durststrecken überwinden, in denen von Anerkennung nicht viel zu merken ist. Hier müssen innere Antriebe, Kräfte, die sich aus der Sache, dem Thema oder der Hoffnung auf das Resultat speisen, helfen, die häufig weit entfernten Ziele zu erreichen. Das Skript dieser Menschen ist ganz anders als bei den Anschlussmotivierten, es lautet: »Ich will etwas Tolles bauen, schaffen, gestalten.«

In der Gesamtbevölkerung sind meist weniger als 30 Prozent primär leistungsmotiviert. Der Prozentsatz in Unternehmen steigt deutlich an, wenn Aufgabe und Selektionsfilter eine gute Befriedigung von Leistungsmotiven vermuten lassen, so zum Beispiel in Softwarehäusern, Architektur- und Ingenieurbüros oder Beratungen. Welche Auswirkungen dieses Motiv auf Motivation und Bindung, auf Qualifikation und Entwicklung, auf Sanktion und Steuerung hat, erfahren Sie später.

Das Machtmotiv: Der machtorientierte Motivationstyp ist häufig in den Reihen von Führungskräften anzutreffen. Führung von Mitarbeitern ist jedoch oft alles andere als unterhaltsam. Deren Anleitung, Steuerung und Motivation ist meistens herausfordernd und anstrengend. Warum streben trotzdem viele eine Führungsposition an und was ist es, das Führungskräfte tagtäglich dazu motiviert, Höchstleistungen zu erbringen?

Häufig reizt die Möglichkeit, Verantwortung zu übernehmen, zu gestalten und zu bewegen. Als Führungskraft kann man nicht nur im, sondern auch am System arbeiten. Bei diesen Mitarbeitern besteht aber auch die Gefahr, dass ihre antreibenden Motive manipulatorische oder auch andere blockierende Verhaltensweisen begünstigen. Nicht weniger attraktiv sind auch das Prestige und der mit der Aufgabe verbundene Status. Man kann etwas bewirken und beeinflussen. Das Motiv dahinter nennt sich Machtmotiv. Im wohlverstandenen Sinne: Es kommt immer darauf an, was man daraus macht. Das Skript von hoch machtmotivierten Menschen lautet: »Es ist nicht so wichtig, was wir hier tun, Hauptsache, es läuft nach meinen Regeln.« Der Anteil hoch machtorientierter Menschen ist meist eher gering. Weniger als 10 Prozent der Menschen sind primär durch das Machtmotiv (an-)getrieben.

Welche Auswirkungen dieses und die beiden anderen Motive auf Motivation und Bindung, auf Qualifikation und Entwicklung, auf Sanktion und Steuerung haben, erfahren Sie in den folgenden Kapiteln.

2. Was kennzeichnet wirkungsvolle Führung?

An Führungskräfte bestehen Anforderungen von verschiedenen Seiten. Damit Führung wirkungsvoll ist, stellt das Unternehmen natürlich zunächst den Anspruch an Sie als Führungskraft, den Profit zu steigern. Dieser Aufgabe werden Sie gerecht, indem Sie den Umsatz erhöhen, Wettbewerbspositionen verbessern, den Marktanteil ausbauen, die Größe oder Bedeutsamkeit des Unternehmens steigern, Kosten einsparen und dieselben Tätigkeiten mit weniger Mitarbeitern vollziehen oder günstiger einkaufen. Sie sollen Abläufe sicherstellen und optimieren, und zwar sowohl innerhalb der eigenen Abteilung als auch zwischen den Abteilungen.

Neben den offiziellen Forderungen gibt es aber auch noch Erwartungen, die häufig implizit bleiben und nicht laut ausgesprochen werden.

Man erwartet von Ihnen Problem- und Geräuschlosigkeit. Ein großer Teil Ihres Erfolgs und Ihrer Kompetenz wird daran festgemacht, dass man wenig Problematisches hört. Sie sollen Ruhe in der Mannschaft sicherstellen. Man erwartet aber auch Exekutivvermögen von Ihnen. Das bedeutet, dass Sie in der Lage sein müssen, Entscheidungen des Managements schnell und effizient umzusetzen. Außerdem müssen Sie Durchhaltevermögen an den Tag legen, die Bereitschaft, nicht schon bei kleineren Schwierigkeiten aufzugeben und mit hoher Nachhaltigkeit, Ausdauer und Belastbarkeit an den Ihnen gestellten Aufgaben zu arbeiten. Eine Führungskraft hat diese Eigenschaft einmal mit »Quäl-Potenzial« sehr plastisch beschrieben.

Die Anforderungen der Mitarbeiter an Sie sind dagegen ganz anderer Natur und lassen sich in vier große Bereiche einteilen:

1. *Motiviere mich!* Die Wünsche hier lauten: Lobe mich, finde mich gut, sei transparent, sei offen und sei gerecht, erfülle meine Bedürfnisse.

2. *Pflege mich!* Die Anforderungen sind: Gib mir Herausforderungen und Perspektiven, lass mich wachsen, fördere mich, bilde mich weiter, gib mir die richtigen Aufgaben (nicht zu schwer und nicht zu leicht).

3. Beachte mich! Die Anforderungen lauten: Informiere mich, sage mir, was ich tun soll, setze dich mit mir auseinander, beziehe mich ein, gib mir Rückmeldung.

4. Tröste mich! Die Wünsche sind: Wenn mal etwas nicht geklappt hat, verhindere schlimme Folgen für meine Karriere, sag, dass es nicht so schlimm ist, und wertschätze mich trotzdem, denn ich habe mich doch so angestrengt.

Sie können auch alle vier Variablen zusammenfassen und sagen: »Befriedige meine Bedürfnisse/Motive, um meinen Ertrag zu erhöhen.«

Die Erwartungen des Unternehmens haben mit den Anforderungen der Mitarbeiter oft nicht viel gemeinsam. Diese Diskrepanz macht die Herausforderung und Schwierigkeit in der Führungsaufgabe aus und stellenweise auch das unangenehme Gefühl, zwischen den Stühlen zu sitzen. Eine solche Spannung zu ertragen ist mit Sicherheit eine wesentliche Komponente, die Ihren Beruf bestimmt. Weitere Charakteristika, die Führung kennzeichnen und darüber hinaus wirkungsvoll werden lassen, lernen Sie in diesem Kapitel kennen.

Die drei wesentlichen Aufgaben

Die wesentlichen Aufgaben einer Führungskraft lassen sich auf drei Bereiche reduzieren:

Bewegung: Gemäß dem zweiten Satz der Thermodynamik streben alle Systeme einen Ruhezustand an. Dies gilt auch für unternehmerische Systeme und die in ihnen agierenden Menschen. Sie versuchen sich einem Zustand anzunähern, der die Gewohnheit des Vertrauten als wesentliches Element hat und sich innerhalb der individuellen »Komfort-Zone« befindet. Da ein solches System aber durch die Verlangsamung nicht mehr anpassungs- und wettbewerbsfähig ist, werden Menschen gebraucht, die bewusst gegen diese Tendenz agieren, die Prozesse und Menschen bewegen – Sie als Führungskraft.

Richtung: Eine Kreisbewegung ist auch eine Bewegung, jedoch wird dabei kein Ziel erreicht, sondern man kommt stets wieder zum Ausgangspunkt zurück. Erst durch Bündelung und Parallelisierung von Kraftanstrengung kann im Unternehmen ein Mehrwert erreicht werden. Eines der größten

Probleme von Organisationen dabei ist, dass durch den steigenden Komplexitätsgrad, der häufig allein durch die Größe bedingt ist, Richtung und Fokussierung verloren gehen. Das ist nur kompensierbar durch massive Anstrengung, bessere Systeme und die immerwährende Bemühung um Vereinfachung. Nur wenn die Richtung klar ist, können sich die Teilchen eines Systems, also die Mitarbeiter, fokussieren. Und nur wenn sich Mitarbeiter fokussieren können, ist die Bewegung auch wirkungsvoll. Sie sind gefordert, Ihren Mitarbeitern die Richtung für ihre Bewegung zu geben.

Zusammenhalt: Sie können Führung nur dann als erfolgreich bezeichnen, wenn der größte Teil der Mitarbeiter gemeinsam die Strecke zwischen Start und Ziel zurücklegt. Ihre Aufgabe liegt insbesondere darin, mit den beteiligten Mitarbeitern zu erarbeiten, was wie erreicht werden soll, in welche Richtung gegangen werden soll, und welches die Ziele der nächsten Schritte sind, und dann alle gemeinsam dorthin zu bewegen.

Das koordinierte und abgestimmte Zusammenspiel dieser drei Faktoren zeichnet Führung aus. Die Komponenten Bewegung, Richtung und Zusammenhalt lassen sich auf jeden einzelnen Bereich von Führung übertragen und anwenden. Für Ihr Verhalten als Führungskraft heißt das, dass Sie mit steigender Komplexität der Struktur, also zunehmender Anzahl von Mitarbeitern, für die Sie Verantwortung tragen, oder zunehmenden zwischengeschalteten Ebenen mehr Energie und Zeit für die Ausrichtung der Gefolgschaft verwenden müssen.

Das Rubikon-Modell

Manche Psychologen gehen davon aus, dass der Vollzug einer Handlung weniger auf die Motivationsstärke als vielmehr auf den Willen zurückzuführen ist, der benötigt wird, um eventuelle Hindernisse (zum Beispiel Ekel oder Angst) zu überwinden. Mit Motivation alleine wird dieser Meinung nach die Handlung nicht ausgelöst. Die Motivationsstärke legt lediglich die Obergrenze für die Anstrengung der Handlung fest, löst diese jedoch nicht selbst aus.

Der Psychologe Lewin hingegen räumt den Motivationsprozessen bedeutsamere Wirkungen als den Willensprozessen ein. Er differenziert zwischen der Selektionsmotivation und der Realisationsmotivation. Unter der ersten versteht er die Prozesse, die zur Auswahl einer zu realisierenden Handlung führen, beziehungsweise das Motiv, das der Handlung zugrunde liegt. Die Realisationsmotivation definiert er als Prozess, der die Handlung letztendlich auslöst und zur Zielerreichung trotz möglicher Widerstände führt. Lewin betont, dass für ihn die Motivation für eine Handlung wichtiger ist als der Wille.

Eine Verbindung beider Komponenten gelingt dem »Rubikon-Modell« nach Heckhausen. Das Modell ist auf den gallischen Fluss Rubikon zurückzuführen, den Julius Caesar nach langem Abwägen überschritt, obwohl er wusste, dass er damit einen Bürgerkrieg auslösen würde. Es soll verdeutlichen, dass es einen gewissen Zeitpunkt gibt, der die bestmögliche Realisation des gefassten Entschlusses ermöglicht. Heckhausen unterteilt die Handlung in die Prozesse vor und nach einem Entschluss. Die Prozesse vor einem Entschluss definiert er als motivationsorientiert. Die Prozesse nach einem Beschluss sind willentlich und dienen der Handlungsvollendung. Sie sind realisierungsorientiert.

Die Bedeutung von Heckhausen und anderen Psychologen, die sich der Motivationsforschung verschrieben haben, liegt darin, herausgefunden zu haben, mit welchem Anreiz unbequem erscheinende Dinge getan werden. Diese Handlungen werden ausgeführt, um attraktivere, übergeordnete Zielzustände zu erreichen. Dies ist nur willentlich möglich. Es werden sogar weniger attraktive Zwischenziele in Kauf genommen, um langfristige Ziele zu erreichen, auf welche die ursprüngliche Motivation gerichtet war. Dieses Modell zeigt, dass das alltägliche Handeln nicht alleine durch Motivationssteuerung zustande kommt und nicht ohne Willensanstrengung auskommt. Für Sie als Führungskraft bedeutet dies, dass Sie die Bewegung, die Sie erzeugen, auf ein Ziel ausrichten müssen, dass für den Einzelnen zu attraktiven, übergeordneten Zielzuständen führt, auch wenn es vielleicht zuerst mit Einschränkungen und Verlusten verbunden sein mag. Aber nur wenn diese Richtung konsequent verfolgt wird, erreichen Sie das übergeordnete Ziel, was Ihrem Handeln dann auch gleichzeitig wieder Sinn gibt. Wenn Sie es schaffen, die Mitarbeiter auf höher geordnete Ziele hin auszurichten, stärken Sie zudem den Zusammenhalt. Visionen beflügeln!

Die Frage des »Wie«: Ein Führungskultur-Modell

Bewegung, Richtung und Zusammenhalt erreichen zu wollen ist das eine. Die Frage des »Wie«, die Frage nach dem Führungsstil, ist das andere.

Im Alltag finden wir personen- und unternehmensabhängig recht unterschiedliche Führungsstile und Kulturen.

Führungssituationen lassen sich mit sehr unterschiedlichen Führungs- und Kommunikationsstilen bewerkstelligen. Man kann auf der einen Seite sehr anständig mit Mitarbeitern umgehen, das heißt auf Fragen eingehen, Hintergrundinformationen weitergeben, für die eigene Sichtweise werben, bei Schwierigkeiten helfen und im eigenen Tun Rücksichtnahme walten lassen.

Auf der anderen Seite ist es aber auch möglich, fast alle Führungssituationen mit sehr hoher Effizienz zu bewältigen. Hohe Effizienz bedeutet hier, dass im Verhältnis zum geleisteten Aufwand ein deutlicher Effekt resultiert. Im schlechtesten Fall kann das bedeuten: Führung durch Anordnung, Rumkommandieren oder Rumschreien. Wichtig ist hier, dass Effizienz nicht Effektivität heißt. Effektivität sagt etwas darüber aus, ob das Verhalten langfristig und letztendlich wirkungsvoll ist, jedoch nichts über die Relation zum geleisteten Aufwand. Hohe Effizienz bedeutet, dass man Mitarbeiter mit einfachen Methoden dazu bringt, unbedingt zu folgen. Dies setzt nicht zwingend ein hohes Machtgefälle, also eine hohe Vertikalität voraus, oder dass sich die Mitarbeiter in einer Situation befinden, in der sie nicht in der Lage sind, die Vertikalität zu reduzieren oder aufzulösen. Das nachfolgende Modell wird dies verdeutlichen.

Vertikale und horizontale Beziehungsformen

Die Machtdistanz zwischen Vorgesetzten und Mitarbeitern kann in verschiedenen Unternehmen, Abteilungen oder Konstellationen von Mitarbeitern sehr unterschiedlich ausfallen. Ein kollegialer Stil, der durch eine hohe Gleichheit zwischen Vorgesetztem und Mitarbeiter gekennzeichnet ist, ist durch eine niedrige Vertikalität gekennzeichnet, das heißt der Abstand zwischen den Rechten derjenigen, die führen, und denjenigen, die geführt werden, ist relativ gering.

Der diesem entgegengesetzte Stil zeichnet sich dadurch aus, dass die Machtdistanz zwischen Vorgesetztem und Mitarbeitern sehr groß ist, also eine hohe Vertikalität besteht. Hier ist der Unterschied zwischen Vorgesetztem und Mitarbeitern sehr hoch, vertrauensvolle, gar persönliche Ansprache oder Eingehen auf die Bedürfnisse und Erwartungen der Mitarbeiter finden in diesem Führungsstil im Normalfall kaum oder gar nicht statt.

Ein Modell, welches derart unterschiedliche Führungsprofile beschreibt und Ihnen einzuschätzen ermöglicht, wie in Ihrem Unternehmen geführt wird, stellt das »Führungsportfolio« dar. Mit diesem können Sie eine grobe und gleichzeitig sehr aufschlussreiche Kategorisierung des in Ihrem Unternehmen vorherrschenden allgemeinen Führungsstils vornehmen. Die Abszisse des unten abgebildeten Modells zeigt auf der einen Seite die Effizienz, auf der anderen Seite den Anstand im Führungsstil eines Unternehmens. Jedoch dürfen diese beiden Begriffe nicht als eine Dimension gesehen werden, sondern jeweils nur als die extremsten Ausprägungen unterschiedlicher Dimensionen. Zum Beispiel kann ja ein auf Effizienz konzentrierter Geschäftsführer durchaus den Anstand besitzen, jedem seiner Mitarbeiter persönlich zum Geburtstag zu gratulieren.

Abbildung 9

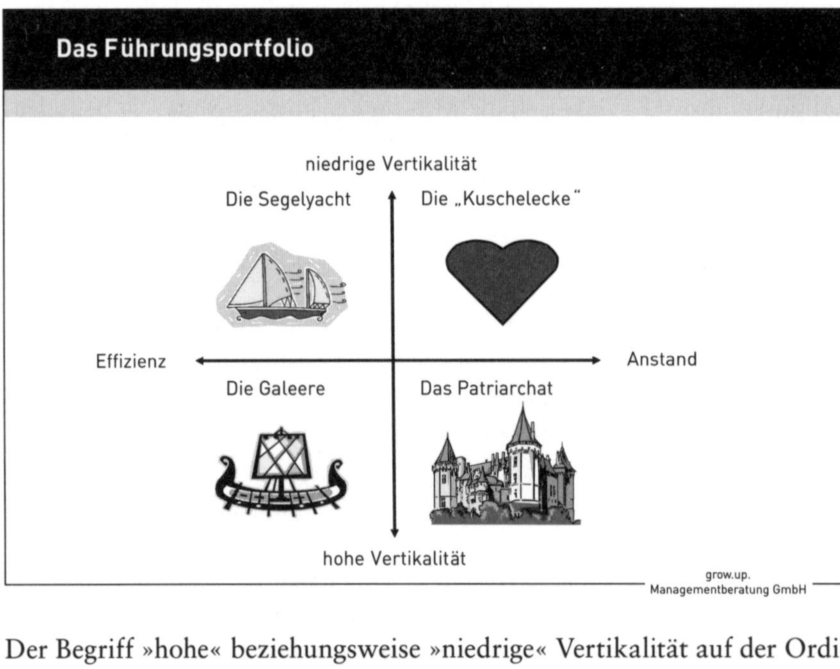

Der Begriff »hohe« beziehungsweise »niedrige« Vertikalität auf der Ordinate bezeichnet die Abstände zwischen Mitarbeiter und Vorgesetztem, also die Ausprägung der Hierarchie. Je niedriger die Vertikalität, desto flacher ist die Hierarchie. In diesem Koordinatensystem aus den beiden Dimensionen Kommunikationsstil und Vertikalität ergeben sich nun vier vollständig unterschiedliche Ausprägungen von Führungsverhalten. Diese wollen wir nachfolgend genauer betrachten.

Zu Besuch auf der Galeere

Beginnen wir links unten in der Abbildung des Führungsportfolios, das ein »Führungsverhalten mit hoher Vertikalität und gleichzeitig hoher Effizienz« beschreibt: Hier taucht das Bild einer römischen Galeere auf. Die hier notwendigen Führungsbestandteile waren auch damals in diesem recht einfachen »Unternehmen« bereits wirksam. Klar muss sein, dass ein solches Führungsverhalten nur unter bestimmten Bedingungen die gewünschte Wirksamkeit erreichen wird. Welche Bedingungen müssen nun erfüllt werden, um hier »Bewegung« stattfinden zu lassen? Das historische Galeeren-Modell stützt sich auf drei Grundpfeiler: den Taktgeber, den Motivator und das Wasser. Ziel einer Galeere im historischen und im heutigen Verständnis ist die Notwendigkeit, Arbeitsabläufe zu synchronisieren.

1. Der Taktgeber: Auf der Galeere besteht die Notwendigkeit, die einzelnen Ruderer in einen Gleichtakt zu bekommen, um Bewegung möglich zu machen. Man verwendet dazu eine einfache Prozesshilfe, nämlich einen Trommler, der die Frequenz der Ruderschläge vorgibt. Auch in heutigen »Galeeren-Systemen« besteht eine hohe Notwendigkeit, Arbeitsabläufe in einen Gleichtakt zu bekommen. Denken Sie nur an die Vielzahl von niedrig qualifizierten Tätigkeiten, etwa in der Systemgastronomie. Sie können unmöglich mit jedem neuen Mitarbeiter ausdiskutieren, wann die Pommes Frites aus der Friteuse herausgenommen werden sollen. Insofern muss dafür gesorgt werden, dass das vorhandene System die Arbeitsabläufe normiert und standardisiert. Diese Vorgehensweise garantiert gleichsam eine Synchronität, die für Unternehmen alles andere als trivial ist. Mit dem Taktgeber alleine erreichen Sie jedoch noch keine Bewegung, dazu ist eine weitere Führungsfunktion notwendig: der Motivator.

2. Der Motivator: Auf der Galeere besteht auch die Notwendigkeit, die Motivation der einzelnen Ruderer zu wecken und aufrechtzuerhalten. In diesem einfachen betrieblichen Modell wählt man einen mehr oder weniger freundlichen Herrn mit überragender Motivationskraft, der im Allgemeinen mit einer Peitsche (hohe Effizienz!) ausgestattet ist. An dieser Stelle können wir uns gleich von zwei weit verbreiteten Irrtümern befreien.

Erstens ist es so, dass Motivation (ein im Allgemeinen positiv besetzter Begriff) nicht nur in der Bewegung auf etwas hin entsteht, sondern ebenso in der Bewegung von etwas weg. Sie erinnern sich an die extrinsische Motivation des knurrenden Hundes im Park. Genau dies ist die Art von Motivation, die der freundliche Mensch mit der Peitsche entfaltet, denn die einzelnen Ruderer entwickeln sehr schnell das dringende Bedürfnis, sich von der Peitsche wegzubewegen. Der zweite, weit verbreitete Irrtum ist, dass Unternehmen generell über zu wenige unternehmerisch denkende Mitarbeiter verfügen. Das stimmt keineswegs, wie wir in diesem Beispiel sehen können. Jeder einzelne Ruderer macht an jedem Morgen einen kurzen betriebswirtschaftlichen Abgleich: Er fragt sich, was mehr Schmerzen verursacht, das Rudern oder ein Peitschenhieb. Das Ergebnis der unternehmerischen Entscheidung ist im Normalfall der Entschluss, zu rudern, schlicht und ergreifend, weil mit weniger Aufwand mehr (hier weniger Schmerz) erreicht werden kann. Die Motivatorfunktion brauchen wir in allen Formen betrieblicher Systeme, wo monotone, wiederholte Arbeitsabläufe einfach immer und immer wieder auszuführen sind.

Natürlich gibt es auch positiv wirkende Motivationssysteme, wie etwa Akkordlohnsysteme in der Produktion. Die Galeeren-Prinzipien sind auch heute noch wirksam und vielfach sogar notwendig, je nachdem, was in dem speziellen Unternehmen erreicht werden soll.

Eine dritte wesentliche Bedingung ist jedoch zusätzlich zu erfüllen, damit der Galeeren-Betrieb auch langfristig aufrechterhalten werden kann. Diese Bedingung ist, dass die Galeere von viel Wasser umgeben ist.

3. Wasser: Das Wasser ist natürlich zum einen notwendig, damit das Schiff überhaupt schwimmt, aber noch viel wichtiger, damit die einzelnen Mitarbeiter nicht auf die Idee kommen, die freundliche Galeere schnell wieder zu verlassen. Insofern ist hier das Wasser im übertragenen Sinn das Bild für »geringe Verfügbarkeit von Alternativen«. Eine Galeeren-Konstellation ist nur haltbar, wenn Sie dem einzelnen Mitarbeiter jederzeit sagen können: »Schau, wenn es dir nicht gefällt, dann schwimm doch.« Dies ist der Grund, warum Unternehmen, die monotone und sich ständig wiederholende Inhalte als Aufgabe haben und ein Galeeren-Betriebssystem fahren, sich bevorzugt in ökonomisch strukturschwachen Randgebieten ansiedeln, wie zum Beispiel Call-Center in Mecklenburg-Vorpommern. An anderen Orten ist die Verfügbarkeit von Alternativen deutlich größer, das heißt der Wasserspiegel zu gering. Die Überlegungen der einzelnen Mitarbeiter, ob es auf anderen Schiffen vielleicht abwechslungsreicher oder interessanter zugeht, würden eine hohe Fluktuation zur Folge haben und das Funktionieren des Systems gefährden.

Das Galeeren-Modell ist ein sehr effizientes Führungsmodell, da es nur einen geringen Aufwand benötigt, um die Mitarbeiter zu motivieren. Es braucht einfache, robuste Verfahren und Abläufe, und vor allem sehr handfeste Motivationsmodelle. Der große Vorteil galeerenhaft geführter Unternehmen ist die enorme Synchronität von Abläufen, die unter anderen Bedingungen nur sehr mühsam zu erreichen ist.

Das Galeeren-Modell ist kein veraltetes Modell aus der Römerzeit, sondern auch in heutigen Unternehmen oder auch einzelnen Abteilungen anzutreffen. Vielleicht kennen Sie dieses Führungsmodell beziehungsweise diesen Führungsstil aus Ihrem eigenen Unternehmen oder haben es schon einmal anderswo erlebt. Diese Art von Führung ist etwa in Krisensituationen, wo ein schnelles, effizientes Handeln notwendig ist und einzelne Schritte nicht ausdiskutiert werden können, gegenüber sehr kollegialen Führungsstilen von Vorteil, oder wird von den Mitarbeitern sogar gewünscht, weil sie ihnen eine klare Orientierung und Richtung des Handelns vorgibt.

Zuhause beim Patriarchen

Der zweite Quadrant rechts unten im Führungsportfolio ist gekennzeichnet durch »Führung mit hoher Vertikalität bei gleichzeitig hohem Anstand«. Das hier auftauchende Bild ist das des patriarchalischen Führungsmodells (was nicht heißen soll, dass jeder Patriarch auch anständig war oder ist). Auch in diesem Modell sind wieder drei wesentliche Bedingungen zu erfüllen, die das Funktionieren dieser Unternehmenskultur garantieren. Sie benötigen einen Patriarchen, wenige, aber klare Regeln sowie ein gewisses Phlegma seitens der Mitarbeiter.

1. Der Patriarch: Zu einem Patriarchen gehört nicht nur das umfassende Führungswissen, sondern gleichzeitig eine visionäre Kraft und die Tatsache, dass er seine Fähigkeiten in der Vergangenheit unzweifelhaft unter Beweis stellen konnte, indem er Großes geleistet hat. Ein Patriarch wird man also nicht primär durch Erbschaft, sondern insbesondere durch Erfolge – eine Tatsache, die viele Familienerben in der zweiten oder dritten Generation nicht verstehen, und weshalb sie sich wundern, warum es mit der Führung im patriarchalischen Modell nicht klappen will.

Eine Vielzahl der uns heute geläufigen Konzerne entstammt dem patriarchalischen Modell. Es gab zum Beispiel einen Herrn Krupp, einen Herrn Daimler oder einen Herrn Porsche. Menschen, die Herausragendes geleistet haben und denen man aus Überzeugung folgte. Das Vertrauen und die Loyalität der Mitarbeiter sind eine entscheidende Voraussetzung für das Wachstum eben jener Unternehmen und gleichzeitig ihr wesentliches Kennzeichen. Die zweite Bedingung im patriarchalischen Führungsmodell ist die Existenz und das Vorhandensein von bestimmten Regeln.

2. *Regeln:* In jedem patriarchalischen Führungssystem existiert ein Satz an Regeln, die das Verhältnis zwischen Arbeitnehmer und Arbeitgeber bestimmen. Dieses Verhältnis ist – im Gegensatz zu vielen der Konzerne heute – durch Langfristigkeit gekennzeichnet. So ist etwa ein wesentlicher Bestandteil das Angebot von Sicherheit seitens des Unternehmens für den Preis von Loyalität und Treue der Mitarbeiter. Auch in heutigen patriarchalischen Systemen finden Sie zum Beispiel die Aussage »Es ist in diesem Unternehmen noch niemand entlassen worden« als Kernelement des Regelsystems. Das Regelsystem muss gar nicht sehr ausgefeilt sein, wie man an einer Anekdote gut erkennen kann: Für das Regelsystem des Unternehmens Borgward (ein ehemaliger Automobilhersteller in Bremen) reichten zwei wesentliche Regeln, um das Unternehmen zu führen. Die erste Regel lautete: »Das wird Herrn Dr. Borgward aber gar nicht gut gefallen«, und die zweite Regel lautete: »Das wird Herrn Dr. Borgward aber sehr freuen.« Selbst solche minimalistischen Regelsysteme, die dem Patriarchen natürlich alle Freiheit lassen, werden von Mitarbeitern akzeptiert, da die Regeln das, was gut und richtig sein soll, bestimmen. Im Fall Borgward, der wohl ein wenig zur Launenhaftigkeit neigte, ging das so weit, dass, glaubt man den Erzählungen, er an Tagen, an denen er schlecht gelaunt war, in seinem Auto auf dem Parkplatz sitzen blieb, die Scheibe herunterkurbelte und seine Führungskräfte bat, ihm in dieser Position zu rapportieren. Tauchte in ihren Berichten etwas auf, mit dem er unzufrieden war und das seine schlechte Laune noch steigerte, so ließ er seinen Fahrer »Gas geben«. Das generierte dann das unterhaltsame

Bild keuchender und schwitzender Manager, die sich bemühten, mit dem rollenden Wagen Schritt zu halten. Wir erkennen also, dass – wenn man es denn will – mit Mitarbeitern im patriarchalischen Führungsmodell durchaus viele Dinge möglich sind. Gerade hierzu ist aber eine weitere Bedingung zu erfüllen.

3. *Ein ausgeprägtes Phlegma bei den Mitarbeitern:* Zweifelsohne ist von dem Patriarchen dafür Sorge zu tragen, dass ein Großteil seines Führungsverhaltens als anständig beziehungsweise mindestens als gerecht bewertet wird. Interessanterweise tendieren Mitarbeiter in solchen Abhängigkeitssystemen jedoch dazu, neutral betrachtet, ungerechte Verhaltensweisen (wie die obige Launenhaftigkeit) nicht etwa der Unanständigkeit des Patriarchen anzulasten. Die Gründe für die Bestrafung werden vielmehr in sich selbst und im vermuteten eigenen Fehlverhalten gesucht. Ein solches Verhalten verstärkt auf jeden Fall die hohe Vertikalität im Unternehmen. Diese Dynamik finden Sie in allen Formen von Abhängigkeitssystemen. Auch Frauen tyrannischer Ehemänner tendieren dazu, irgendwann die Gründe für das Fehlverhalten in sich selbst zu suchen.

Ein ausgeprägtes Phlegma, das heißt eine geringe Veränderungsbereitschaft der Mitarbeiter, ist sehr hilfreich, um die hohe Vertikalität zu ertragen und für sich selbst – bei Überwiegen der Anständigkeit des entgegengebrachten Verhaltens – zu rechtfertigen. Typische Verhaltensweisen, die wir aus patriarchalischen Systemen kennen, haben deshalb nicht selten den Effekt, die Abhängigkeit des Einzelnen zu verstärken. Das kann wie im Galeeren-Modell das Vorhandensein von viel Wasser (also die geringe Verfügbarkeit von Alternativen) sein, es kann aber auch der Fall sein, dass nicht nur einzelne Personen, sondern ganze Familienverbände beschäftigt werden, was die Abhängigkeit, Leistungsbereitschaft und gleichzeitig die Leidensfähigkeit deutlich erhöht.

In der Kuschelecke

Im Quadranten rechts oben, der gekennzeichnet ist durch »Führung mit geringer Vertikalität und hohem Anstand«, ist die »Kuschelecke« angesiedelt. Diese Form des Führungsverhaltens ist dann erfolgreich, wenn die Mitarbeiter, die folgen sollen, eine hohe Vertikalität nicht akzeptieren. Dies ist zum Beispiel häufig der Fall, wenn Führungskräfte aus dem Kreis der Mitarbeiter emporgewachsen sind. Eine gemeinsame Vergangenheit verbindet einerseits, andererseits wissen die Mitarbeiter aber durchaus, was die jetzige Führungskraft zu leisten im Stande ist und was eben auch nicht. Diese Situation findet sich bei fast allen Start-up-Unternehmen und war für viele Unternehmen der New Economy kennzeichnend. Der Erfahrungs- und Kompetenzunterschied zwischen den Vorgesetzten und Mitarbeitern ist nicht besonders groß, und die einzelnen Mitarbeiter sind sich dieser Tatsache auch bewusst.

Diese Unternehmenskultur findet sich aber auch in vielen Bereichen, wo die hohe Qualifikation der Mitarbeiter eine hohe Vertikalität gar nicht zulässt, etwa in Forschungs- und Entwicklungsbereichen oder bei Beratungsunternehmen. Um dieses Modell erfolgreich zu gestalten, sind wiederum drei Bedingungen erforderlich. Zunächst benötigen Sie ein profitables Produkt.

1. Ein profitables Produkt: Die Notwendigkeit, profitable Produkte zu haben, oder sich wie in der New Economy um die Profitabilität nicht kümmern zu müssen, da das Geld von den Anlegern kommt, liegt darin begründet, dass viel Energie und Zeit für Abstimmungs- und Meinungsbildungsprozesse gebraucht werden. Dies wirkt leistungsreduzierend auf den erzielten Output. Im Extremfall erinnern diese Unternehmen an den Witz mit dem »ostfriesischen« Bus: Der ist 1 m lang und 30 m breit, weil alle neben dem Fahrer sitzen wollen.

Die nächste Bedingung, die erfüllt werden muss, betrifft die Zeit.

2. Zeit: Vor dem Hintergrund, dass von den Mitarbeitern Gefolgschaft nur erwartet werden kann, wenn die Meinungsbildungs- und Orientierungsprozesse zur Zufriedenheit aller bewerkstelligt werden, wird deutlich, dass hierfür viel Zeit erforderlich ist. Führungssysteme, die auf schnelle Entscheidungen angewiesen sind, können sich im Normalfall keine niedrige Vertikalität leisten. In kritischen Situationen sind Abstimmungs- und Meinungsbildungsprozesse häufig eher hinderlich. Als Führungskraft brauchen Sie in diesem System deshalb einen langen Atem.

3. Geduld: Im Gegensatz zu den beiden vorher beschriebenen Unternehmenskulturen wird in diesem System Willkür oder Launenhaftigkeit von Führungskräften nicht toleriert. Ihre Kunst muss deshalb darin liegen, immer wieder alle Beteiligten zu einem ähnlichen Verständnis der Situation zu bringen, auszurichten, zu werben, zu überzeugen, Hintergrundinformationen weiterzugeben und auf diese Weise die Mitarbeiter zu bewegen. Sie brauchen Geduld.

Die Segelyachtkultur

In verschiedenen Situationen und Systemen sind sehr unterschiedliche Führungsverhaltensweisen akzeptabel, notwendig und auch wirkungsvoll. Bei Führung geht es immer um eine Gratwanderung zwischen Selbst- und Fremdbestimmung. Wenn Ihre Mitarbeiter die nötige Kompetenz mitbringen, erachten wir es als wichtig, dass Sie lernen, so zu führen, dass Sie Ihren Mitarbeitern ein hohes Maß an Selbstbestimmung ermöglichen und gleichzeitig effizient sind. Dieses Führungsverhalten findet sich in dem linken oberen Quadranten und ist gekennzeichnet durch »Führung mit niedriger Vertikalität und gleichzeitig hoher Effizienz« und wird mit dem Bild einer Segelyacht beschrieben.

Stellen Sie sich eine Segelyacht vor, die an einer Regatta teilnimmt.

Das System ist dadurch gekennzeichnet, dass wenige Leute an den richtigen Stellen tätig sind und mit hoher Motivation effizient gemeinsam an etwas arbeiten. Auch hier gibt es wieder drei Bedingungen zu erfüllen. Um dieses Führungssystem wirkungsvoll werden zu lassen, sind das Vorhandensein von klaren Zielen, Transparenz und das *Commitment* der Mitarbeiter unabdingbar.

1. *Klare Ziele:* Die einzelnen handelnden Personen benötigen eine hohe Klarheit darüber, was erreicht werden soll. Sie müssen wissen, welcher Zielhafen angesteuert wird und in welchen Etappen dies erfolgen soll.

2. *Transparenz:* Damit es den beteiligten Mitarbeitern und Führungskräften möglich ist, effizient zu handeln, benötigen alle Beteiligten neben einem hohen Qualifikationsniveau vor allem Klarheit über die eigene Rolle, die zu erledigenden Aufgaben und ein ausreichendes Verständnis über die Rollen und Aufgaben der anderen Beteiligten. Dies bedeutet hochgradig transparente Prozessabläufe und eine sehr saubere Aufgaben- und Rollenverteilung.

3. *Commitment:* Die letzte Bedingung ist an die Motivation, Leistungsbereitschaft und das Engagement des einzelnen Mitarbeiters geknüpft. Um effizientes Führungshandeln zu ermöglichen, ist es erforderlich, dass alle beteiligten Mitreisenden, zumindest bis zum nächsten Etappenziel, ein hohes Maß an *Commitment* an den Tag legen. Das bedeutet, dass

jeder einzelne Teilnehmer damit einverstanden ist, eine bestimmte Etappe zurückzulegen und auf diesem Stück 100 Prozent zu leisten. Wichtig dabei ist die Erkenntnis, dass man auch mit einer Segelyacht, auf der alle freiwillig sind, ohne Führung nicht allzu weit kommt. Diese Führungsrolle wird, zumindest bis zum nächsten Hafen, an den Skipper delegiert und bleibt auch dort.

Sinnvolle und weniger sinnvolle Führungsstrategien

Je größer Ihr Repertoire an Führungsverhaltensmustern und je umfangreicher deren Variationsbreite, desto besser wird es Ihnen gelingen, in Ihrer Rolle als Führungskraft Erfolg zu haben. Nachfolgend möchten wir Ihnen einen Überblick über empfehlenswerte Führungsverhaltensmuster geben und auch einige erläutern, die in unseren Augen weniger geeignet oder erfolgversprechend sind.

Vorsicht vor Initiative

Stellen Sie sich vor, Sie sind Projektleiter und stellen Ihrem Team immer wieder mit viel Engagement Lösungsvorschläge für aufgetretene Probleme vor. Diese Anregungen sind Ihres Erachtens nach sinnvoll und gut durchdacht und Sie wollen damit etwas bewegen. Was aber wird aller Voraussicht nach passieren, wenn Sie sie Ihrem Team präsentieren? Die Reaktionen, falls überhaupt welche kommen, werden eher verhalten sein, von einem Enthusiasmus à la »Das ist die Lösung! Lasst es uns anpacken« sind Ihre Mitarbeiter meilenweit entfernt. Aber warum?

Auch wenn Sie Ihre Lösungsvorschläge mehrmals wiederholen oder variieren, in der Regel erreichen Sie damit nichts: Keiner fühlt sich verantwortlich. Die Initiative kam von Ihnen als Führungskraft. Die Ideen sind nicht von den Mitarbeitern erdacht worden und sie waren auch nicht in die Problemstellung involviert. Jetzt meinen Ihre Mitarbeiter, dass Sie die Idee auch selber umsetzen können. Sie haben die Initiative und die Verantwortung übernommen. Aus Enttäuschung gehen viele Führungskräfte nach einigen Initiativ-Versuchen zum nächsten Führungsverhalten über.

Fazit: Führung durch Initiative ist nur bedingt empfehlenswert, insbesondere wenn auf der Seite der Mitarbeiter ein Problemverständnis fehlt.

Der Bumerang der Dominanz

Sie bestimmen als Projektleiter einen Mitarbeiter, der Ihre Lösungsvorschläge umzusetzen hat. Dabei kann es passieren, dass der Mitarbeiter weder vom Sinn der Aufgabe überzeugt ist noch irgendeine inhaltliche Verpflichtung verspürt; im Gegenteil, er wird die übertragene Aufgabe als Strafe empfinden. Die Gewährleistung der ordnungsgemäßen Erfüllung des Auftrags durch den Mitarbeiter wird Sie unter Umständen mehr Zeit und Nerven kosten, als wenn Sie es selbst gemacht hätten. Denn aufgrund der mangelnden Identifikation mit der Aufgabe benötigen Sie ein erhöhtes Maß an Kontrolle, um die Arbeitsqualität sicherzustellen. Das Führen durch Dominanz weist einen weiteren Nachteil auf: Während einer mehr oder weniger Lust hat und ärgerlich an die Arbeit geht, sagen alle anderen »Glück gehabt, der Kelch ist an mir vorübergegangen«. Eine Mitverantwortung für die Aufgabe werden Sie so nicht generieren.

Fazit: Führen durch Dominanz bringt keine eigenständige und motivierte Arbeitsleistung hervor.

Sinnstiftung – die Lösung des Motivationsproblems

Dieses Führungsverhalten ist der Königsweg und deshalb auch nicht immer ganz einfach anwendbar. Sinnstiftung bedeutet, dass Ihre Mitarbeiter und Sie gemeinsam die Frage beantworten können, weswegen es sinnvoll ist, eine bestimmte Sache zu tun. Jedoch hat die Führung über Sinnstiftung auch einen Nachteil: Es kostet unter Umständen sehr viel Zeit und Geduld, Ihre Mitarbeiter von der Sinnhaftigkeit Ihrer Vorschläge zu überzeugen. Der entscheidende Vorteil aber ist, dass wenn Sie eine Sinnstiftung erreicht haben, eine Ihrer schwierigsten Führungsaufgaben wegfällt – die Mitarbeitermotivation.

Fazit: Führung durch Sinnstiftung ist durchaus empfehlenswert, jedoch nicht immer anwendbar, zum Beispiel wenn enormer Zeitdruck besteht, denn dann muss auch einfach einmal angeordnet werden.

Sympathie – als Verhandlungsgrundlage

Wer von Ihnen Kinder hat, kennt die folgende Situation: Sie erledigen die letzten Einkäufe vor dem Wochenende und bewegen sich mit zwei goldigen Engelchen mehr oder weniger zügig durch den Laden. Kurz vor der

Kasse sind im Allgemeinen niedrig hängende Auslagen mit kunterbunt verpackten Süßigkeiten angebracht. Sie drehen sich gerade um, um noch das Waschmittel in den Einkaufskorb zu befördern, und schwups, schon landen mehrere Hände voll Süßigkeiten im Einkaufskorb.

Wie lösen Sie nun dieses Führungsproblem? Sinnstiftung erscheint aussichtslos, denn für die Kinder ist es extrem sinnvoll, dass diese Süßigkeiten in Ihrem Einkaufskorb gelandet sind. Dominanz ist natürlich möglich, aber denken Sie daran, dass im Unternehmen eine grundlegende Erwartung die »Problem- und Geräuschlosigkeit« Ihrer Führungsarbeit ist – und auch im Einkaufsladen haben Sie eine aufmerksame Öffentlichkeit. Interessierte Nachbarinnen schließen bereits erste Wetten ab, wie Sie dieses Problem lösen werden. Was werden Sie also tun? Richtig, Sie verhandeln.

Bei der Verhandlung stehen Ihnen nun mehrere Wege offen:

1. *Give most, keep some:* Sie erlauben, dass einzelne Süßigkeiten im Einkaufswagen bleiben, während der größere Teil hinausbefördert wird. Die Lernerfahrung der Kinder (und im Unternehmensfall auch der Mitarbeiter) ist: Nimm beim nächsten Mal einfach mehr, dann bleibt mehr übrig. Diese Strategie ist also langfristig nur bedingt sinnvoll.
2. Die zweite Verhandlungsstrategie besteht darin, dass Sie eine *attraktive Alternative* entgegensetzen. »Nachher geht Papi mit dir Rad fahren.« Wenn es wirkt und Sie eine attraktive Alternative anzubieten haben (Ideenreichtum ist gefragt!), ist diese Verhandlungsvariante ganz in Ordnung. Was aber tun Sie, wenn Sie nichts anzubieten haben? (Im Unternehmen ist das häufiger der Fall, als man denkt.)
3. Die am häufigsten gewählte Alternative: *Sie bieten Ihre Liebe an.* Achten Sie beim nächsten Einkauf einmal darauf, wie häufig dieses Führungsverhalten gewählt wird. Das ist Führung über Sympathie und Antipathie, Geben oder Entzug von Liebe (im Unternehmen: Nähe, weitergegebene Informationen, gezeigte Achtung, der Entzug von Anerkennung) wird verhandelbar. Das Verhalten »Führung durch Sympathie oder Antipathie« ist nur bedingt empfehlenswert, denn es nutzt sich sehr schnell ab. Sie sollten es sparsam verwenden, quasi als Notnagel, denn es funktioniert recht gut, aber nur, wenn Sie es nicht allzu häufig anwenden.

Fazit: Verhandeln ist eine wichtige Führungskompetenz, und Sie brauchen sie in Unterredungen immer wieder. Denn für viele Dinge gibt es keine abschließende Wahrheit.

Mitarbeiter suchen im alltäglichen Verhalten Orientierungspunkte, die ihnen auf der einen Seite Ausrichtung und auf der anderen Seite Informationen darüber geben, was gut und richtig sein soll. Hier stellen Ihr persönliches Verhalten, Ihre Wirkung und Ihr Umgang mit anderen eine wesentliche Informationsquelle für die Mitarbeiter dar. Da Sie in Ihrer Führungsrolle durchgängig im Rampenlicht stehen, wird Ihr Verhalten natürlich besonders kritisch betrachtet. Es werden Rückschlüsse darauf gezogen, welches Verhalten Sie selbst als akzeptabel, als gut oder als nachteilig empfinden. Mitarbeiter sind hier äußerst sensibel, das heißt sie nehmen sehr aufmerksam wahr, wie Sie sich in kritischen Situationen verhalten, und wählen dieses Verhalten als Orientierungspunkte für die Zulässigkeit eigenen Verhaltens. Es gilt: »Wie der Herr, so's Gescherr.«

Der Vorteil des Führens durch persönliches Vorbild ist, dass Sie sehr gut beeinflussen können, was gut und richtig sein soll. Sie erreichen eine höhere Stufe der Glaubwürdigkeit, wenn Sie nicht nur Appelle oder verbale Beeinflussung unternehmen, sondern sichtbar vor Augen führen, wie Sie sich selbst in einer Situation verhalten. Unter der Prämisse, dass man von Ihnen kein Verhalten verlangt, das Sie in Konflikt mit eigenen Wertvorstellungen, Normen und Regeln bringt, haben Sie die Möglichkeit, sich sehr authentisch zu verhalten. Dies ist eine weitere Voraussetzung für Glaubwürdigkeit. Viele Mitarbeiter haben ein gutes Gespür dafür, ob Sie sich authentisch verhalten, also so, wie Sie wirklich sind.

Der Nachteil ist, dass Sie quasi gezwungen sind, über sich hinauszuwachsen, weil Ihr Verhalten zum Maßstab der Dinge wird. Sie sind in der Situation, dass Sie sich jederzeit so verhalten müssen, damit es der einfache Mitarbeiter verstehen und als gerecht, akzeptabel und zulässig empfinden würde. All Ihre eigenen Defizite und Unarten werden mehr oder weniger von den Mitarbeitern übernommen.

Setzen Sie dennoch nicht zu hohe Erwartungen daran, dass sich Ihr Vorbildverhalten 1:1 überträgt: Selbst wenn Sie sich sehr darum bemühen, fair, offen und gerecht zu führen, werden Sie Enttäuschungen erleben. Mitarbeiter verfolgen natürlich auch eigene Intentionen. Außerdem akzeptieren sie das von Ihnen vorgelebte Regel- und Normensystem nur während der Zeit der gemeinsamen Arbeit, übernehmen es jedoch nicht wirklich für sich. Setzen Sie hier Ihren Anspruch an die Veränderbarkeit von Menschen nicht zu hoch an. Es sollte reichen, wenn die Zusammenarbeit im Sinne der gemeinsamen Ziele durch Ihr Vorbild gut funktioniert und die Mitarbeiter sich an die vorgelegten Regeln und Werte halten, auch wenn sie sie für sich selbst nicht übernehmen.

Es soll auch nicht verschwiegen werden, dass der Anspruch der Vorbildfunktion sehr anstrengend ist. Ihre eigenen Wünsche, Interessen, Vorlieben und Nachlässigkeiten sind immer wieder zu bekämpfen, und es gilt jeden Tag die Goethesche Prämisse: »Erwarte viel von dir und wenig von anderen, dann bleibt dir manches erspart.«

Fazit: Das Verhalten »Führen durch Vorbild« ist generell empfehlenswert, denn es bewirkt Richtung, Integration und Bewegung und erfüllt daher alle drei Führungsaufgaben.

Moderation – wenn Sie keine Karten im Spiel haben

Häufig taucht in Entscheidungssituationen das Problem auf, dass Sie eine Richtung definieren müssen, selbst aber keine Idee haben, wohin es denn gehen soll. Das macht nichts, hier sind bestimmte Techniken möglich. Wichtig ist nur, dass Sie eine übergeordnete oder generelle Idee haben, wo das Ziel des Weges sein soll. Achten Sie darauf, dass in solchen Momenten, in denen Entscheidungen zu treffen sind, das »Wie« und nicht das »Ob« (also die Diskussion darüber, ob wir überhaupt gehen) thematisiert wird. Wenn Sie selbst keinen Weg bevorzugen oder sich auch über die Folgen einzelner Wege noch nicht klar sind, dann ist es in einer konkreten Situation durchaus zulässig und auch sinnvoll, mit der Gruppe gemeinsam darüber zu diskutieren, wie und über welchen Weg vorzugehen ist.

Sie sollten Methodenkompetenzen erwerben, mit denen die Wahl des Weges erarbeitet werden kann. Solche Methoden sind:

1. Moderationstechniken
2. Kreativitätstechniken
3. Problemanalyseverfahren
4. Entscheidungstechniken

Fazit: Das »Führen durch Moderation« ist vor allem immer dann empfehlenswert, wenn die gemeinsame Suche mit den Mitarbeitern nach dem passenden, optimalen oder auch dem unproblematischsten »Wie« gefragt ist.

Stellen Sie sich vor, dass ein Projekt, an dem Sie zurzeit mit Ihrem Team arbeiten, ziemlich schlecht läuft. Deshalb machen Sie sich die Mühe und versuchen, die Problemfelder zu analysieren. Tatsächlich erkennen Sie ein ganzes Dutzend von Fehlern, die das Projekt negativ beeinflussen. Diese Schwierigkeiten möchten Sie nun am nächsten Tag Ihren Teammitgliedern vermitteln. Sie haben eine Präsentation vorbereitet, die jedes einzelne Problem im Detail erklärt. Was glauben Sie, wird das Ergebnis Ihrer Präsentation sein? Sie vermuten richtig: Lähmung taucht auf, obwohl Sie ja nur die Wahrheit gesagt haben.

Doch Lähmung zu erzeugen widerspricht ja grundsätzlich einer der zentralen Führungsaufgaben – dem Schaffen von Bewegung. Bewegung wiederum ist aber nur möglich, wenn Sie den Fokus auf einige wenige Probleme richten, denn sonst wecken Sie bei Ihrem Team den Eindruck einer aussichtslosen Lage.

Der Einwand, dass fast alle Problemstellungen im Rahmen Ihres Führungsauftrags äußerst komplex sind, ist durchaus berechtigt. Nun gilt es für Sie, aus diesem Problemkomplex für Ihre Mitarbeiter die Quintessenz zu extrahieren. Dabei müssen Sie folgende drei Fragen bejahen können:

- Ist das (Teil-)Problem anschaulich und verständlich darstellbar (möglichst auch visuell)?
- Ist das (Teil-)Problem von meinen Mitarbeitern beeinflussbar?
- Sind alle Variablen des (Teil-)Problems sichtbar?

Fazit: Die hohe Schule des Managements und der Führung ist neben der Sinnstiftung vor allem die Komplexitätsreduktion. Erfahrene Manager sind hier wirklich perfekt. Das Führen durch Komplexitätsreduktion ist jederzeit sehr empfehlenswert.

Psycho-Logik und emotionale Intelligenz

»Es ist das Gefühl, das den Intellekt entzündet,
und nicht der Intellekt,
der das Gefühl entfacht.«
George Bernard Shaw

Erfolgreiche Führungskräfte gleichen sich in einem Punkt: Sie besitzen alle in hohem Maße jene Eigenschaft, die als emotionale Intelligenz bezeichnet wird. Untersuchungen zeigen, dass sich beim Vergleich von Spitzen- und Durchschnittsmanagern die Unterschiede in ihren Persönlichkeitsprofilen zu fast 90 Prozent auf Faktoren der emotionalen Intelligenz und nicht auf kognitive Fähigkeiten zurückführen lassen.

Erstere greifen auf einen Pool vieler Erfahrungen zurück und nutzen sie wirksam, um ihre Mitarbeiter erfolgreich zu führen.

Die fünf Komponenten der emotionalen Intelligenz, die erfolgreiche Führungskräfte nutzen, sind:

- *Selbstreflexion*: Die Fähigkeit, die eigenen Stimmungen, Gefühle und Antriebe sowie ihre Wirkung auf andere zu erkennen und zu verstehen.
- *Selbstkontrolle*: Die Fähigkeit, plötzliche Impulse und Stimmungen zu beherrschen oder in eine andere Richtung zu lenken; der Hang, vorschnelle Urteile zu vermeiden – erst denken, dann handeln.
- *Motivation*: Die Hingabe an die Arbeit aus Gründen, die über Geld oder Status hinausgehen; eine Neigung, Ziele mit Energie und Ausdauer zu verfolgen.
- *Empathie*: Die Fähigkeit, sich in die Gefühlswelt anderer Menschen hineinzuversetzen; das Geschick, Leute mit Rücksicht auf deren Gefühle zu behandeln.
- *Soziale Kompetenz*: Das Können, Beziehungen zu unterhalten und Netzwerke aufzubauen; die Fähigkeit, eine gemeinsame Basis zu schaffen und enge Beziehungen zu knüpfen.

Wenn wir andere bewegen wollen, ist es zuerst wichtig zu wissen, wo sie stehen. Deshalb müssen wir sie genau dort, auf der emotionalen Ebene, abholen.

Emotionale Intelligenz beeinflusst den beruflichen Erfolg stärker als der IQ

Die berufliche Umwelt verändert sich in einer Weise, die den Bedarf an emotionalen Fähigkeiten von Fach- und Führungskräften drastisch ansteigen lässt. Innovationen in der Informations- und Kommunikationstechnologie, zunehmende Globalisierung und steigender Wettbewerbsdruck stellen neue Anforderungen in der Arbeitspraxis. Bedingt durch den Strukturwandel vergrößert sich der Bedeutungsverlust produktiver Tätigkeiten, während gleichzeitig alle Formen dienstleistender Tätigkeiten immer wichtiger werden. Letztere erfordern von den Fachkräften ein erhöhtes Servicebewusstsein sowie kundenorientiertes Handeln. Um eine gute Beziehung zu Kunden und Geschäftspartnern aufbauen und pflegen zu können, ist das richtige Verständnis für das, was diese brauchen und wollen, notwendig. Es bedarf unter anderem der Fähigkeit, menschliche Netzwerke nachhaltig aufzubauen und zu pflegen. Daraus resultieren veränderte Anforderungen an die Mitarbeiter. Neben dem benötigten Fachwissen werden Persönlichkeitsmerkmale wie zum Beispiel Selbstständigkeit, Verantwortungsbereitschaft, arbeitsplatzbezogene Motivation und Teamfähigkeit notwendig. Diese Eigenschaften sind im Spektrum der emotionalen Intelligenz anzusiedeln.

Emotionale Intelligenz ist erlernbar

Gleichzeitig zu den soeben beschriebenen Phänomenen steigen die Ansprüche der Mitarbeiter an das Unternehmen. Sie verlangen mehr Eigenverantwortung und Entscheidungsfreiheit am Arbeitsplatz. Kompetenzen und Verantwortung werden auf die unteren Ebenen der Organisation verlagert und damit die Selbstorganisation in der Arbeitsausführung gefördert. Für die Führungskräfte heißt das: Sie müssen einen mitarbeiterorientierten Führungsstil zeigen, gepaart mit entsprechendem sozialen Know-how. Gerade dort, wo Mitarbeiter eigene Entscheidungen treffen und der Vorgesetzte wenig Einblick in die erbrachte Leistung hat, ist von den Führungskräften emotionale Intelligenz gefragt. Sie müssen in der Lage sein, Ihre Mitarbeiter auch ohne unmittelbare Fachkompetenz zu führen und zu motivieren.

Was verbirgt sich hinter dem Begriff der emotionalen Intelligenz (EI)? Bekannt wurde der Ausdruck durch das gleichnamige Buch von Daniel Goleman (1995), das monatelang die Bestsellerlisten anführte. Demnach handelt es sich bei der EI um die ältesten Fähigkeiten, die wir Menschen besitzen. Sie befähigen uns im Privatleben und im Beruf zu herausragenden Leistungen. Konzentrierte man sich bisher ausschließlich auf den Intelligenzquotienten, um den Erfolg eines Menschen im Leben vorauszusagen, so hat sich das in der Zwischenzeit gewandelt.

Es wurde vor allem in den Studien des US-amerikanischen Psychologen und Motivationsforschers David McClelland herausgefunden, dass der Einfluss des IQ auf den beruflichen Erfolg nur bei rund 25 bis 30 Prozent liegt, bei Führungskräften sogar nur bei etwa 15 Prozent. Hieraus schließen Kritiker, dass für die Vorhersagekraft des Erfolges die Ergebnisse der

IQ-Tests weniger wichtig sind als die sogenannten inneren Werte einer Person. Die EI setzt genau hier an und bestimmt im Gegensatz zum IQ das Maß der sozialen Kompetenz des Einzelnen. Im Kern verstehen wir unter emotionaler Intelligenz die Kontrolle und das Bewusstsein um die eigenen Gefühle, Einfühlungsvermögen in andere Menschen, verbunden mit der Fähigkeit, soziale Beziehungen zu gestalten und aufrechtzuerhalten. Und ebenfalls die Anlage, sich selbst zu motivieren und seine Emotionen so zu steuern, dass sich die eigene Lebensqualität sowie die der anderen verbessert. Gerade die Wahrnehmung, Einschätzung und Kontrolle der eigenen Gefühle bildet den Grundstein der emotionalen Intelligenz und stellt eine Fähigkeit dar, die sich nicht zuletzt im beruflichen Kontext als sehr nützlich erweist.

Emotionale Intelligenz ist nach Goleman im Gegensatz zur emotionalen Kompetenz schon von Geburt an gegeben und beruht auf den bereits genannten fünf Elementen: Selbstwahrnehmung, Motivation, Selbstregulierung, Empathie und soziale Fähigkeiten. Nach Goleman besteht ein Zusammenspiel zwischen der emotionalen Intelligenz und der rationalen Intelligenz (IQ). Beide seien nicht voneinander zu trennen und beeinflussten sich gegenseitig. Das Gefühlsleben ist ein Bereich, der genau wie Rechnen oder Lesen mit mehr oder weniger Können gehandhabt werden kann und der spezifische Kompetenzen erfordert. Wie geschickt einer darin ist, entscheidet darüber, ob er Erfolg im Leben hat. Die emotionale Intelligenz ist eine reine Meta-Fähigkeit, von der es abhängt, wie gut wir unsere sonstigen Fähigkeiten, darunter auch den Intellekt, zu nutzen verstehen.

3. Mitarbeiter individuell und leistungsorientiert führen

Eine optimale und leistungsorientierte Führung heißt, dass Sie sich auf die Persönlichkeit und die individuelle Leistungsstärke Ihrer Mitarbeiter einstellen. Ein Führungsstil, der den Anspruch hat, alle Mitarbeiter gleich zu behandeln, wird der Individualität kaum gerecht werden können und zwangsläufig zu einem schlechteren Leistungsergebnis eines Bereichs führen müssen. Ihre Führungsarbeit erleichtern Sie sich deutlich, indem Sie sich zum einen auf die Leistungsfähigkeit und zum anderen auf die Persönlichkeit Ihrer Mitarbeiter einstellen. Ihre Führung wird nicht nur leichter, sondern auch erfolgreicher. In diesem Kapitel wollen wir uns dem Aspekt der Leistungsfähigkeit Ihrer Mitarbeiter widmen. Hierzu vorab einige grundlegende Gedanken zur Verteilung der unterschiedlichen Leistungsfähigkeiten von Mitarbeitern in Unternehmen.

3.1 Verteilung der Leistungsfähigkeit: Häufig gilt 20 – 70 – 10

Aus Ihrer eigenen Erfahrung wissen Sie, dass die Leistungsfähigkeit bei Mitarbeitern nicht gleich verteilt ist. Manche Mitarbeiter sind sehr stark und motiviert und leisten viel. Andere erfüllen die Anforderungen an die Position weitgehend gut, mal mehr, mal weniger, und wieder andere erfüllen die an sie gestellten Anforderungen kaum oder in keiner Weise. Schauen wir uns diese Verteilung an, ergibt sich das in Abbildung 10 gezeigte Muster. Die Leistungsverteilung in Unternehmen folgt der Gaußschen Normalverteilung.

Abbildung 10 macht deutlich, dass der Anteil an »Hochleistern« oder Leistungsträgern in vielen Organisationen – abhängig von den Rekrutierungserfolgen des Unternehmens und den Investitionen in die Personalentwicklung – meist nur etwa 10 Prozent der gesamten Belegschaft beträgt. In diese Betrachtung sind Mitarbeiter aller hierarchischen Ebenen, das

Abbildung 10

Schlechtleister, Durchschnittsleister, Leistungsträger I

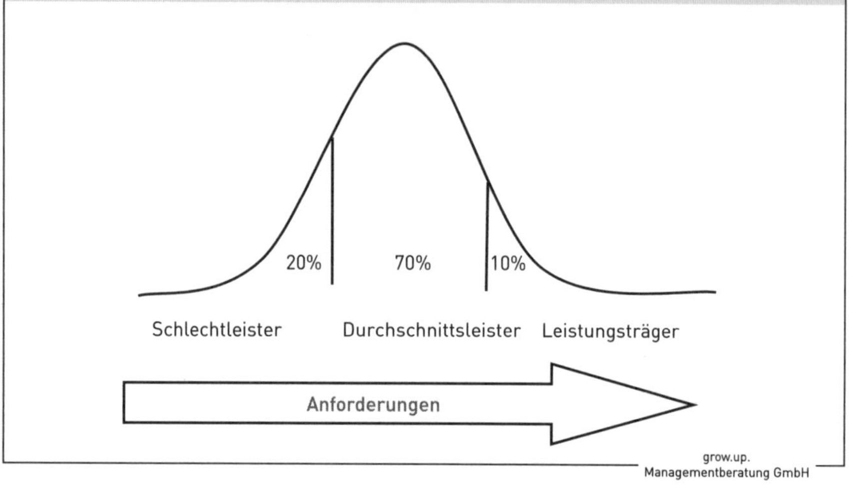

heißt auch das Management, eingeschlossen. In Organisationen, in denen der Leistungsbereitschaft des einzelnen Mitarbeiters ein sehr hoher Anteil am Gesamterfolg der Organisation zukommt, zum Beispiel im Investmentbanking oder in der Unternehmensberatung, bemüht man sich daher sehr intensiv darum, den Anteil der »Hochleister« möglichst nachhaltig zu erhöhen.

Der Anteil der »Durchschnittsleister«, also der Mitarbeiter, die mehr oder weniger die gestellten Anforderungen an ihre aktuelle Tätigkeit erfüllen können und auch erfüllen wollen, beträgt im Durchschnitt der Organisationen etwa 70 Prozent, allerdings häufig mit hoher Streubreite.

Die Gruppe der »Schlechtleister«, das sind Mitarbeiter, die den an sie gestellten Anforderungen eigentlich nicht mehr richtig entsprechen können und/oder wollen, macht bei vielen Unternehmen etwa 20 Prozent der Belegschaft aus.

Diese Zahl ist erschreckend, in der Regel sind aber auch kleine Unternehmen in der Lage, einen gewissen Anteil an nicht wirklich wertschöpfenden und produktiv arbeitenden Menschen zu verkraften. Die Problematik wird allerdings dann schnell brisant, wenn die Anforderungen steigen. Das kann etwa der Fall sein, wenn technologische Innovationen auftau-

Abbildung 11

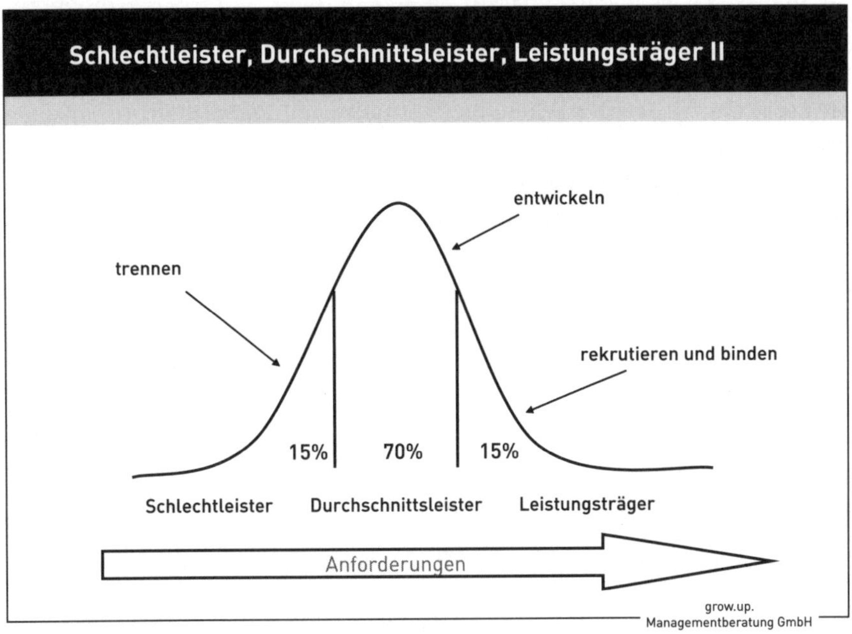

chen, wenn Wettbewerber agiler oder offensiver vorgehen, oder wenn es zu Veränderungen im Markt kommt.

Abbildung 11 veranschaulicht die Auswirkung steigender Anforderungen: Die Führungskräfte und die entsprechenden Servicebereiche der Organisation müssen sich dann sowohl intensiver darum bemühen, *High-Performer* zu rekrutieren, als auch die bereits vorhandenen besser zu binden, um die zukünftigen Anforderungen sicher zu erfüllen.

Für den »Durchschnitt« empfehlen sich intensive Personalentwicklungsmaßnahmen, um einen möglichst großen Prozentsatz mit Hilfe passender Qualifizierungsmaßnahmen der Leistungskategorie der »Leistungsträger« anzunähern.

Gleichfalls ist es aber auch häufig notwendig – und wird in vielen Organisationen vergessen –, sich von »Schlechtleistern« zu trennen. Mit steigenden Anforderungen steigt leider auch der Prozentsatz von Mitarbeitern, die den zukünftigen Ansprüchen nicht mehr gewachsen sind.

Entsprechend der Normalverteilungskurve werden Sie unter Ihren Mitarbeitern, was die Fähigkeit und die Bereitschaft zur Leistungserbringung betrifft, ebenfalls ein ungefähr der Normalverteilung folgendes Verhältnis finden. Es ist wichtig, darauf zu achten, neue Mitarbeiter möglichst immer aus den oberen 10 Prozent der »Leistungsträger« einzustellen, um das generelle Leistungsniveau hoch zu halten. Gehen Sie hier keine Kompromisse ein, Sie werden sehen, die Normalverteilungsverhältnisse bleiben dennoch erhalten.

Gibt es nun unter den »Schlechtleistern« Mitarbeiter, die für das Unternehmen schlichtweg nicht weiter tragbar sind, empfehlen wir Ihnen im Rahmen Ihrer Möglichkeiten die umgehende Trennung von diesen Personen. Machen Sie sich neben der nicht erbrachten Leistung die Wirkung dieser Mitarbeiter auf die übrige, leistungsstarke Belegschaft bewusst. Den anderen wird auf keinen Fall entgehen, dass man sein Gehalt auch erhält, ohne dafür seinen Aufgaben gerecht zu werden. Diese Art der Demotivation der »Leistungsträger« müssen Sie unbedingt vermeiden.

Die Leistungsfähigkeit der Mitarbeiter im eigenen Bereich einschätzen

Wichtig ist nun die Frage, wie Sie zu einer Einschätzung der Leistungsfähigkeit der Mitarbeiter in Ihrem Verantwortungsbereich gelangen. Eine gute Möglichkeit, sich ein detailliertes Bild über deren Stärken und Schwächen, aber auch Besonderheiten zu machen, ist das Erstellen einer Mindmap für einzelne Mitarbeiter. Abbildung 12 zeigt eine solche Mindmap, in die Sie die persönlichen Kennzeichen und Merkmale Ihrer Mitarbeiter aufnehmen können. Als Äste für eine solche Mindmap bieten sich zum Beispiel an:

- Stärken, fachlich wie auch überfachlich
- Schwächen, fachlich wie auch überfachlich
- Methodenkompetenzen
- Besondere Aufgaben und Projekte
- Persönlichkeitseigenschaften

Welche Äste Sie bei dem Portfolio nutzen, ist Ihnen überlassen. Nutzen Sie die Äste, die Ihnen wirklich wichtig erscheinen, um die Leistungsfähigkeit Ihrer Mitarbeiter für sich selbst gut beschreiben zu können. Eine Mindmap zu erstellen empfehlen wir vor dem Hintergrund, dass diese mitwachsen kann. Immer wenn Sie im Alltag neue Beobachtungen machen, können Sie diese auf Ihrer Mindmap ergänzen. Besonders wertvoll ist sie auch dann,

Abbildung 12

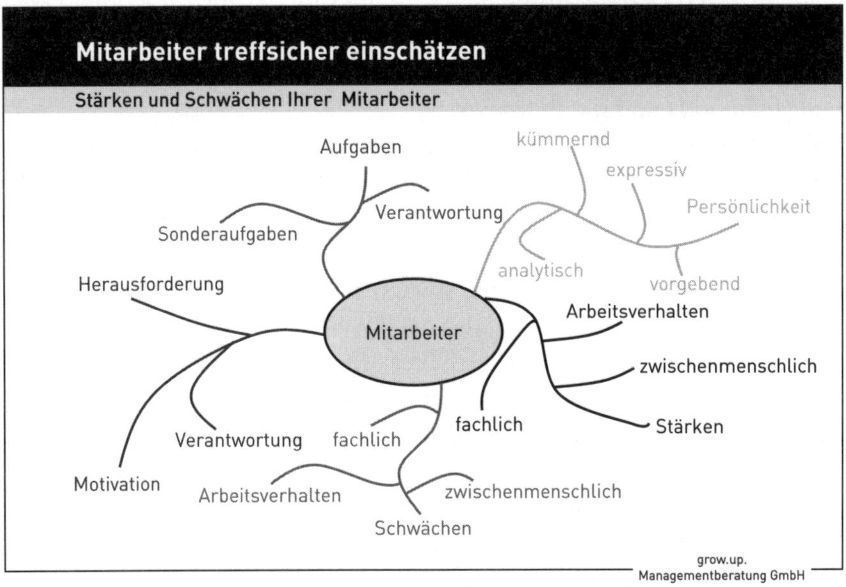

wenn Sie jährliche Mitarbeiterbeurteilungs- oder Zielvereinbarungsgespräche führen. Dann können Sie schnell in Ihre Mindmap schauen und sich noch einmal einen detaillierten Überblick über den Verlauf der Leistungsfähigkeit und die besonderen Eigenschaften Ihres Mitarbeiters verschaffen.

Können und Wollen – die Dimensionen des Mitarbeiterportfolios

Ein einfaches, aber doch sehr effizientes Modell, die Leistungsfähigkeit von Mitarbeitern zu beschreiben, ergibt sich aus den beiden Dimensionen »Können« und »Wollen«. Das Können beschreibt alles, was ein Mitarbeiter bisher gelernt hat, also seine Ausbildung, seine besonderen Fähigkeiten, seine Erfahrungen oder seine Methodenkompetenzen. Das Wollen dagegen beschreibt, inwieweit ein Mitarbeiter engagiert und motiviert ist, die ihm übertragenen Aufgaben auch mit Einsatzbereitschaft und Leistungswillen auszuführen, also seine Motivation. Bildet man aus beiden Dimensionen ein Koordinatensystem, erhält man das sogenannte Mitarbeiterportfolio. Abbildung 13 verdeutlicht dies.

Gemessen daran, ob ein Mitarbeiter die ihm übertragenen Aufgaben gar nicht, also zu 0 Prozent, in eingeschränktem Umfang, also etwa zu 50 Prozent, oder fast vollständig und bis zu 100 Prozent erfüllt, können wir vier verschiedene Mitarbeitertypen unterscheiden: Die *Stars*, die *Workhorses*, die *Deadwoods* und die *Problems*.

Die *Stars* sind die Mitarbeiter, die quasi die 10 Prozent der Leistungsträger, wie sie in der Gaußschen Normalverteilung beschrieben sind, ausmachen. Dies sind Mitarbeiter, wie wir sie alle haben wollen, von denen wir jedoch leider oft viel zu wenig haben. *Stars* sind Mitarbeiter, welche die ihnen übertragenen Aufgaben sowohl erfüllen können als dieses auch mit vollem Engagement tun, es also auch wollen.

Die *Workhorses* sind die Mitarbeiter, die sehr motiviert und zuverlässig die ihnen übertragenen Aufgaben erfüllen, aber hinsichtlich des Könnens an ihre Potenzialgrenze stoßen oder so jung in ihrem Beruf sind, dass ihnen wesentliche Qualifikationen fehlen und diese noch ausgebildet und entwickelt werden müssen. Potenzialgrenze heißt in diesem Fall, dass die Mitarbeiter auf der Position, auf der sie eingesetzt sind, gut sind, Sie aber ziemlich genau wissen, dass diese Leute deutlich schwierigere oder umfangreichere Aufgaben nicht erfolgreich erfüllen werden.

Abbildung 13

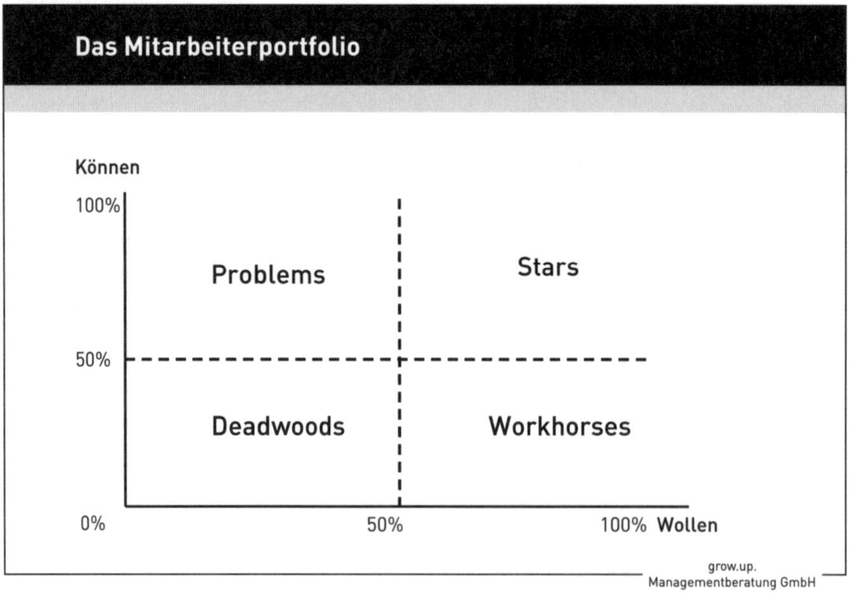

Im Quadranten unten links finden wir die Mitarbeiter, welche die ihnen übertragenen Aufgaben weder in guter Qualität erfüllen können noch – wesentlich problematischer – dies wollen: die *Deadwoods*. Diese Gruppe ist die in der Gaußschen Normalverteilung beschriebene Gruppe der Minderleister. Bei diesen Mitarbeitern müssen wir davon ausgehen, dass sie so nicht eingestellt wurden, aber aufgrund vielfältiger Erfahrungen letztendlich ihr Wollen immer mehr einschränkten, dadurch auch schlechtere Leistungen erbringen, nicht mehr motiviert sind, dazuzulernen, und somit auch ihr Können abnimmt. Diese Mitarbeiter haben in der Regel eine Geschichte, deren Ende die heute gezeigte Demotivation ist.

Im Quadranten oben links finden Sie die sogenannten *Problems*. Dies sind Mitarbeiter, die zwar die Fähigkeiten besitzen, die ihnen übertragenen Aufgaben in guter Qualität zu erledigen, dies aber aus irgendwelchen Gründen nicht mehr wollen.

Versuchen Sie im nächsten Schritt einmal, die Mitarbeiter Ihres Verantwortungsbereichs in das Portfolio einzuordnen. Vorsicht, seien Sie dabei ehrlich mit sich selbst und der Leistungsfähigkeit der Mitarbeiter. Schnell passiert es, dass man in bester Absicht jemanden aus der Gruppe der *Workhorses* in die Gruppe der *Stars* einsortiert. Damit tun Sie aber weder sich noch dem Mitarbeiter einen Gefallen, weil die Führungsstrategie, die wir für die einzelnen Leistungstypen in den Kapiteln 4, 5, 6 und 7 empfehlen, dann nicht auf diesen Mitarbeitertypus passt und zur Minderleistung führt. Nur wenn Sie Ihre Mitarbeiter realistisch einschätzen, können Sie für jeden Einzelnen eine richtige Führungsstrategie und passende Führungsmaßnahmen auswählen.

Das Mitarbeiterportfolio kombiniert die Kriterien des Könnens und Wollens mit der Einteilung in Schlecht-, Durchschnitts- und Hochleister. Nachfolgend geben wir Ihnen daher einen zusammenfassenden Überblick über die einzelnen Leistungstypen. Eine ausführliche Beschreibung der Typen und welche Führungsstrategien und Führungsinstrumente vorzugsweise bei Ihnen zu nutzen sind, geben wie in den Kapiteln:

4. *Stars*
5. *Workhorses*
6. *Problems*
7. *Deadwoods*

Die Stars

Die *Stars* sind diejenigen, die über hervorragende Fähigkeiten und Qualifikationen verfügen und gleichzeitig ein auffallend hohes Maß an Motivation an den Tag legen. Diese Mitarbeiter stellen das geistige und kreative Kapital Ihres Unternehmens dar. Das eigene hohe Anspruchsniveau treibt sie immer wieder zu Höchstleistungen an. Hierzu benötigt der *Star* Freiraum, um sich entwickeln zu können, und die Anerkennung und den Ansporn von Ihnen.

Häufig wird jedoch vor allem der Kraft der Motivation seitens der Unternehmen nicht genügend Rechnung getragen; oft wird der anfängliche Eifer schnell von Demotivation gedämpft und die optimale Entwicklung des Mitarbeiters gebremst, anstatt dass die Motivation und der Wille zu Leistung, der aus ihr entspringt, gezielt genutzt und durch Herausforderungen immer wieder neu angefacht würden.

Hochleister richtig führen

Die *Stars* haben das größte Wachstumspotenzial. Potenzial ist vor allem eine Frage des Wollens. Stark leistungsmotivierte Mitarbeiter stellen häufig viele Fragen. Dies ist eine Voraussetzung für die Entwicklung eines erweiterten Verständnisses von Abläufen und Prozessen, die Vertiefung von Hintergrundwissen und die persönliche Optimierung. Mitarbeiter mit Wachstumspotenzial setzen sich häufig expansive Ziele. Das Formulieren von Qualitätsmaßstäben und Gütekriterien für die eigene Tätigkeit deutet auf eine Auseinandersetzung mit den eigenen Ansprüchen hin. Die Arbeit mit dem eigenen Anspruchsniveau führt zu einer Verbesserung, weil wahrgenommen wird, dass man den Anforderungen noch nicht genügt. Auch die kritische Auseinandersetzung mit bestimmten Erfahrungen und Erlebnissen deutet darauf hin, dass mit einem eigenen Anspruchsniveau gearbeitet wird. Fehler wiederholen sich bei diesen Kandidaten nur selten – schnell lernen sie, wie etwas richtig oder besser funktioniert, und integrieren das neue Wissen umgehend.

Bei den *Stars* müssen Sie die Motivation und die Bindung an das Unternehmen ins Zentrum Ihrer Aufmerksamkeit rücken. Das ist das Ziel Ihres Führungshandelns bei diesen Mitarbeitern.

Wenn Sie Aufgaben delegieren, dann übertragen Sie dem Mitarbeiter auch die Verantwortung hierfür. Er benötigt die volle Berechtigung, seinen Entscheidungsspielraum zu nutzen und eigenständige und verantwortungsvolle Entscheidungen zu treffen. Dies gelingt am besten, wenn die Aufgabe beziehungsweise das Projekt in einen bestimmten Zeitrahmen eingebettet ist und ausreichend Ressourcen und Informationsquellen zur Verfügung stehen. Sie begleiten Ihren *Star* am besten, wenn Sie ihm Ihr Vertrauen gewähren und komplette Aufgabenprozesse an ihn delegieren. Dennoch sollten Sie regelmäßig Rücksprache halten und wenn nötig schriftliche Berichte verlangen, um den Ergebnisverlauf nachvollziehen zu können und transparent zu halten. Ergebnisse sollten in jedem Fall schriftlich festgehalten werden.

Zielvereinbarungen sind für diese Mitarbeiter ein wichtiges Steuerungs- und Motivationsinstrument. Versäumen Sie nicht, ihnen Perspektiven innerhalb des Unternehmens aufzuzeigen, die eine kontinuierliche Erweiterung des Kompetenzspektrums und des eigenen Verantwortungsbereichs bedeuten. Arbeiten Sie gemeinsam mit den Mitarbeitern an einer zielstrebigen Umsetzung dieser Ziele und Perspektiven.

Was kennzeichnet Stars?

Stars sind nicht unproblematisch, weil sie nur auf den ersten Blick einfach sind. Viele Führungskräfte haben noch nicht erkannt, wie wichtig es ist, sich besonders um die *Stars* zu kümmern. Dazu ein ganz simples Beispiel: Angenommen, Sie haben zwei Kinder. Einem fällt der Unterricht sehr leicht, es geht gern in die Schule und macht seine Hausaufgaben fast immer selbstständig. Das andere ist versetzungsgefährdet, hat große Probleme, dem Unterrichtsstoff zu folgen und hasst die Schule. Hand aufs Herz: »Welchem Ihrer beiden Kinder würden Sie mehr bei den Schulaufgaben helfen und warum?«

Stars werden oft vernachlässigt, weil sie zu selbstständig sind, man sich auf sie verlassen kann und sie scheinbar gar keine Förderung brauchen. Zu selten wird erkannt, dass auch *Stars* einen Anreiz brauchen, um ihre hohe Motivation aufrechtzuerhalten. Am besten funktioniert das mit Delegation. Je kniffliger die Aufgaben sind und je mehr eigenständiges Nachdenken und Handeln damit verbunden sind, desto besser. Vereinbaren Sie mit Ihren *Stars* die Ziele, überlassen Sie ihnen die Zielerreichung aber weitgehend selbst.

Wichtig ist es, das Selbstvertrauen und die Motivation dieser Mitarbeiter über Erfolge zu fördern. Übertragen Sie ihnen hierfür ruhig Aufgaben, die eine Nummer zu groß sind. Beobachten Sie die Aufgabenerfüllung. Droht der Mitarbeiter zu scheitern, helfen Sie im letzten Moment, ohne dass er Ihre Unterstützung als Hilfe bemerkt. Die zu verzeichnenden Erfolge heben das Selbstbewusstsein und fördern den Stolz und das Vertrauen auf die eigenen Fähigkeiten. Offensichtlichen Hochleistern kann es passieren, dass sie irgendwann abheben und sich selbst für überragend halten. Für diese Mitarbeiter empfiehlt sich folgende Strategie: Geben Sie ihnen ein Projekt, das wiederum eine Nummer zu groß ist; dieses Mal helfen Sie nicht im letzten Moment. Die wertvolle Lernerfahrung besteht darin, mit Misserfolgen umzugehen und festzustellen, dass man trotzdem weiterhin ein akzeptiertes Mitglied des Teams ist. Dies fördert die Loyalität und die Bindung. Sie müssen allerdings sicher sein, dass sie solche Maßnahmen bei wirklichen Potenzialträgern anwenden, die ein sehr ausgeprägtes Bedürfnis nach Weiterentwicklung und Wachstum haben. Wenn Sie diese Strategie bei den *Workhorses* oder *Problems* anwenden, kann das sehr negative Auswirkungen auf deren Selbstsicherheit und Stabilität haben. Ihre Führungsstrategie bei den *Stars* sollte dagegen immer sein, neue Anreize zu bieten, zu fördern und zu fordern, sie dadurch zu motivieren und sie an das Unternehmen zu binden.

Die hohe Leistungsfähigkeit und Bereitschaft von *Stars* verleitet uns schnell zu einem gefährlichen Führungsfehler: Weil es zu einfach ist und wir uns auf die Mitarbeiter verlassen können, übertragen wir ihnen zu viel und überlasten sie damit. Seien Sie hier besonders vorsichtig, denn Überlastung erzeugt auf Dauer Demotivation.

Die richtige Führung dieser Mitarbeiter ist für deren Bindung an das Unternehmen elementar. *Stars* wechseln schnell ihren Arbeitsplatz, wenn sie nicht entsprechend gefordert werden, und Sie können sicher sein, dass diese Mitarbeiter bald einen neuen Job finden, weil alle Unternehmen einen Mangel an Hochleistern haben.

Die Workhorses

Die *Workhorses* sind Ihre fleißigen und zuverlässigen Arbeiter und das Rückgrat des Unternehmens. Sie verfügen über eine hohe Motivation und ein Können, das den Kapazitäten und den Potenzialen der *Stars* zwar unterlegen ist, durch die ausgesprochene Leistungsbereitschaft aber weiter gefördert und Schritt für Schritt verbessert werden kann.

Workhorses richtig führen

Bei den *Workhorses* steht Lernen und Kompetenzzuwachs im Vordergrund. Gezielte Qualifikationsmaßnahmen im Rahmen der Personalentwicklung sind für diese Zielgruppe von entscheidender Bedeutung. Ein weiteres Ziel Ihrer Führungsarbeit ist die Motivation beziehungsweise der Erhalt der Motivation. Es ist das wertvollste, was Sie haben.

Die *Workhorses* erfahren optimale Förderung, wenn Sie sie vor dosierte Herausforderungen stellen, die kein Sprung ins kalte Wasser, sondern ein schrittweises Ausbauen der eigenen Fähigkeiten sind und zunehmende Sicherheit bei der Ausführung und wachsendes Vertrauen in die eigenen Fähigkeiten bedeuten. Hierfür sollten Sie mit Aufgabenübertragungen arbeiten, die das Wie, Was, bis wann, mit welchen Ressourcen und mit wessen Hilfe genau definieren und die Zielerreichung in kleinere Etappen aufteilen. Geben Sie über jedes Zwischenergebnis umgehend Rückmeldung, das heißt arbeiten Sie mit engen Feedbackschleifen und lassen Sie den Mitarbeiter nicht ins Blaue hinein arbeiten. Üben Sie konstruktive Kritik: Wenn Sie dem Mitarbeiter ein klares Bild davon zeichnen, wo er steht, wo Sie seine Schwächen, aber auch seine Stärken sehen, geben Sie ihm die Möglichkeit, ein realistisches Selbstbild zu entwickeln und seinen eigenen Lernbedarf und gleichzeitig seine Chancen zu erkennen. Der konstruktive Charakter Ihres Feedbacks ist der Schlüssel zur erfolgreichen Weiterqualifizierung dieses Mitarbeiters – erinnern Sie sich an die diesen Abschnitt einleitenden Worte über die Motivation der *Workhorses*. Lassen Sie nicht zu, dass diese wertvolle Ressource durch Demotivation verschüttet wird und aus dem *Workhorse* ein *Deadwood* wird, der für Ihr Unternehmen nur mehr mangelhafte Leistungen erbringt und nicht weiter wertschöpfend tätig ist. Packen Sie Ihre fleißigen Mitarbeiter bei ihrem Ehrgeiz und führen Sie sie Schritt für Schritt mit kleinen Erfolgen zu einer Verfestigung und Stabilisierung bereits vorhandener Kompetenzen. Mit Hilfe von gezielten Qualifikationsmaßnahmen können Sie die Aneignung von neuem Wissen und Kompetenzfeldern anregen und steuern.

Was kennzeichnet Workhorses?

Die Mitarbeitergruppe der *Workhorses* stellt in den meisten Unternehmen den zahlenmäßig größten Anteil der Beschäftigten dar. Sie entsprechen dem Durchschnitt, den Sie bereits im Rahmen des Normalverteilungsmodells kennen gelernt haben. *Workhorses* können mit einer Aufgabendelegation ohne genaue Anleitung in vielen Fällen nichts anfangen. Für Sie als Führungskraft und auch für die Mitarbeiter dieser Gruppe ist es deshalb effektiver, wenn Sie Aufgaben zwar delegieren, diese aber in Teilaufgaben unterteilen und dabei erklären, mit welchen Mitteln und in welchem Zeitraum die Aufträge erfüllt werden sollen. Während für die *Stars* Herausforderungen genau darin bestehen, sich an eigenen und neuen Lösungswegen ohne konkrete Vorgaben zu versuchen, ist es bei den *Workhorses* wichtig, Zwischenziele zu vereinbaren und kleine Erfolge zu erzielen, da sie sich, auf sich allein gestellt, in der Aufgabe verlieren würden – anstelle von Erfolgserlebnissen, die zum Weitermachen und zum Wachstum motivieren, ist Demotivation durch Überforderung die Folge.

Die *Workhorses* unterscheiden sich von den *Deadwoods* durchaus auch durch ein höheres Qualifikationsniveau, vor allem aber durch ihre positive Haltung gegenüber der Arbeit und durch ihren Wunsch, sich weiterzuentwickeln. Diese Motivation ist es, die dem *Deadwood* fehlt – meist hat er sie über demotivierende Erfahrungen nach und nach verloren. Pflegen Sie deshalb Ihre *Workhorses*, indem Sie besonders darauf achten, dass sich Motivation nicht in Demotivation verwandelt und aus den fleißigen Mitarbeitern keine das Unternehmen belastenden *Deadwoods* werden. Anerkennung von erbrachten Leistungen, konstruktive Kritik und regelmäßiges Feedback sind hierbei besonders wichtig. Potenzial- und Aufgabenanalysen helfen dabei, die Mitarbeiter noch besser zu fördern und mit den Fähigkeiten und Werkzeugen auszustatten, die sie benötigen, um ihre Tätigkeiten optimal auszuführen, kleine oder große Erfolge zu erleben und das Unternehmen von ihrer Arbeit profitieren zu lassen. Ihre Führungsaufgaben bei den *Workhorses* lauten deshalb, die Mitarbeiter in eine auf Wachstum und Kompetenzverfestigung ausgerichtete Richtung zu steuern und in ihrer Entwicklung zu unterstützen.

Die Problems

Die *Problems* sind diejenigen Ihrer Mitarbeiter, die zwar über die nötigen Kompetenzen und Qualifikationen verfügen, jedoch deutliche Defizite aufweisen, was ihre Motivation anbelangt, oder sogar eine ausgesprochen unmotivierte Haltung an den Tag legen. Bei den *Problems* handelt es sich um ein akutes Motivationsproblem. So stellen Sie zum Beispiel einen plötzlichen Leistungseinbruch fest, den Sie sich nicht erklären können. Die Ursachen hierfür können vielfältig sein: Kritische Lebensphasen, familiäre oder gesundheitliche Probleme können auch sehr leistungsfähige Mitarbeiter zwischenzeitlich Schach matt setzen, dies ist absolut menschlich und verdient Ihr Verständnis und in manchen Fällen auch Ihre zwischenmenschliche Unterstützung. Ursache kann aber auch das betriebliche Umfeld sein: die Kollegen, Überforderung, Unterforderung oder Sie als Chef.

Wichtig ist für Sie, schnell zu reagieren und Maßnahmen zu finden, welche die Motivation des Mitarbeiters wiederherstellen. Dauerhafte Demotivation kann schnell zu einer Karriere als *Deadwood* führen.

Problems richtig führen

Für die Gruppe der *Problems* gibt es keine klare Strategie wie bei den anderen Zielgruppen. Sie müssen individuell und selektiv vorgehen: individuell deshalb, weil Sie jeden Fall einzeln betrachten müssen, und selektiv, weil Sie daran arbeiten müssen, die in diesem Feld befindlichen Mitarbeiter entweder wieder in das Feld der *Stars* oder der *Workhorses* zu bringen, um ein Abrutschen in das Feld der *Deadwoods* zu vermeiden. Bei diesen Mitarbeitern steht die Motivation im Vordergrund.

Die individuelle Herangehensweise im Fall der *Problems* bedeutet vor allem, dass Sie sich bemühen sollten herauszufinden, wo die Gründe für den starken Motivationsverlust liegen, dessen Konsequenzen Ihnen anhand der mangelhaften Arbeitsergebnisse vorliegen werden. Mögliche Gründe liegen neben persönlichen, dauerhaften oder situativen Bedingungen auch in der Natur und Struktur der Aufgaben. Diese können den Mitarbeiter entweder überfordern oder unterfordern – beide Formen der Unstimmigkeit können Demotivation und Leistungsverweigerung erzeugen. Arbeitet der Mitarbeiter im Team, können dort Spannungen, Unstimmigkeiten oder Demotivatoren vorliegen, die ihm die Lust an der Arbeit nehmen, und vor allem, die veränderbar sind. Ein unterstützender Führungsstil, der dem Mitarbeiter Ihr Interesse und Ihre Gesprächsbereitschaft signalisiert, ermöglicht es, die tieferen Gründe für die mangelnde Motivation zu eruieren und eine genaue Problem- und Situationsanalyse vorzunehmen, aus denen sich entsprechende weitere Maßnahmen ableiten lassen. Diese können bestimmte Weiterbildungen und Qualifikationsmaßnahmen bedeuten, aber auch die gemeinsame Suche nach neuen, reizvolleren Aufgaben bis hin zur Versetzung. Zeigen Sie die Bereitschaft, den Mitarbeiter auch bei privaten Problemen so weit wie möglich gezielt zu unterstützen.

Was kennzeichnet Problems?

Die *Problems* verfügen durchaus über ein hohes bis manchmal sogar sehr hohes Können und Potenzial, jedoch mangelt es ihnen in erheblichem Maß an Motivation. Dieser Mangel kann durch viele Umstände erzeugt worden sein. Oft verbirgt sich hinter einem Mitarbeiter aus dem Problem-Quadranten ein am verkehrten Ort eingesetzter oder durch die Führungskraft falsch geförderter *Star*. Wenn Sie hier keine Abhilfe schaffen, ist es nur eine Frage der Zeit, wann solch ein Mitarbeiter nicht nur seine Motivation, sondern auch seinen Willen zur fachlichen Weiterentwicklung verliert; fertig ist der spätere *Deadwood*. Oberste Devise für Sie als Führungskraft muss sein, gemeinsam mit dem Mitarbeiter die richtigen Maßnahmen, Ziele und Perspektiven zu finden. Eine Aufgabe an ein *Problem* zu delegieren ist nur dann sinnvoll, wenn diese Aufgabe auch den Interessen und Vorstellungen des Mitarbeiters entspricht. Stellen Sie sicher, dass er voll und ganz in der delegierten Aufgabe aufgeht. Das ist zugegebenermaßen nicht ganz einfach. Unterliegen Sie nicht der Versuchung, bezüglich des Interessenfeldes eines *Problems* irgendwelche Mutmaßungen anzustellen, sondern sprechen Sie mit dem Mitarbeiter, denn das ist der einzige erfolgversprechende Weg.

Die Deadwoods

Fest steht, dass *Deadwoods* in der Regel nicht als solche eingestellt werden, sondern erst allmählich eine Abwärtskarriere einschlagen.

Vielleicht war er vorher ein Mitarbeiter, dessen Eifer dazu führte, ihn im *Workhorses*-Feld anzusiedeln, oder seine Fähigkeiten waren sogar einmal derartig gut, dass es sich um einen *Star* handelte. Wie viele Menschen mag es gerade unter den älteren Mitarbeitern geben, die früher der Stolz der Abteilung oder der Produktionsstätte waren? Irgendetwas ist im Verlauf seiner Tätigkeit passiert, das dazu führte, dass der Mitarbeiter innerlich beschloss, nicht mehr als unbedingt notwendig zu leisten: falsche Aufgaben, beständige Unter- oder Überforderung, der falsche Chef, die falschen Kollegen oder vieles andere mehr.

Dies ist so weit alles verständlich. Kritisch ist der *Deadwood* jedoch vor allem dadurch einzuschätzen, dass nicht nur die fachlichen Fähigkeiten gravierende Mängel aufweisen, sondern auch der Aspekt des Wollens mangelhaft bis ungenügend vorhanden ist. Die Motivation liegt bei nahe null, genauso wie der Wille zur fachlichen (Weiter-) Entwicklung. Wenn ein Mitarbeiter an diesem Punkt angelangt ist, ist es am besten, sich von ihm zu trennen.

Deadwoods richtig führen

Ziel Ihrer Führungsarbeit bei diesen Mitarbeitern ist die Trennung. Wenn dies nicht möglich ist, geht es um Schadensminimierung. Wenn Sie Mitarbeiter im Bereich der *Deadwoods* haben und sich nicht von ihnen trennen können oder wollen, steht die Positionierung und Qualifizierung für eine richtige und umfassende Aufgabenwahrnehmung im Vordergrund. Hier geht es nicht so sehr um Ziele und Zielerreichung, sondern um qualitativ und quantitativ richtige Aufgabenerfüllung.

Geben Sie den *Deadwoods* Aufgaben, bei denen sie nichts falsch machen und keinen Schaden verursachen können.

Eine Schadensminimierung bedeutet die Übertragung absolut klarer und durchstrukturierter Aufgaben, die eine eindeutige Arbeitsanweisung enthalten. Diese Art der Aufgabenübertragung ist an intensive Kontrolle gebunden und verlangt von der Führungskraft demnach ein hohes Maß an Steuerung. Der stetige Abgleich zwischen Ist- und Soll-Zustand bedeutet eine Maximierung an Korrekturmöglichkeiten. Werden Fristen und Termine nicht eingehalten, Aufgaben falsch ausgeführt oder Zwischenziele nicht erreicht, sind unverzüglich Ermahnungen auszusprechen und erneut Ziele und die entsprechenden Maßstäbe zu setzen. Führt die Handlung trotz aller korrigierender Maßnahmen nicht zum Ziel, sanktionieren Sie. Ihnen steht eine ganze Palette an Sanktionsmaßnahmen zur Verfügung, die Sie als Führungskraft in derartigen Fällen unbedingt strategisch einsetzen sollten. Sanktionen können alle Formen des Entzugs und der Einschränkung sein: auf mangelhaftes oder unterlassener Ausführen von Aufgaben mit degradierender Abwärtsversetzung reagieren, soziale Kontrolle (Isolation, Pausenzeiten) einführen und immer wieder Ermahnungen aussprechen beziehungsweise abmahnen, um so schließlich eine Trennung des Mitarbeiters vom Unternehmen zu erreichen.

Nicht können ist nicht schlimm – nicht wollen ist nicht akzeptabel

Neben mangelhaftem Können und fehlender Qualifikationen sind vor allem die Defizite in Bezug auf die Motivation besonders schwerwiegend. Deshalb zählt es auf jeden Fall zu den Aufgaben beziehungsweise Herausforderungen der Führungskräfte, bei den *Deadwood*, einen kontrollierenden, aber dennoch zur Aufgabenerledigung motivierenden Führungsstil zu entwickeln. Dies bedeutet, dem Mitarbeiter verständliche Arbeitsanweisungen zu geben, auf Problemstellungen einzugehen und diese zu erklären, bis sie verstanden sind.

Motivation muss wie gesagt nicht immer bedeuten, auf etwas hinzustreben, sondern kann gleichsam der Wunsch nach Vermeidung und die Bewegung von etwas weg bedeuten. Die bereits erwähnten Sanktionsmaßnahmen sollten Sie gezielt dazu einsetzen, unerwünschtes Verhalten unbequem zu machen. Auf diese Weise bewirken Sie, dass sich ordentliches und fleißiges Arbeiten schließlich im Vergleich zu den getroffenen Sanktionsmaßnahmen als der geringere Aufwand herausstellt und als Handlungsvariante entsprechend öfter gewählt wird. Bei allem, was Sie tun, und welche Sanktionen Sie auch nutzen, ist eines entscheidend: Seien Sie in ihrer Anwendung konsequent. Indem Sie einen *Deadwood*-Mitarbeiter gezielt kontrollieren und sein Bewusstsein dafür schärfen (»Ich sehe dich«), mögen Sie bei manchen Personen schon einen gewissen Druck erzeugen; wenn Sie Ihrer Kritik und Ihren Mahnungen durch die angekündigten Maßnahmen nicht eine ausgesprochene Nachhaltigkeit verleihen, machen Sie sich – und nicht nur vor dem Betroffenen – unglaubwürdig und entmachten sich gleichermaßen selbst.

Der Preis, den Sie bezahlen, wenn Sie nichts tun

Bei jedem Drama gibt es auch eine Menge Zuschauer. Zum einen die, die unverhohlen ihre Neugier zeigen, und zum anderen jene, die stille, aber umso wachsamere Beobachter des Geschehens sind. Genauso verhält es sich in Ihrem persönlichen Verantwortungsbereich. Ein Mitarbeiter der Kategorie *Deadwood* schafft es meist nur für eine gewisse Zeit, im Verborgenen zu existieren. Irgendwann wird jeder wissen, dass der

Kollege entweder fürs Nichtstun oder dafür bezahlt wird, andere die Konsequenzen seiner Fehler und unerledigten Angelegenheiten ausbaden zu lassen. Einen solchen Mitarbeiter zu dulden bedeutet, die – vollkommen verständliche – Demotivation seiner Kollegen zu riskieren. Deshalb ist es bedeutsam, sich seines »Publikums« überaus bewusst zu sein. Jede Ihrer durchgeführten Sanktionen betrifft nicht nur den einen Mitarbeiter, sondern wird im Bewusstsein aller gespeichert und wirkt regulierend auf das Verhalten der gesamten Belegschaft. Genauso verhält es sich mit angekündigten oder sogar angedrohten Maßnahmen, die auf den Sankt Nimmerleinstag verschoben werden. Das Nicht-Eintreffen von erwarteten Sanktionen wird zunächst den Bösewicht erfreuen, aber eine negative Arbeitseinstellung, die folgenlos bleibt, wird auch für den einen oder anderen ein nachahmenswertes Modell darstellen. Für die übrigen Mitarbeiter ist dies möglicherweise ein guter Grund, die eigene Motivation und das eigene Leistungsstreben nach und nach ebenfalls herunterzuschrauben.

Seien Sie an dieser Stelle an die Scharfrichter-Methode erinnert, die heißt, Trennungen idealerweise kurz, schmerzlos und gegen die Zahlung von Geld schnellstmöglich abzuwickeln. Einen *Deadwood*, von dem Sie auch mit Hilfe einer Vielzahl an Maßnahmen keine Besserung erhoffen dürfen, weil der Unwille, die Verweigerung produktiver Leistung und die Defizite im Können zu gewaltig sind, dürfen Sie guten Gewissens und im Sinne der übrigen Angestellten und der Gesamtleistung aus dem Unternehmen entlassen.

Teambuilding

Eine Ihrer Führungsaufgaben ist, wie bereits deutlich wurde, Gefolgschaft zu erreichen. Dabei heißt Gefolgschaft erreichen nicht nur einzelne Mitarbeiter mit auf den Weg zur Zielerreichung zu nehmen, sondern das gesamte Team. Diese Herausforderung bedeutet für Sie Integration. Sie müssen erreichen, dass das Team, je nach Aufgabenstellung, als Ganzes zusammenwirkt. Ihre Mitarbeiter sollen einander in ihren Kompetenzen und Fähigkeiten ergänzen und nicht gegeneinander oder ohne jegliche Rücksicht aufeinander arbeiten. Dabei darf jedoch die Leistung des Teams auf keinen Fall über die des Einzelnen gestellt werden.

Im Team zu arbeiten ist hoch angesehen, und Teamfähigkeit ist ein wichtiges Kriterium bei der Mitarbeiterauswahl und -beurteilung. Die wenigsten Führungskräfte und Mitarbeiter denken dabei jedoch wirklich über Produktivitätssteigerungen nach. Zu leicht kann man sich in einem Team verstecken, da sich das Gesamtergebnis aus den Einheiten und Beiträgen der einzelnen Mitglieder zusammensetzt. Zur Not wird es immer jemanden geben, der die liegen gebliebene Arbeit macht. Und wenn nicht, ist man im Team geschützt: Individuell kann kaum ein Teammitglied zur Verantwortung gezogen werden, und das weiß das Team (*Team* = *T*oll, *e*in *a*nderer *m*achts).

Es ist deshalb wichtig, auch die Einzelleistungen von Mitarbeitern und Führungskräften zu betrachten. Diese Leistungen sollten, trotz aller Wertschätzung von Teamleistungen, als gleichwertige, wenn nicht sogar als höherwertigere Leistungen betrachtet werden.

Stellen Sie sich vor, Sie bekommen einen Projektauftrag und sollen sich Ihr Team für dieses Projekt selbst zusammenstellen. Eine glückliche Situation und wahrscheinlich nicht allzu häufig. Die Gedanken, die Sie bei der Zusammensetzung eines neuen Teams leiten sollten, lassen sich aber genauso auf Ihr bestehendes Team übertragen.

Es geht nun um die Frage, welche Persönlichkeiten Sie in einem gut funktionierenden Team benötigen und wer neben dem rein Fachlichen – das ist zumeist recht einfach – welche Rolle und Verantwortung im Team wahrnehmen soll und kann.

Nehmen wir einmal an, Sie sind in der Softwareentwicklung tätig. Für ein neues Projekt haben Sie sich ein Team aus lauter hoch analytischen, fachlich sehr kompetenten Mitarbeitern zusammengestellt. Der erfolgreichen Bearbeitung des Projekts sollte also nichts im Wege stehen. Nach einiger Zeit stellen Sie jedoch fest, dass es diverse Probleme im Team und damit beim Projektfortschritt gibt:

Der Kontakt unter den Teammitgliedern wird nicht wirklich besser, jeder macht seinen Job – mehr nicht. Die Teeküche sieht – gelinde gesagt – aus wie ein Schlachtfeld, niemand fühlt sich verantwortlich. Ihre Meetings arten in tiefe fachliche Diskussionen aus, bei denen es nur darum geht, wer mit seiner Analyse Recht hat und wer die bessere Lösung produziert. Sie haben das Gefühl, dass sich jeder vor dem so wichtigen Kontakt zu den Fachabteilungen drückt und sich lieber hinter seinem Computer versteckt. Diese Beispiele lassen sich beliebig ausweiten. Wichtiger ist aber die Frage: »Was ist passiert beziehungsweise in Ihrem Team los?«

Menschen sind in ihrer Persönlichkeit verschieden. Dementsprechend engagieren sie sich für unterschiedliche Dinge: die rein fachliche Aufgabe, eine gute Zusammenarbeit, eine hohe Qualität, den Kontakt zu anderen und so weiter. All diese Aufgaben müssen in einem gut funktionierenden Team übernommen werden. Haben Sie sehr ähnliche Persönlichkeitstypen in Ihrem Team, bleiben manche Aufgaben einfach auf der Strecke, weil sie keinen interessieren oder einfach keinem Spaß machen. Bei der Teamzusammensetzung geht es also nicht nur um die fachliche Auswahl, sondern genauso um eine gesunde Mischung von Persönlichkeitstypen. Nur so können Sie gewährleisten, dass die vielfältigen zu erledigenden Aufgaben auch von den verschiedenen Teammitgliedern übernommen werden.

Um die Mitarbeiter, die Sie für Ihr neues Team oder Projekt auswählen, einschätzen zu können, beziehungsweise um besser beurteilen zu können, wem Sie welche Aufgabe auch in Ihrem bestehenden Team geben, bieten wir Ihnen nachfolgend ein einfaches Modell. Mit ihm lassen sich Menschen in ihrer Persönlichkeit beschreiben. Dafür nutzen wir zwei in der gesamten Persönlichkeitsforschung bewährte Persönlichkeitsdimensionen:

- die Dimension sachlich versus emotional,
- die Dimension introvertiert versus extrovertiert.

Bitte bedenken Sie, wenn Sie mit diesem Modell arbeiten, dass es ein Modell ist. Modelle sind immer eine stark vereinfachte Abbildung der Wirklichkeit. Sie helfen uns allerdings, Erklärungen zu finden, Verhalten zu verstehen und Handlungen einzuleiten.

Die Dimension »sachlich versus emotional« beschreibt, ob eine Person in ihrem Denken und Handeln eher sachlich/fachlich orientiert ist, also ihre Aufmerksamkeit sehr auf Ergebnisse und fachliche Anforderungen richtet, oder ob eine Person eher emotional/menschenorientiert agiert. Das heißt, sie entscheidet eher aus dem Bauch, reagiert und agiert mehr emotional und richtet ihr Interesse weniger auf sachliche/fachliche als auf menschliche Aspekte. Die Dimension »introvertiert versus extrovertiert« beschreibt, wie sich ein Mensch in seinem Kontakt- und Sozialverhalten zeigt. Ist eine Person eher introvertiert, können wir beobachten, dass sie sich im Kontakt zu anderen vorsichtiger und zurückhaltender verhält. Sie nimmt seltener von sich aus Kontakt zu anderen auf und hört mehr zu, als selber zu reden. Ist eine Person eher extrovertiert, sind ihr der Kontakt und der Austausch mit anderen sehr wichtig. Gerne stehen diese Menschen auf der Bühne, gelten als unterhaltsam und lieben den Austausch mit anderen. Sie gehen offen und frei auch auf Fremde zu. Die Kombination der beiden Dimensionen ergibt vier unterschiedliche Persönlichkeitstypen:

- Der Analytiker oder Denker
- Der Macher oder Umsetzer
- Der Initiator oder Überzeuger
- Der Teamplayer oder Verbindliche

Je stärker die einzelnen Dimensionen für die Typen ausgeprägt sind, desto leichter lassen sie sich diesen auch zuordnen. In ihrem Verhalten und in ihren Vorlieben sind sie auch für andere klar zu beschreiben. In der Regel ist es so, dass ein Mensch von jedem Persönlichkeitsmerkmal einen gewissen Anteil in sich trägt. Meistens können wir aber beobachten, dass es bestimmte besonders starke Ausprägungen oder Bevorzugungen eines Persönlichkeitsmerkmals gibt. Diese am stärksten ausgeprägten Persönlichkeitsdimensionen beschreiben den Typ und damit auch die Vorlieben eines Menschen. Bei der Aufgabenverteilung und auch bei der Rollenverteilung in einem Team ist es wichtig, die Persönlichkeitsausprägungen zu beachten. Somit wäre es zum Beispiel unklug, einem Analytiker extrem kommunikationsintensive Aufgaben zu übertragen. Er wird diese, selbst

Abbildung 14

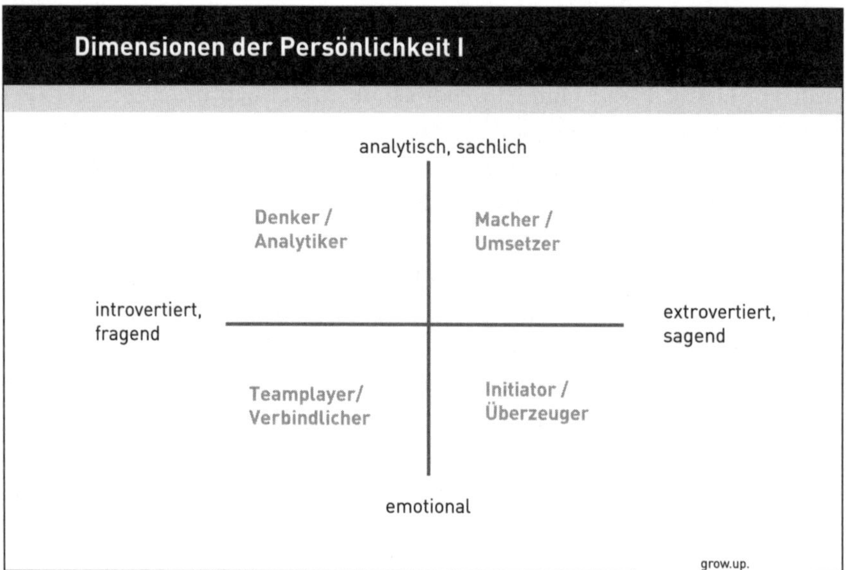

Abbildung 15

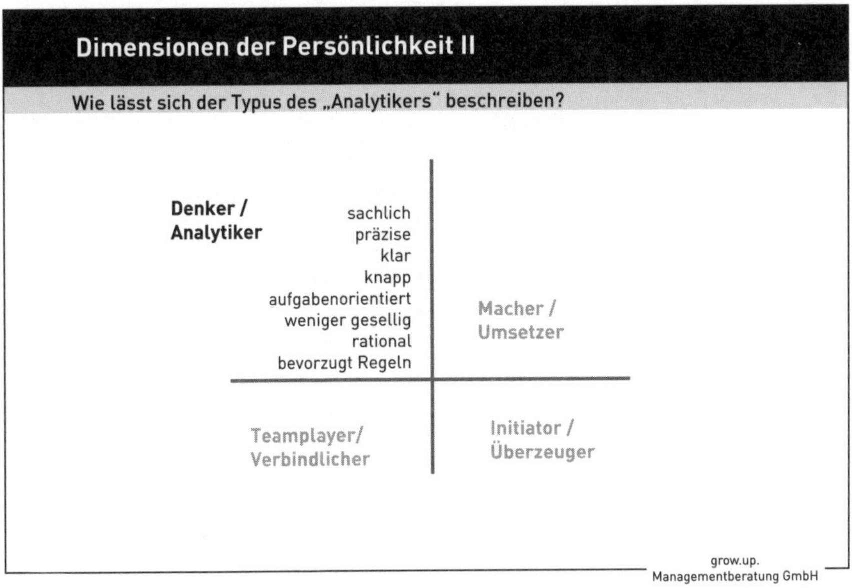

wenn er dazu fachlich in der Lage wäre, nicht gut erfüllen, da er immer wieder nur mit Abwehr und ohne jeglichen Spaß in Kommunikationssituationen gehen würde. Nachfolgend finden Sie eine differenzierte Beschreibung der unterschiedlichen Persönlichkeitstypen.

Der Analytiker: Er ist sachlich, analytisch und zeigt großes Interesse an der Aufgabe. Sein Arbeitsstil zeichnet sich durch Präzision und Klarheit aus. Gerne arbeitet er detailorientiert und sammelt möglichst viele Informationen, um einen Sachverhalt zu analysieren. Er kann sehr ausdauernd und kontinuierlich an einer Aufgabe arbeiten. Veränderungen empfindet er eher als störend. Er spricht ungern über persönliche Dinge und legt keinen großen Wert auf Geselligkeit. Entscheidungen fallen ihm eher schwer, da er nie sicher ist, ob er wirklich alles bedacht hat.

Von seiner Führungskraft wünscht er sich präzise Anweisungen und Instruktionen und die Zeit, mit ihr auch differenzierte Fachfragen ausführlich zu besprechen.

Der Macher: Er besitzt ein hohes Selbstvertrauen und liebt die Herausforderung und Veränderung. Aufgrund seiner hohen Handlungsbereitschaft und -orientierung investiert er viel Zeit in seine Arbeit. Er sagt gerne, was

Abbildung 16

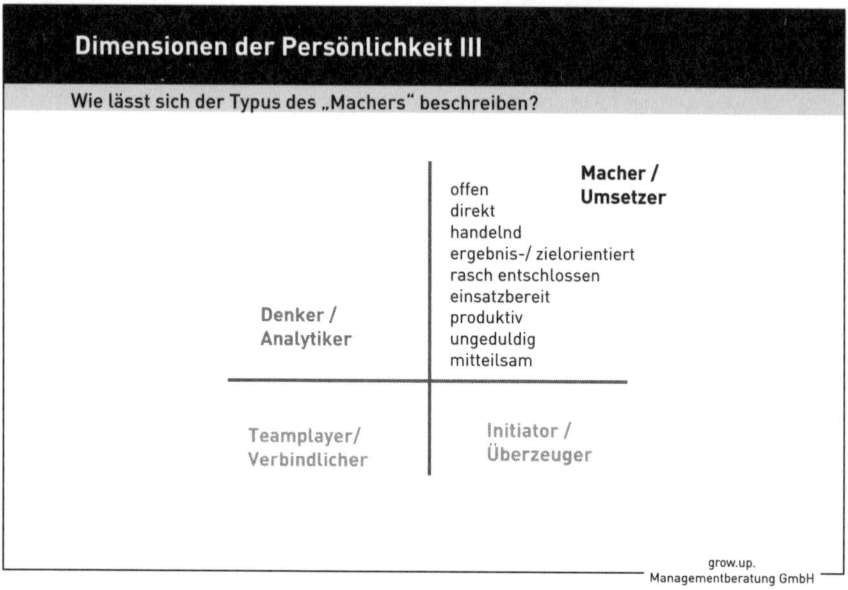

zu tun ist, und will am liebsten jede Minute produktiv nutzen. Sein Motto lautet: »Nicht reden, handeln«. Er kann andere zum Handeln antreiben und etwas bewegen.

Dieser Typ wünscht sich von seiner Führungskraft direkte Ansprache ohne Umschweife und eine Unterweisung, die sich auf das Wesentliche konzentriert und nicht auf Einzelheiten. Er beansprucht einen gewissen Gestaltungs- und Entscheidungsraum für sich. Auf andere wirkt er schon einmal ungeduldig und dominant. Er entscheidet gern, mitunter aber zu schnell, um vorwärts zu kommen. Er hat keine Angst, Konflikte anzugehen, wenn es um die Zielerreichung geht.

Der Initiator: Er arbeitet gerne mit anderen Menschen zusammen und will diese überzeugen und für seine Ideen gewinnen. Er legt großen Wert darauf, akzeptiert zu werden und bei seinen Kollegen beliebt und bewundert zu sein. In Gesellschaft fühlt er sich wohl und braucht sie auch. Dieser Typ strahlt Optimismus aus und hat die Fähigkeit, andere zu motivieren und zu begeistern. Er ist ideenreich, kreativ und innovativ. Er probiert gerne neue und unkonventionelle Methoden aus. Beständigkeit, Ausdauer und Konzentration gehören nicht so sehr zu seinen Stärken.

Abbildung 17

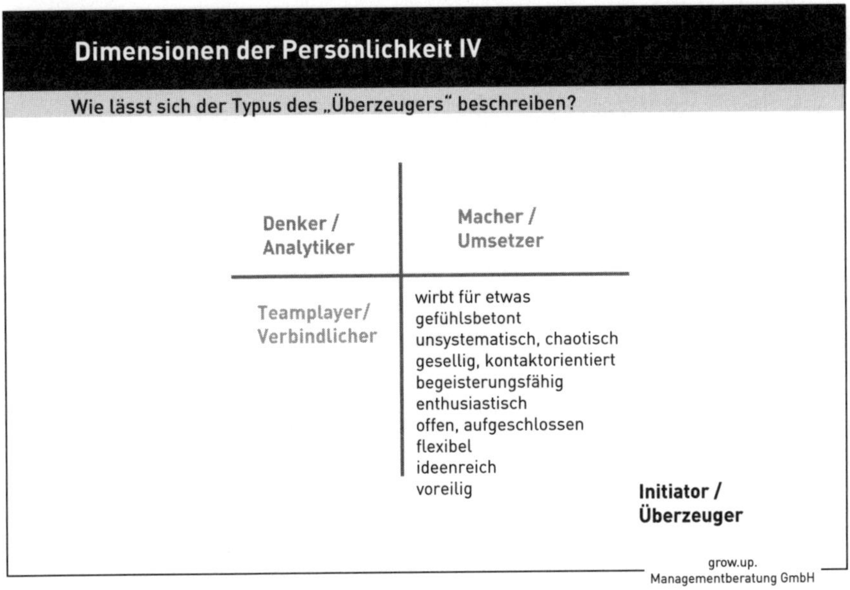

Von seiner Führungskraft wünscht sich dieser Typ direkte Ansprache, die sein Interesse an Menschen berücksichtigt (nicht nur »Was«, sondern auch »Wer«). Es ist wichtig, seine Energie und sein Engagement zu kanalisieren, zu strukturieren und auf das Ziel auszurichten. Ihm können gut Aufgaben, die eine hohe Kontaktorientierung und Verhandlungsgeschick erfordern, zugewiesen werden.

Der Teamplayer: Er ist nachdenklich, handelt besonnen und überlegt. Persönliche Beziehungen sind ihm wichtig. Er ist gerne Teil eines Teams und setzt sich für ein gemeinsames Erreichen und für die gute Stimmung im Team ein. Er nimmt viel Rücksicht auf die Bedürfnisse anderer und ist sensibel und beziehungsgestaltend. Dieser Typ bevorzugt eine ruhige und entspannte Arbeitsatmosphäre und legt mehr Wert auf die Verbesserung von Bestehendem als auf die Einführung von Neuheiten.

Von seiner Führungskraft wünscht sich dieser Typ die Berücksichtigung seines Interesses an Menschen und eine harmonische Arbeitsatmosphäre. Die Zeit für An- und Aussprache ist ein wichtiges Element seiner Arbeit. Sie brauchen diesen Typ in Ihrem Team, da er wesentlich für ein konfliktfreies Arbeitsklima sorgt.

Abbildung 18

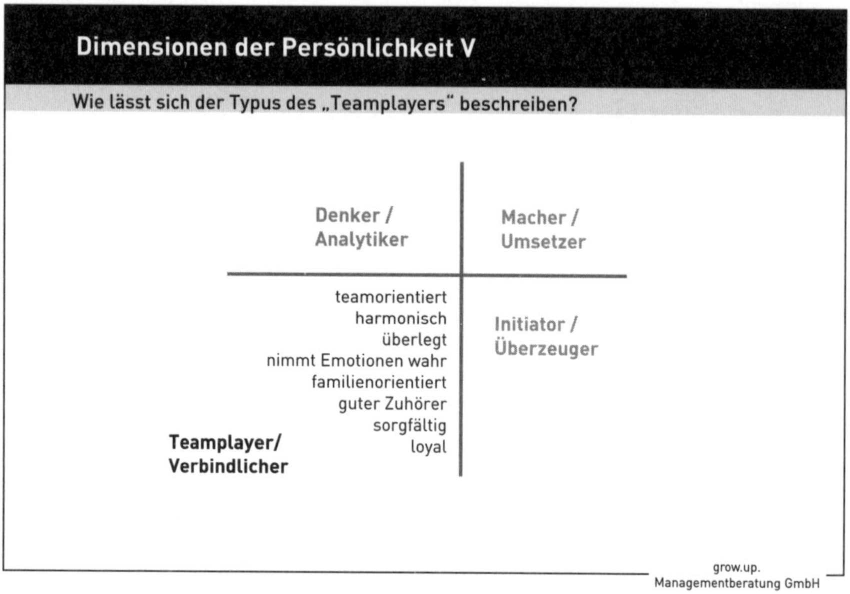

Was bedeutet das Modell für Ihren Alltag? Wenn Sie ein neues Team zusammenstellen oder Ihr Team leistungsorientiert aufstellen wollen, sollten Sie auf eine gute Mischung der verschiedenen Typen achten. Für Ihren Erfolg brauchen Sie:

- Einen Analytiker, der Dinge durchdringt, Lösungen produziert, Konstanz zeigt und auf Qualität achtet.
- Einen Macher, der Dinge vorantreibt und nach dem Machbaren sucht.
- Einen Initiator, der Kontakt nach außen aufnimmt und Teamlösungen verkauft beziehungsweise Neues ins Team bringt.
- Einen Teamplayer, der sich sensibel um die gute Stimmung im Team kümmert und bei Spannungen vermittelt.

Phasen der Teamentwicklung

Eine Gruppe von Mitarbeitern in derselben Abteilung oder in demselben Projekt macht noch lange kein Team aus. Der Begriff Team wird heute schnell benutzt, sobald ein paar Mitarbeiter irgendwie zusammenarbeiten. Wenn wir von Team sprechen, meinen wir »echte Teams«.

Ein echtes Team besteht aus einer überschaubaren Anzahl von Personen, deren Kompetenzen sich sowohl in fachlicher als auch in sozialer Hinsicht ergänzen. Alle Teammitglieder setzen sich in der gleichen Vorgehensweise für ein gemeinsames Ziel ein und übernehmen gemeinsam Verantwortung – ziehen wirklich an einem Strang.

Ein reifes, leistungsfähiges Team entwickelt sich erst nach und nach:

- nachdem es Probleme gelöst,
- Beziehungen vertieft und
- Rollen geklärt hat.

Um die volle Leistungsfähigkeit zu erreichen, durchläuft ein Team klassischerweise die folgenden vier Phasen:

1. *Testphase (Norming):* Die Mitglieder versuchen zuerst, ihre Position in der Gruppe zu finden. Sie fahren deshalb ihre psychologischen Antennen voll aus und richten sie auf die subtilen nichtverbalen Signale, die sie untereinander aussenden. Sie fragen: »In welcher Beziehung stehe ich zu dieser Gruppe?«

Jedes Mitglied hat seine eigene, fest eingefahrene Methode, um mit den anderen in Kontakt zu kommen. Die einen sind sehr zurückhaltend und spielen den Beobachter, die anderen legen sofort los.

Diese Testphase dauert so lange, bis jedes Mitglied eine Aussage darüber machen kann, wie es seine Rolle im Team sieht. Das Verhältnis der Gruppe ist anschließend jedoch noch oberflächlich.

2. *Nahkampfphase (Storming):* Im Wachstumsprozess bauen die Mitglieder Beziehungen zueinander auf, um sich Macht und Einfluss zu verschaffen. Das Verhalten des Chefs wird beobachtet und bewertet, und entweder erkennen die Mitglieder seine Führung an oder sie finden geschickt Mittel und Wege, sie zu unterlaufen.

In dieser Phase muss sich die Gruppe entscheiden, wie sie zusammenarbeiten will. Es gilt Folgendes zu klären; am besten in einem offenen Gespräch:

1. Wer übt die Kontrollfunktionen aus?
2. Wie werden Kontrollfunktionen ausgeübt?
3. Was geschieht mit denen, die gegen die Gruppenregeln verstoßen?

Gelingt es der Gruppe nicht, das Problem der Kontrolle befriedigend zu lösen, steht es immerfort drohend im Raum und die Gruppe macht keine wirklichen Fortschritte.

3. Organisationsphase: Die Mitglieder wollen jetzt miteinander arbeiten und sind daran interessiert, die Gruppe funktionsfähig zu machen. Sie messen die Qualität der Gruppe an der Exaktheit der Arbeit, sie bewerten und diskutieren die Leistungen der Einzelnen.

Des Weiteren hören sich die Mitglieder besser zu und fangen an, die Leistung der anderen zu akzeptieren. Es entwickelt sich eine Ökonomie bei der Planung und Ausführung der Arbeit, zum Beispiel Sprachkürzel.

In dieser Phase muss die Gruppe lernen, mit Problemen kreativ, flexibel und effektiv umzugehen. Das Verständnis zwischen den Mitgliedern muss wachsen und sie müssen Lösungsstrategien einüben, um dauerhafte Spielregeln zu begründen und klare Ziele festzuhalten.

4. Verschmelzungsphase: Das gereifte Team zeigt Geschlossenheit und pflegt engen Kontakt untereinander, jeder setzt sich für seine Kollegen ein. Die Zwanglosigkeit im Umgang miteinander kennzeichnet diese Phase. Die Funktionen der Gruppenmitglieder sind nun klar festgelegt. Von sich aus knüpfen sie nun auch Kontakte zu anderen Gruppen. Das Team setzt sich auch mit seiner Aufgabe und Rolle innerhalb der Gesamtorganisation auseinander.

Die Phasen der Teamentwicklung machen deutlich, dass ein Hochleistungsteam bestimmte Charakteristika zeigt. Die Kennzeichen erfolgreicher Teams sind:

- Sehr gutes Arbeitsklima
- Starkes Wir-Gefühl
- Gegenseitiges Interesse und Wertschätzung
- Übernahme von Verantwortung
- Ziel- und mitarbeiterorientierte Führung
- Hohes Engagement
- Gegenseitige Unterstützung
- Klare Zielsetzung
- Identifikation mit Zielen
- Integration in die Gesamtorganisation
- Konstruktives Konfliktmanagement
- Nutzung von Methoden zur Zeit- und Projektplanung
- Pflege von Kommunikation und Interaktion

Als Führungskraft sind Sie für die Leistungsfähigkeit des Teams verantwortlich und damit auch für die Teamentwicklung. Sie können die Entwicklung Ihres Teams aktiv durch Ihr Führungsverhalten und Ihren Führungsstil unterstützen. Die zentrale Frage ist, wie viel unterstützendes, helfendes und einbeziehendes Verhalten beziehungsweise wie viel anspornendes, steuerndes und ausrichtendes Führungsverhalten in welcher Phase der Teamentwicklung von Ihrer Seite erforderlich ist.

Den Umfang, in dem Sie Ihre Mitarbeiter in den einzelnen Entwicklungsphasen unterstützen und steuern müssen, kann man zum Beispiel nach der Führungstheorie von Hersey Blanchard bestimmen.

1. Testphase: Lenken: Die Führungskraft gibt genaue Anweisungen (was, wie, bis wann) und kontrolliert in kurzen Abständen die Arbeitsergebnisse der einzelnen Mitarbeiter und des gesamten Teams.

Ein solches Führungsverhalten benötigt das Team besonders am Anfang – in der Testphase. Um den Mitgliedern zu helfen, Beziehungen, Rollen und Aufgaben zu finden, ist es sinnvoll, als Führungskraft stark

Abbildung 19

Die Teamentwicklungsuhr

Phasen der Teamentwicklung

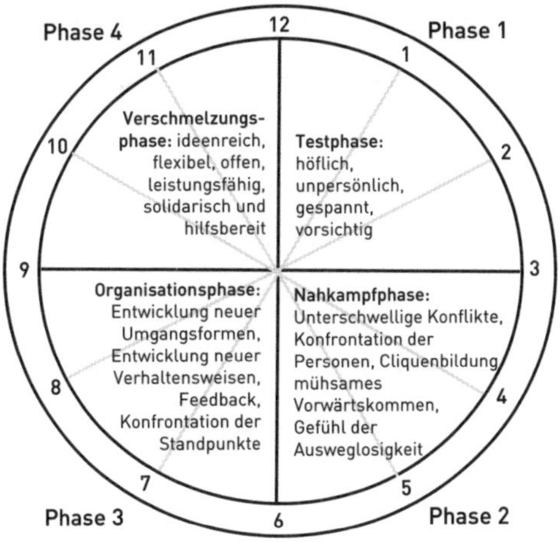

grow.up. Managementberatung GmbH

strukturierend, kontrollierend und supervidierend zu agieren. Damit bieten Sie den Teammitgliedern die erforderliche Sicherheit und Orientierung. Arbeitsbereiche, Aufgaben und Erwartungen an Arbeitsergebnisse sollten in dieser Phase eindeutig definiert und klar zugeteilt sein.

2. *Kampfphase: Trainieren:* Trainieren heißt, dass Sie Ihre Mitarbeiter qualifizieren, gleichzeitig aber einen klaren Rahmen und klare Ziele vorgeben. Entscheidungen sollten Sie stärker als in der ersten Phase erläutern und auch damit beginnen, das Team in die Klärung bestimmter Fragen einzubeziehen. Trainieren Sie die Teammitglieder in der Entscheidungsfindung, aber greifen Sie noch dirigierend in den Entscheidungsprozess ein, um den Kampf um Macht, Einfluss und Kompetenz zu kontrollieren. Achten Sie darauf, gerecht, aber sehr klar zu agieren – in dieser Phase geht es auch um Ihre Positionierung als Führungskraft.

3. *Orientierungsphase: Unterstützen:* Das Team ist jetzt leistungsbereit und muss die eigenen Kompetenzen weiterentwickeln und lernen, die vor-

Abbildung 20

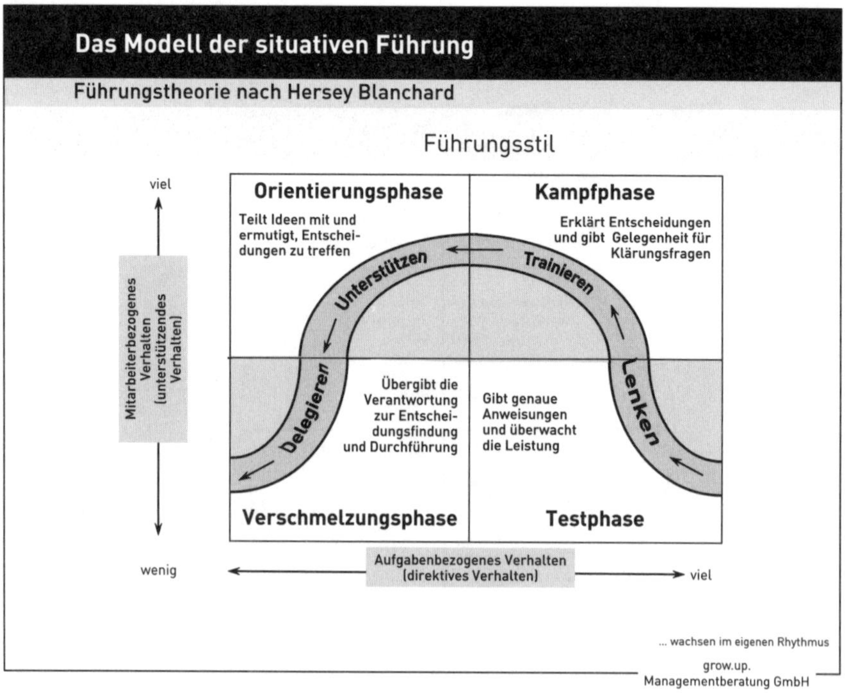

handenen Stärken optimal einzusetzen. Gehen Sie dazu über, Ihre Ideen und Vorstellungen mitzuteilen, und ermutigen Sie die Mitarbeiter dazu, selbst Entscheidungen zu treffen.

Wichtig ist es jetzt, das Engagement des Teams anzuerkennen, dem Team als Ganzem zuzuhören und ihm Raum für eigenständiges Handeln zu geben. Fördern Sie das Bemühen um Wachstum im Team.

4. *Verschmelzungsphase: Delegieren:* In dieser Phase ist das Team reif und qualifiziert, die Verantwortung für Entscheidungen und deren Durchführung zu übernehmen. Die Aufgabe der Führungskraft besteht nun darin, loszulassen, Verantwortung zu übertragen und selbstständig arbeiten zu lassen.

Stärken untereinander kennen – Synergien optimal nutzen

Sie können den Teamentwicklungsprozess und die Leistungsfähigkeit Ihres Teams im Weiteren dadurch unterstützen, dass Sie für die Teammitglieder transparent machen, dass ein jeder mit seiner Persönlichkeit und mit seinen individuellen Fähigkeiten ein wichtiger Bestandteil des Teams ist und seinen ganz eigenen Nutzen hat. Auch wenn ein Team aus unterschiedlichen Persönlichkeiten zusammengesetzt sein soll, damit alle Aufgaben und Rollen besetzt werden können, führt dies mitunter zwischen den Teammitgliedern zu Konflikten. Dies hat schlicht und ergreifend damit zu tun, dass sich Menschen mit sehr unterschiedlichen Persönlichkeitsmerkmalen häufig nicht gut verstehen. Stellen Sie sich einfach vor, Sie besetzen ein Projekt sowohl mit einem sehr ordentlichen wie mit einem sehr unordentlichen Mitarbeiter. Unweigerlich wird es zwischen beiden zu Spannungen, vielleicht sogar zum Konflikt kommen. Diese Gefahr können Sie nur auflösen, indem Sie den Teammitgliedern verdeutlichen, welchen Vorteil sowohl die sehr ordentliche Persönlichkeitsstruktur als auch die eher unordentliche Persönlichkeitsstruktur für die gestellte Aufgabe hat. Um ein gegenseitiges Verständnis für die unterschiedlichen Persönlichkeiten zu gewinnen und diese auch schätzen zu lernen, empfiehlt es sich, einen Teamentwicklungsworkshop zu gestalten. Sehr von Vorteil kann es hierbei sein, mit einem Persönlichkeitsfragebogen zu arbeiten, der den Teammitgliedern ermöglicht, ein Bild der Persönlichkeit der anderen zu bekommen. Gute Erfahrungen haben wir mit dem Insight® Discovery gemacht. Immer wieder stellen wir fest, dass der Einsatz dieses Verfahrens und das Kennenlernen der Persönlichkeit der anderen für die einzelnen Teammitglieder ein wirkliches Aha-Erlebnis ist und sie plötzlich auch verstehen, warum dem einen Kollegen bestimmte Aufgaben so schwerfallen und der andere Kollege sie mit so viel Leichtigkeit erledigt. Gleichzeitig hat der Einsatz solcher Persönlichkeitsverfahren im Rahmen eines Teamentwicklungsworkshops für Sie den großen Vorteil, dass Sie Ihre Mitarbeiter noch besser kennen lernen und noch viel sicherer und individueller führen können.

4. Führungsverhalten bei den Stars

In diesem Kapitel wollen wir uns vor allem auf die Führung der *Stars* in Ihrem Verantwortungsbereich konzentrieren. Wie wir bereits im vorherigen Kapitel angedeutet haben, zeichnet die *Stars* unter Ihren Mitarbeitern ihr hohes Potenzial an Wachstum und ihre Motivation aus. Bei den *Stars* empfehlen wir Ihnen deshalb, die Motivation, das Vermeiden von Demotivation und die Bindung an das Unternehmen ins Zentrum der Aufmerksamkeit zu stellen.

Wenn es Ihnen gelingt, die Motivationsstruktur eines Mitarbeiters zu erkennen und ihm daraufhin gezielt motivierende Aufgaben und neue Herausforderungen zu bieten, schlagen Sie damit zwei Fliegen mit einer

Abbildung 21

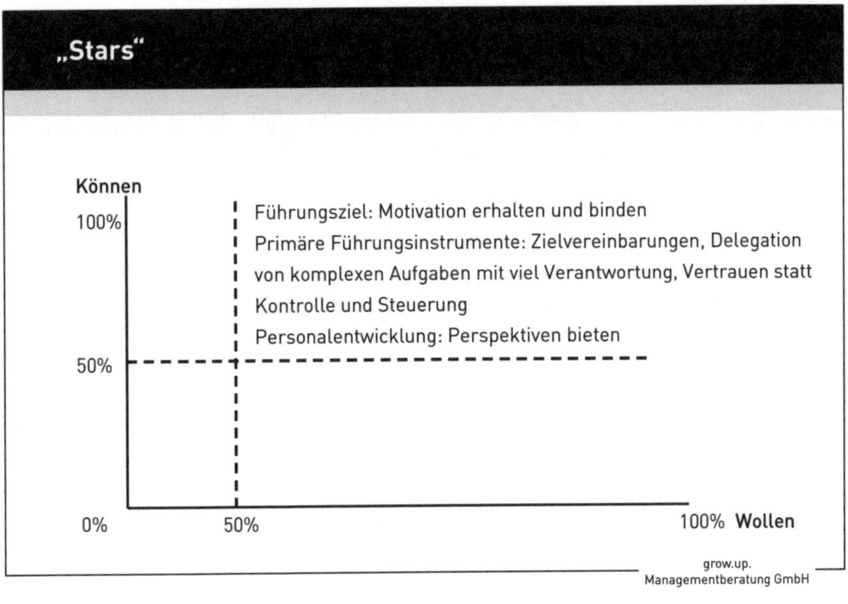

Klappe: Sie erhöhen die Arbeitszufriedenheit und die Leistungsbereitschaft Ihres Mitarbeiters – und werden dadurch selbst zum Gewinner.

Führungsziel: Motivieren

»Sie werden nicht wirkungsvoll,
wenn Sie nicht die freiwillige Mehrarbeit
der Mitarbeiter erreichen.«
Unbekannt

Vom Mythos »Motivation« ist immer wieder die Rede. Sicher werden auch Sie sich schon gefragt haben, ob Mitarbeiter eigentlich motivierbar sind. Muss der Antrieb nicht im Menschen selber liegen?

Alle Ihre Mitarbeiter verfügen über ein hohes Aktionspotenzial. Hierunter verstehen wir die körperlichen und geistigen Fähigkeiten und die grundsätzliche Bereitschaft zu arbeiten. Ihre Aufgabe als Führungskraft ist es, diese Fähigkeit gezielt zu wecken. Um die Einsatzbereitschaft Ihrer Mitarbeiter für sich zu gewinnen ist es hilfreich, sich in deren Position zu versetzen und aus deren Augen eine Antwort auf die Frage »Warum soll ich folgen?« zu finden. Denn Leistung und Anstrengung muss sich lohnen – sowohl für Sie als auch für Ihre Mitarbeiter. Lohnen heißt, einen persönlichen Nutzen zu erreichen.

Was Menschen letztendlich voneinander unterscheidet und jeden Einzelnen zu einer individuellen Persönlichkeit macht, ist, wie stark beziehungsweise schwach einzelne Motive seines Handelns bei ihm ausgeprägt sind. Welche antreibende Kraft ein Motiv im Leben eines Menschen entfaltet, sagt etwas darüber aus, wie jemand seine Prioritäten setzt und was ihm am wichtigsten im Leben ist. Dies ist bei allen Menschen unterschiedlich. Dementsprechend kann Lob, Information und Geld – womit wir im Allgemeinen versuchen, unsere Mitarbeiter zu motivieren – auch nicht bei jedem die gleiche Wirkung haben. Mit Lob können Sie insbesondere bei jenen Mitarbeitern, für die Anerkennung besonders wichtig ist, Ihre Wertschätzung angemessen zum Ausdruck bringen, während die Neugierigen lieber auf Ihre Informationen und Ihr Wissen zählen. Wenn Sie Ihre Mitarbeiter motivieren wollen, sollten Sie demnach nicht versuchen, jeden gleich zu behandeln, sondern individuell auf sie einzugehen.

Führungsmodell: Anschluss-, Leistungs- und Machtmotiv

Die Dinge, für die wir uns engagieren, haben gemeinhin eine individuelle Bedeutung für uns und befriedigen unsere persönlichen Bedürfnisse und Motive. Es ist also der Grad der Bedürfnis- und Motivbefriedigung, den wir mit einer Aufgabe erreichen, der darüber entscheidet, wie ausdauernd und energisch wir uns bei der Zielverfolgung verhalten. Vor diesem Hintergrund beziehen wir uns auf das in Kapitel bereits beschriebene Motivationsmodell, welches alltagstauglich die wichtigsten Motivationsfragen klärt.

Es bietet die Orientierung an drei zentralen Motiven, die der Erfahrung nach nicht nur im beruflichen Kontext, sondern auch im privaten Alltag eine wichtige Rolle spielen: Anschlussmotivation, Leistungsmotivation und Machtmotivation. Im Folgenden möchten wir aufzeigen, wie Sie anhand der grundlegenden Motivationstypen anschluss-, leistungs- und machtmotivierte Mitarbeiter wirkungsvoll führen. Grundsätzlich gilt es, die primäre Motivation der Mitarbeiter zu (er)kennen und zu befriedigen, indem Sie die jeweiligen Motive gezielt ansprechen.

Anschlussmotivierte Stars und die anderen

Aus der Anschlussorientierung dieser Mitarbeiter können Sie sofort schließen, dass Sie bei ihnen zunächst einmal mehr Zeit als bei den leistungs- oder machtorientierten Mitarbeitern darauf verwenden sollten, dem Wunsch nach persönlichem Kontakt und Nähe entgegenzukommen und die zwischenmenschliche Beziehung zu pflegen. Des Weiteren sollten Sie wissen, dass anschlussmotivierte Mitarbeiter sich stark an Ihrem Verhalten als Führungskraft orientieren. Sie gelten als Vorbild für Faktoren wie Professionalität, Authentizität und Gerechtigkeit. Ihre anschlussmotivierten Mitarbeiter möchten sich auf die von Ihnen gesetzten Spielregeln und Normen der Organisation und des gemeinschaftlichen Zusammenlebens verlassen können. Dies erreichen Sie selbstverständlich am besten dadurch, dass Sie das vorleben, was Sie auch von Ihren Mitarbeitern verlangen.

Der anschluss- oder zugehörigkeitsmotivierte Mitarbeiter ist in Unternehmen sehr häufig anzutreffen, Sie finden ihn jedoch weniger in den Reihen der Führungskräfte. Nutzen Sie die Kontaktfreude dieser Mitarbeiter und übertragen Sie ihnen zum Beispiel eine lehrende Funktion, indem Sie

Abbildung 22

Motivationsmodell für den Alltag I

Die Anschlussmotivierten fordern von ihrer Führungskraft...

- . . . kommuniziere offen mit mir!“
- . . . biete mir Sicherheiten!“
- . . . unterstütze mich!“
- . . . sei sensibel!“
- . . . gestalte unser Arbeitsklima harmonisch!“
- . . . vermittele mir ein „Wir-Gefühl“!
- . . . widme mir Zeit!“
- . . . lass mich im Team arbeiten!“
- . . . sei gerecht!“
- . . .lass mich andere betreuen!“
- . . .erkenne mich an!“
- . . .

„Es ist nicht so wichtig, was wir hier tun, Hauptsache wir tun es gemeinsam!“

grow.up. Managementberatung GmbH

ihnen die Möglichkeit geben, als Coach, Mentor oder Ausbilder zu fungieren. Diese Aufgaben motivieren sie mitunter sehr. Wichtig ist es, diesen Mitarbeitern Möglichkeiten zur Zusammenarbeit und zum Austausch zu bieten, so würden sie beispielsweise in den meisten Fällen ein Gemeinschaftsbüro dem Einzelbüro vorziehen. Teamarbeit ist die Spielwiese der Anschlussmotivierten.

Für das Gemeinschaftsverständnis und -empfinden Ihrer anschlussmotivierten Mitarbeiter sind betriebliche Ausflüge, Feiern und andere Aktivitäten, die über die alltägliche Arbeit hinausgehen, von großer Wichtigkeit. Sie benötigen Zeit für den Austausch mit Ihnen und klare Regeln für die Zusammenarbeit. Da sie sich sehr an Ihrem Verhalten als Führungskraft ausrichten werden, sollten Sie Ihre Vorbildrolle bewusst wahrnehmen.

Ziele, der Schlüssel zu den Leistungsmotivierten

Leistungsmotivierte Mitarbeiter lieben es, sich mit Kollegen zu messen und im Wettbewerb zu stehen. Sie sind neugierig, lernen gerne etwas Neues und suchen nach spannenden Herausforderungen. Ihr Antrieb resultiert

Abbildung 23

Motivationsmodell für den Alltag II

Die Leistungsmotivierten fordern von ihrer Führungskraft, . . .

- „. . . hilf mir dabei, mich selbst zu optimieren!"
- „. . . lass mich meine Leistung beweisen!"
- „. . . zeig mir Ziele auf!"
- „. . . biete mir Herausforderungen!"
- „. . . lass mir meinen Freiraum!"
- „. . . erkenne meine Leistung an!"
- „. . . interessiere Dich für mich!"
- „. . . hab Verständnis für mich!"
- „. . . fordere meine Meinung!"
- „. . . ermögliche mir Erfolgserlebnisse!"
- „. . . gib mir neue Aufgaben!"
- . . .

„Ich will etwas Tolles bauen!"

grow.up.
Managementberatung GmbH

aus der Leistung selbst, weniger aus der Anerkennung durch andere. Bei dieser Art von Mitarbeitern besteht zuweilen die Gefahr, dass sie das übergeordnete Ziel aus den Augen verlieren und zu stark auf ihren eigenen Aufgabenbereich fokussiert sind, an dem sie sich gerne schon einmal festbeißen. Darüber hinaus leidet bisweilen die Arbeitsatmosphäre unter ihrer starken Leistungsorientierung. Dennoch ist klar, dass es häufig die *Stars* unter diesen Mitarbeitern sind, welche die Produktivität des Unternehmens vorantreiben und Spitzenleistungen hervorbringen.

Leistungsmotivierte Mitarbeiter benötigen herausfordernde Aufgaben mit Lernpotenzial, um zufrieden zu sein. Sie helfen ihnen sehr, wenn Sie ihnen eine feste Struktur vorgeben und gemeinsam mit ihnen die Aufgabe, so weit notwendig, in Teilschritte gliedern. Um zu vermeiden, dass Ihre Mitarbeiter das Gesamtbild aus den Augen verlieren, sollten Sie mit ihnen klare Ziele vereinbaren. Je nach Kompetenz und Qualifikationsgrad bietet es sich bei den *Stars* dieser Gruppe auch an, das übergeordnete Ziel festzulegen und ihnen die Umsetzung zu überlassen. Ein großer Handlungsspielraum, Entscheidungsfreiheit und die Übernahme von Verantwortung stellen die optimalen Wachstumsbedingungen für Ihre *Stars* dar, die ihr Potenzial nur durch steigende Herausforderungen entfalten können. Ein gut angelegtes Projekt bedeutet die ideale Arbeitsform für leistungsorientierte Mitarbeiter, die vor allem um messbare Erfolge wetteifern.

Nutzen, das Motiv der Machtmotivierten

Machtmotivierten Mitarbeitern sollten Sie Verantwortung übertragen. Es ist zu empfehlen, sie in Betreuungs-, Ausbildungs- oder Führungsaufgaben einzubeziehen und ihnen genügend Freiraum zu gewähren, um gestalterisch tätig zu sein. In der Leitung von Teilprojekten und Gesamtprojekten oder beim Führen von Personen fühlen sie sich wohl. Hier können sie Einfluss ausüben und Dinge bewirken. Es ist wichtig, machtmotivierten Mitarbeitern Perspektiven für die weitere Entwicklung aufzuzeigen und ihnen die Möglichkeit zu geben, aus der Masse herauszuragen, denn hieraus ziehen sie ihre Motivation und ihren Nutzen. Gleichzeitig sollten Sie dem Handeln der machtmotivierten Mitarbeiter klare Grenzen setzen, damit sie in ihrem Streben nach Prestige und Status nicht die Angemessenheit ihres Handelns aus den Augen verlieren.

Abbildung 24

Motivationsmodell für den Alltag III

Die Machtmotivierten fordern von ihrer Führungskraft, . . .

- . . . ermögliche mir Reputation!“
- . . . übertrage mir Verantwortung!“
- . . . lass mich meine Pflicht erfüllen!“
- . . . lass mich selbstständig arbeiten!“
- . . . ermögliche mir einen besonderen Status!“
- . . . zeige mir den Nutzen auf!“
- . . . zeige mir Perspektiven auf!“
- . . . übertrage mir Stellvertretungen!“
- . . . delegiere an mich!“
- . . . hab Vertrauen in meine Leistung!“
- . . . gib mir Freiraum!“
- . . .

„Es ist nicht so wichtig, was wir hier tun, Hauptsache wir tun es nach meinen Regeln!“

grow.up. Managementberatung GmbH

Abbildung 25

Motivationsmodell für den Alltag IV

Wie führe ich welchen Typus?

anschlussmotivierte Typen:	leistungsmotivierte Typen:	machtmotivierte Typen:
Kultur	Projekte	Verantwortung
Sport	Herausforderungen	Ergebnis
Infrastruktur	Wettbewerb	Eigenständigkeit
Feiern / Ausflüge	Herausgehoben	Image
Klima	sachlich	eigenes Feld
Umgang		Status
Team		Insignien

grow.up.
Managementberatung GmbH

Für die Einschätzung Ihrer Mitarbeiter sollten Sie wissen, dass sich ein großer Teil der Menschen nicht eindeutig zuordnen lässt! Es finden sich häufig Kombinationen von Leistungs- und Machtorientierung oder von Anschluss- und Leistungsmotivation. Aber auch Kombinationen von Anschluss- und Machtmotivation kommen vor. Schwierig sind Letztere, weil man bei diesen Personen, häufig Führungskräften, oft nicht weiß, woran man ist: An einem Tag agieren sie anschlussmotiviert, im Zweifel dann aber auch von einem Moment auf den anderen machtorientiert. Das macht den Umgang mit ihnen nicht immer leicht, weil sie in ihrem Verhalten recht unvorhersehbar sind. Vielleicht erkennen Sie aber auch bei den Mischtypen vorherrschende Tendenzen oder wiederkehrende Verhaltensmuster, die Sie für eine gezielte Motivation nutzen können.

Führungsziel: Binden – durch Vermeiden von Demotivation

Nachdem Sie nun mit einem ersten Modell zur Identifizierung der unterschiedlichen Motive Ihrer Mitarbeiter vertraut sind, haben Sie einen praxistauglichen Ansatz gefunden, worauf Sie bei der Motivation achten sollten.

Die Funktion derartiger psychologischer Modelle liegt vor allem darin, eine differenziertere Wahrnehmung Ihrer Mitmenschen, Mitarbeiter und nicht zuletzt Ihrer selbst zu bewirken. Dennoch wissen Sie wahrscheinlich aus eigener Erfahrung, wie einfach es ist, über Mitarbeitermotivation zu theoretisieren, und wie heikel und schwierig sich die Umsetzung in der Wirklichkeit zu gestalten vermag.

Dr. Reinhard Sprenger, der als einer der bekannteren Führungsexperten Deutschlands gilt, vertritt in seinen mittlerweile zu Klassikern avancierten Büchern die These, dass alles, was in Unternehmen an Tricks und Kniffen zur Mitarbeitermotivation praktiziert wird, kontraproduktiv sei. Lob, Prämien, Boni, Incentives und leistungsvariable Einkommen bewirken nur kurzfristig und bei wenigen Mitarbeitern eine Leistungssteigerung. Derartige Maßnahmen seien auf lange Sicht und vor allem für den Großteil der Mitarbeiterschaft regelrechte Demotivatoren. Denn schließlich beantworten über 90 Prozent aller Arbeitnehmer in Deutschland die Frage, ob Sie motiviert oder sogar hochmotiviert ihrem Beruf nachgingen, durchweg positiv. Sprenger leitet aus diesen Ergebnissen eine gewisse Unsinnigkeit der zahllosen Motivationstrainings ab, wenn es doch offenbar nur einem kleinen Teil der Arbeitnehmer an Motivation mangelt. Dies sei nicht zuletzt Ausdruck einer Kultur des Misstrauens und des Verdachts, die dem Mitarbeiter eine mangelnde Motivation geradezu unterstelle. Die Thesen Sprengers sind zweifellos provokant und werfen Kontroversen auf; eine seiner zentralen Aussagen deckt sich jedoch zweifellos mit unserer langjährigen Erfahrung in der Managementberatung: Demnach ist eine der zentralen Aufgaben für Führungskräfte das Vermeiden von Demotivation – gerade bei den *Stars*.

Demotivation ist nicht selten das Ergebnis von fehlgeschlagenen Motivationsmaßnahmen, welche die Mitarbeiter zum Beispiel in Form von Boni, Incentives und anderen Extras zu mehr Arbeit und höherer Leistung anspornen sollen. Solche Anreizsysteme entfalten jedoch nur kurzzeitig eine motivierende Wirkung, da sie auf längere Sicht das allgemeine Anspruchsniveau erhöhen: Wem im einen Jahr eine Mittelmeerreise in Aussicht gestellt wird, der gibt sich im folgenden Jahr wohl kaum noch mit einem Wochenendtrip in den Schwarzwald zufrieden.

Dieser Annahme entspricht die Motivations-Hygiene-Theorie des amerikanischen Professors Frederick Herzberg, der in seinen zahlreichen länderübergreifenden Studien feststellte, dass die Faktoren, die Arbeitszufriedenheit und Motivation hervorrufen, völlig andere sind als solche, die Unzufriedenheit mit der Arbeit herbeiführen. Wenn jedoch unterschiedliche Faktoren verantwortlich dafür sind, ob jemand Zufriedenheit oder Unzufriedenheit bei der Arbeit verspürt, dann folgt daraus, dass das Gegenteil von Arbeitszufriedenheit keineswegs Arbeitsunzufriedenheit, sondern »keine« Arbeitszufriedenheit bedeutet. Gleichermaßen ist das Gegenteil von Arbeitsunzufriedenheit nicht Arbeitszufriedenheit, sondern »keine« Arbeitsunzufriedenheit.

Herzberg unterteilte in seiner berühmten Pittsburgh-Studie die verschiedenen arbeitspsychologischen Faktoren in zwei Einflussgruppen: die sogenannten Hygienefaktoren und die Motivatoren. Das Fehlen der Erfüllung der Hygienefaktoren führt zu Unzufriedenheit, wobei ihre Existenz jedoch an sich keine motivierende Wirkung besitzt, da Hygienefaktoren mit der Zeit als selbstverständlich angesehen werden. Zu den Hygienefaktoren zählt zum Beispiel der Grundlohn. Die Motivatoren hingegen steigern die Zufriedenheit des Mitarbeiters, während ihr Fehlen nicht zwangsläufig Unzufriedenheit bedeutet. Motivatoren sind nach den Ergebnissen von Herzberg vor allem Leistung, Erfolg und die Übernahme von Verantwortung.

Abbildung 26

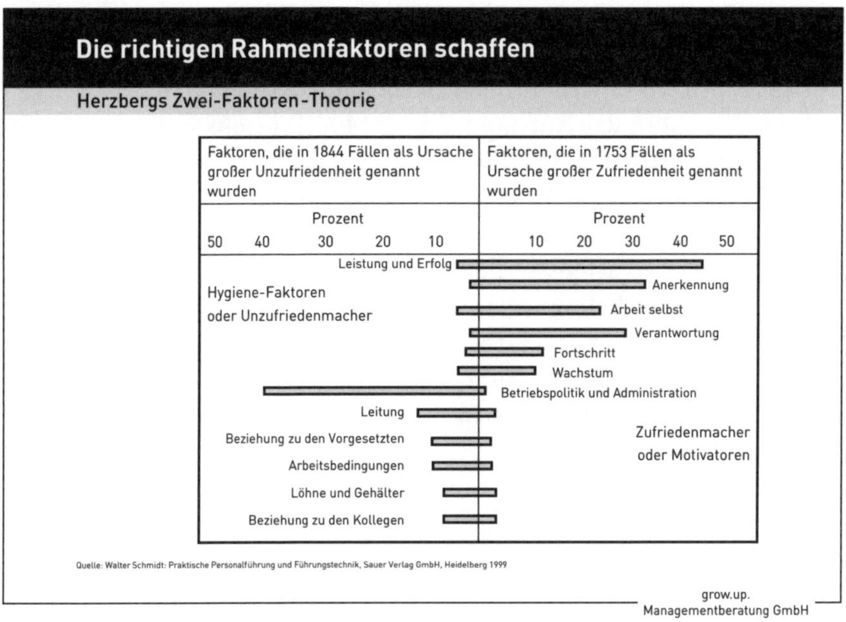

Die von Herzberg formulierte, immer wiederkehrende Frage lautet: »Wie baut man einem Mitarbeiter einen Generator ein, der ihn von innen heraus antreibt?« Unzufriedene Mitarbeiter, deren Vorgesetzter sich wiederholt falsch verhält, werden eine negative Einstellung gegenüber dem Betrieb entwickeln, ihre Arbeitsbereitschaft wird sinken und sie werden »innerlich« kündigen. Die Folgen sind eine Zunahme der Fehlzeiten und eine erhöhte Fluktuation. Zufriedene Mitarbeiter zeichnen sich dagegen durch eine besonders hohe intrinsische Motivation aus, sie identifizieren sich mit ihrer Aufgabe und dem Betrieb und erbringen gute Arbeitsleistungen. Ihr Führungserfolg hängt davon ab, inwieweit Sie in der Lage sind, ein dynamisches Gleichgewicht zwischen Mitarbeiter-, Kunden- und Betriebsnutzen zu schaffen und vor allem diejenigen Mitarbeiter ans Unternehmen zu binden, die neben hervorragenden Qualifikationen außerdem über die kostbare Fähigkeit zur Selbstmotivation, das heißt über intrinsische Motivation verfügen. Vor allem diese Eigenschaft gilt es im Rahmen von Motivations- und Bindungsbestrebungen zu fördern.

Führungsmodell: Das Aufwand-Ertrag-Balance-Modell

Für jede Leistung, die wir erbringen, entstehen uns Kosten: Wir verwenden Energie, Kraft und Zeit. Wir investieren Geld, Ideen und manchmal auch unsere Gesundheit. Dies würden wir nicht tun, gäbe es neben dem Aufwand, den wir tätigen, nicht auch einen Ertrag – unseren persönlichen Gewinn. Sie haben das Aufwand-Ertrag-Modell bereits in Kapitel 1 kennen gelernt, dort haben wir Ihnen die Strategien zur Bewältigung einer Missbalance vorgestellt. In diesem Kapitel greifen wir das Modell zur Vertiefung noch einmal auf, da es vor allem für das komplexe Thema der Motivation sehr aufschlussreich ist.

Bei Mitarbeiter-Befragungen wird immer wieder deutlich, dass die Notwendigkeit, Geld zu verdienen, durchaus die entscheidende Triebfeder darstellt, arbeiten zu gehen. Auf die Frage nach dem persönlichen Gewinn oder Ertrag, den jemand aus seinem Job zieht, taucht das Gehalt jedoch meistens erst nach Faktoren wie Erfolg, Spaß an der Aufgabe, inhaltliche Herausforderung, Perspektive, Kollegialität und Teamgeist auf.

Motivation ist nach dem Aufwand-Ertrag-Modell dann gegeben, wenn der für die Arbeit zu leistende Aufwand in einem ausgewogenen Verhältnis zum empfundenen Ertrag steht. Eine wirklich motivierende Wirkung

Abbildung 27

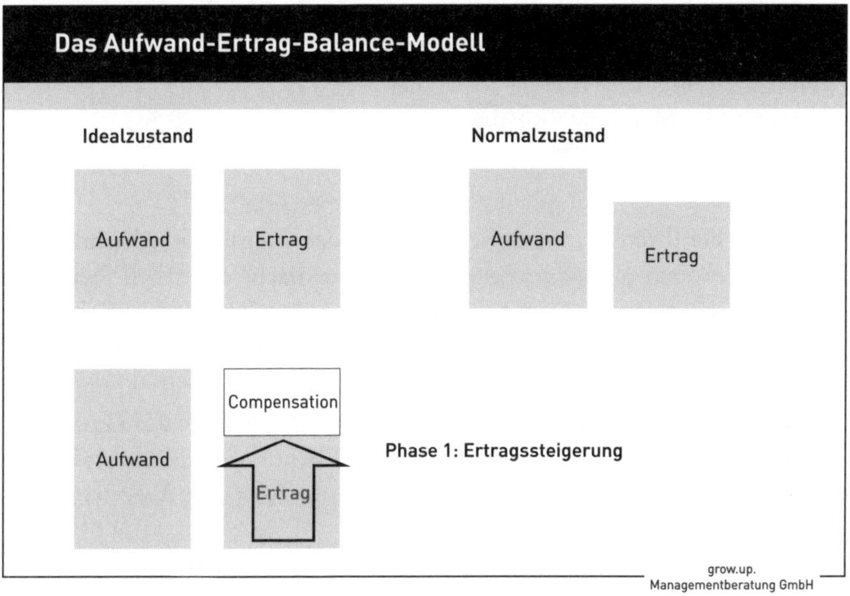

können nur die Faktoren für jeden Einzelnen ausüben, die eine persönliche Bedeutung für ihn haben, weil sie seine Bedürfnisse befriedigen. Diese ermöglichen seinen persönlichen Ertrag. Das Motivationsmodell, das die Mitarbeiter in Anschluss-, Leistungs- und Machtmotivierte unterteilt, liefert bereits einen Anhaltspunkt dafür, was für welchen Mitarbeiter einen Ertrag darstellen kann.

Sie haben bereits im ersten Kapitel erfahren, dass die meisten Menschen, bevor sie Forderungen nach Gehaltserhöhungen oder kürzeren Arbeitszeiten stellen, versuchen, die persönliche Ertragsvariable zu optimieren. Hierin liegt eine unglaubliche Chance, die in den Diskussionen um Arbeitszeitverkürzung und Tariferhöhungen allzu oft unbeachtet und ungenutzt bleibt. Ganz konkret meinen wir den Zusammenhang zwischen der Optimierung des persönlichen Ertrags, um die sich die meisten Mitarbeiter bei einem Ungleichgewicht im Aufwand-Ertrag-System spontan bemühen, und der Motivation, dem inneren Generator, Ihrer Mitarbeiter. Diese Annahme wird von den Ergebnissen der Verhaltenspsychologen unterstützt, die immer wieder betonen, dass viele Menschen von Geburt an neugierig und motiviert sind, zu lernen und sich weiterzuentwickeln.

»Die heutigen Menschen glauben, dass man die Arbeit so einrichten müsse, dass sie möglichst viel (finanziellen) Ertrag abwerfe. Das ist ein falscher Glaube. Man muss die Arbeit so einrichten, dass sie die Menschen beglückt.«
Paul Ernst

Besonders bei Ihren *Stars* empfiehlt es sich, deren professionelle Entwicklung aufmerksam mitzuverfolgen. Die Arbeit macht eigentlich Spaß und doch ... es fehlt etwas. Der Wunsch nach einer neuen Herausforderung, die Routine aufzubrechen und die Lust auf eine berufliche Veränderung deuten auf Unterforderung und Langeweile. Sobald Sie Signale empfangen, die in diese Richtung weisen, ist es allerhöchste Zeit zum Handeln.

Job Enrichment (Aufgabenbereicherung) kann sich hierbei als eine besonders hilfreiche und wirkungsvolle Maßnahme der Arbeitsplatzgestaltung erweisen.

Der bisherige Aufgabenbereich wird reichhaltiger, indem der Mitarbeiter Aufgaben und Tätigkeiten übernimmt, die zuvor zum Beispiel einer hierarchisch höheren Ebene zugeordnet waren, die anspruchsvoller und der bisherigen Aufgabenstellung qualitativ überlegen sind. Ihm wird die Chance eröffnet, interessantere Tätigkeiten auszuüben und seine Fähigkeiten weiterzuentwickeln. Diese Maßnahme kann neben der Produktivität vor allem auch die Kreativität und die Motivation der Mitarbeiter fördern. Weitere Instrumente zur Reaktivierung der Leistungsmotivation sind *Job Rotation* und *Job Enlargement.*

Job Rotation (Aufgabenrotation) beinhaltet eine zeitlich begrenzte Übernahme von Aufgaben einer anderen Stelle der gleichen Hierarchieebene. Der Mitarbeiter erhält dadurch ein besseres Verständnis für den Gesamtprozess im Unternehmen und fokussiert sich nicht mehr so stark allein auf sein Aufgabengebiet. So könnte etwa der Lohnbuchhalter für eine bestimmte Zeit in der Debitorenbuchhaltung arbeiten, da ihn dieses Gebiet sehr interessiert.

Job Enlargement (Aufgabenerweiterung) bedeutet eine Ergänzung der Aufgaben des Mitarbeiters durch neue, qualitativ gleichwertige Aufgaben, zum Beispiel die Erlaubnis für den Kfz-Mechaniker in einer Werkstatt, auch bestimmte Prüfungen der Fahrzeugelektrik vornehmen zu dürfen. *Job Enlargement* vollzieht sich primär auf der vertikalen Ebene. Im Sinne einer solchen vertikalen Aufgabenerweiterung werden Planungs-, Kontroll- und Entscheidungskompetenzen in die Arbeitsaufgabe integriert. Dispositions- und Handlungsspielräume des Mitarbeiters werden durch ein Mehr an Entscheidungs-, Durchführungs- und Verantwortungskompetenzen vergrößert. Er kann zusätzliche Aufgaben aus dem Prozess übernehmen, diese selbstständig planen, die Arbeit in Unterschritte einteilen, Qualitätskontrollen durchführen und die Koordination mit den entsprechenden Schnittstellen übernehmen.

Der Einzelne hat hierbei die Möglichkeit, neue interessante Aufgaben zu übernehmen und sich persönlich und beruflich weiterzuentwickeln. Dies kann wiederum positiven Einfluss auf die Entwicklung und Stabilisierung der intrinsischen Arbeitsmotivation ausüben. Die Realisierung des individuellen Strebens nach Handlungsspielraum, Selbstverwirklichung und Anerkennung des Potenzials, das in Ihren *Stars* schlummert, stellt meistens den Schlüssel zu dessen Freisetzung dar. Durch einen zu hohen Routineanteil in der täglichen Arbeit oder durch die Unterforderung der Mitarbeiter werden vorhandene innere Ressourcen und Fähigkeiten nicht optimal genutzt. Durch Maßnahmen zur Arbeitsbereicherung besteht die Chance, die Qualifikation der Mitarbeiter zu fördern, ungenutzte Potenziale zu erkennen und zu nutzen. Natürlich ergibt sich aus dieser Art der Arbeitsgestaltung auch die Möglichkeit, Mitarbeiter durch die gesammelten Einblicke in andere Bereiche flexibler einsetzen zu können, das Betriebsklima und die Unternehmenskultur zu fördern und die nachhaltige Wettbewerbsfähigkeit als lernendes Unternehmen zu sichern.

Gehen Sie bei der Aufgabenerweiterung behutsam vor. Schwierigkeiten können dann auftreten, wenn sich Ihr *Star* durch die Übernahme von komplexeren, qualitativ angereicherten Aufgaben überfordert fühlt. Die Erweiterung des Aufgabengebietes und die zu übernehmenden Tätigkeiten sollten darum an den vorhandenen Kompetenzen und Potenzialen des Mitarbeiters orientiert sein. *Job Enrichment* ist eine anspruchsvolle und behutsam anzuwendende Veränderungsstrategie. Eine gelungene Arbeitsbereicherung gibt den Mitarbeitern die Gelegenheit, geistig zu wachsen, und geht deshalb weit über eine reine Aufgabenerweiterung, welche die Aufgabe nur strukturell erweitert, hinaus.

Bei der Frage nach Ertragssteigerung kommt bei den *Stars*, insbesondere wenn es um das Aufzeigen von Perspektiven geht, auch eine Vielzahl von Personalentwicklungsmaßnahmen zum Tragen. Orientieren Sie sich hierfür bitte an den Ausführungen in Kapitel 4.

Während Ihre Aufgabe darin besteht, zu erreichen, dass Ihre Mitarbeiter Ihnen folgen, beschäftigt die Mitarbeiter derweil eine ganz andere Frage: »Warum soll ich folgen?« Diese Frage ist überaus eng mit der Frage nach der Bindung an den Arbeitsplatz und an das Unternehmen verknüpft.

Führung hat, wie im ersten Kapitel bereits diskutiert, etwas mit der Aufweichung der Selbstbestimmung zu tun. Es muss also gute Gründe geben, sich führen zu lassen. Hierfür sollte Führung rational begründbar sein, das heißt es müssen verständliche und nachvollziehbare Gründe für die Aufweichung der Selbstbestimmung und die Bindung und Verpflichtung an einen bestimmten Arbeitgeber bestehen.

Nach dem bekannten Psychologen Abraham Maslow wird der Mensch in seinem Verhalten von hierarchisch strukturierten Bedürfnissen geleitet. Diese lassen sich als Pyramide darstellen, an deren Basis sich die grundlegenden körperlichen Bedürfnisse befinden, während an der Spitze das Bedürfnis nach Selbstverwirklichung steht. Dieses kann erst dann verwirklicht werden, wenn alle grundlegenderen, tiefer liegenden Bedürfnisse befriedigt sind. Die Selbstverwirklichung, wie sie Maslow versteht, könnte mit einem Gipfelerlebnis verglichen werden, bei dem der Mensch seine eigenen Grenzen übersteigt. In Maslows Sicht hat er damit den Kern der Existenz überhaupt erreicht. Diese Selbstverwirklichung basiert auf einem persönlichen Wachstum durch die Erfüllung eines Lebensauftrags, der zum Beispiel in der Entfaltung der eigenen Kreativität liegen kann oder im selbstlosen Einsatz für eine gerechte Sache.

Die Bedürfnisse sind zugleich die Motivatoren und stehen untereinander in enger Beziehung: Das Auftreten eines Bedürfnisses hängt zunächst von der vorherigen Befriedigung eines anderen, stärker vorherrschenden Bedürfnisses ab, und immer, wenn ein Bedürfnis erfüllt ist, tritt das nächsthöhere an seine Stelle. Es gibt also keine isolierten Bedürfnisse, sondern eine Hierarchie von Bedürfnissen.

Physiologische Bedürfnisse: Dies sind die grundlegenden körperlichen und existenziellen (Grund-)Bedürfnisse wie Nahrung, Atmung, Schlaf und Wärme.

Sicherheitsbedürfnisse: Bedürfnis nach Sicherheit, Stabilität, Ordnung, Bequemlichkeit, Schutz, Freiheit von Angst und Chaos, Struktur, Ordnung, Gesetz. Wenn die Sicherheitsbedürfnisse nicht ausreichend gestillt

Abbildung 28

sind, bestimmen diese weitgehend unser Verhalten. Menschen wünschen sich eine vorhersagbare Welt, Inkonsistenz und Angst um den Arbeitsplatz verunsichern sie.

Soziale Bedürfnisse: Ergebnisse soziologischer Studien bestätigen die positiven Auswirkungen von einem guten Arbeitsklima, sich im Team wohlzufühlen, am Arbeitsplatz integriert zu sein.

Bedürfnis nach Wertschätzung: Das Bedürfnis umfasst zum einen den Wunsch nach Stärke, Leistung und Kompetenz, zum anderen das Bedürfnis nach Anerkennung, Prestige, Ruhm und Macht. Darauf gründet sich das Selbstwertgefühl eines Menschen.

Bedürfnis nach Selbstverwirklichung: Damit spricht Maslow das Streben nach der Entwicklung der eigenen Persönlichkeit an. Die Effekte dieses Strebens sind von Person zu Person sehr unterschiedlich. Es zeigt sich darin eine Vorwärtstendenz im menschlichen Wesen. Der Mensch drängt danach, die Einheit seiner Persönlichkeit zu erleben, er ist auf der Suche nach Wahrheit. Er drängt nach »vollem Sein«: Heiterkeit, Freundlichkeit, Mut, Ehrlichkeit, Liebe.

Die ersten vier Bedürfnisse nennt Maslow auch »Defizitbedürfnisse«, da bei Nichtbefriedigung ungünstige Folgen zu befürchten sind, zum Beispiel Krankheit, und sie ein Gefühl der Entbehrung hervorrufen.

Die Forschung der letzten Jahrzehnte auf diesem Gebiet hat herausgefunden, dass ein Mensch, dessen Verhalten durch den Versuch der Erfüllung höherer Bedürfnisse bestimmt ist, seltener krank ist, besser schläft und länger lebt. Das setzt natürlich voraus, dass alle grundlegenderen Bedürfnisse befriedigt sind. Befriedigung höherer Bedürfnisse führt weg von psychischen Krankheiten und ist damit ein wichtiger Schutzfaktor für die Gesundheit. Höhere Bedürfnisse werden persönlich und auch sozial höher bewertet. Das Beachten der Bedürfnislage Ihrer Mitarbeiter mit Hilfe der Maslowschen Pyramide hat demnach vor allem eines zum Ziel: Ihr Verständnis für die Faktoren zu schärfen, welche die Arbeitszufriedenheit Ihrer Mitarbeiter erhöhen, damit es Ihnen besser gelingt, sie langfristig an das Unternehmen zu binden.

Was bindet Anschlussmotivierte?

Einer der wesentlichen Fehler bei dem Versuch, Mitarbeiter zu motivieren und längerfristig an das Unternehmen zu binden, liegt darin, »Wasser zu predigen und Wein zu trinken«. Ein großer Teil der Motivation von Mitarbeitern und ihrer Bereitschaft zu folgen steht und fällt mit dem von Ihnen gesetzten Vorbild. Mitarbeiter wollen für Gewinner arbeiten – und diese Dynamik gilt ganz besonders für die leistungsstarken und erfolgreichen *Stars*. Liegt zu wenig Gewinnpotenzial in der Abteilung, dem Bereich oder dem gesamten Unternehmen, taucht Demotivation auf. Tom Peters sagte einmal: »Jede Geschäftsleitung hat die Mitarbeiter, die sie verdient«, und darin liegt durchaus ein Funke Wahrheit. Gleichgültig, wie genial und kompetent Sie sind, Sie werden Ihre Führungsaufgabe nur dann effektiv erfüllen, wenn Sie die freiwillige Einsatzbereitschaft Ihrer Mitarbeiter gewinnen können.

Bei den anschlussmotivierten Mitarbeitern kommt es vor allem dann zu Demotivation, wenn soziale Kontakte und eine passende Teamzusammensetzung nicht gewährleistet sind. Fragt man diese Mitarbeiter danach, was sie motiviert, werden mit großem Abstand zu anderen Faktoren in allen uns bekannten Befragungen das Thema der Zusammengehörigkeit, der Gemeinschaft und das gute Betriebsklima genannt. An zweiter Stelle kommen ein interessantes Arbeitsumfeld sowie herausfordernde Aufgaben. An dritter Stelle werden Perspektive und Aufstiegsmöglichkeiten gesehen und danach der Spaß an der Aufgabe und der inhaltliche Reiz der Tätigkeit.

Erst danach folgt in fast allen Rankings – und das überrascht uns nicht – ein gutes Gehalt. Dass diese Priorisierung hin und wieder wechselt liegt zum Beispiel daran, dass sich die Aufmerksamkeit Ihrer Mitarbeiter je nach Lebensphase und -situation nochmals auf unterschiedliche Ziele richtet. So kann das Thema Geld etwa in der Phase der Familiengründung durchaus im Vordergrund stehen. Insgesamt gilt aber, dass die bereits besprochenen grundlegenden Motivationen – Anschluss, Leistung und Macht – über die Zeit stabil sind und sich kaum durch aktuelle Bedürfnisse ändern. Häufig beschriebene Bedürfnisse anschlussorientierter Mitarbeiter sind neben den besonders stark ausgeprägten Bedürfnissen nach Beziehung und sozialer Interaktion die Bedürfnisse nach Sicherheit und Anerkennung. Letztgenannte spielen vor allem bei langjährigen Mitarbeitern zunehmend eine Rolle, da die anerkennende Wertschätzung von außen für die Bewertung des eigenen Lebenswerks an Bedeutsamkeit gewinnt. Bei den Jüngeren stehen dagegen vor allem die Bedürfnisse nach Lernen, Entwicklung und Selbstverwirklichung stärker im Vordergrund. Unter diesen jungen Mitarbeitern werden Sie besonders viele finden, die enge Feedbackschleifen als Orientierungshilfe gerne annehmen. Noch in der beruflichen Orientierungsphase und auf der Suche nach der eigenen Berufung, schätzen vor allem anschlussorientierte Mitarbeiter die persönliche und vertrauensvolle Rückmeldung über die eigenen Stärken und Schwächen, und wo Sie als Führungskraft besondere Potenziale sehen. Es ist hierbei ausgesprochen wichtig, Ihre Beurteilung und Einschätzung nicht als Kritik zu formulieren, die vom Mitarbeiter falsch verstanden wird. Bemühen Sie sich immer um einen angenehmen und freundlichen Gesprächsrahmen. Der Schlüssel, um das Vertrauen und die Loyalität Ihrer anschlussorientierten *Stars* zu gewinnen, liegt vor allem in einer guten Gesprächsführung, die um Partnerschaftlichkeit, Wertschätzung und Konsens bemüht ist.

Wann binden sich Leistungsmotivierte?

Der Psychologe Mihaly Csikszentmihalyi, der vor allem wegen seines 1990 erschienenen Bestsellers *Flow: The Psychology of Optimal Experience* weithin bekannt ist, hat in den letzten 30 Jahren die *Flow*-Erlebnisse von mehr als 10 000 Menschen untersucht und hierbei den Zustand des

Flow eingehend erforscht. Er charakterisiert das »Im-*Flow*-Sein« als eine zutiefst erfüllende menschliche Erfahrung, vollkommen in einer Tätigkeit aufzugehen. *Flow* findet sich in den bildenden Künsten, im sportlichen Wettkampf, in der spirituellen Praxis oder bei einer fesselnden Arbeitsaufgabe. Es beschreibt den starken, ausschließlich beim Menschen zu findenden Antrieb, über sich selbst hinauszuwachsen, über Begrenzungen zu triumphieren. Sein Lebenswerk beschreibt Csikszentmihalyi als den Versuch »herauszufinden, was uns Menschen wirklich glücklich macht«, wobei er das Wort »wirklich« betont denn für ihn ist Glück weder einfach *Flow* noch das Gefühlserlebnis von Freude und Vergnügen. Das Glück, auf welches er verweist, beinhaltet die permanente Herausforderung, über ein reines Eigeninteresse hinauszugehen und sich als Teil von etwas Größerem einzubringen.

Neue Umfragen zeigen, dass bei uns in Deutschland nicht allzu viele Arbeitnehmer glücklich mit ihrer Arbeit sind. Dies erklärt Csikszentmihalyi vor allem mit der protestantischen Arbeitsmoral, die seit der Reformation unser Verhältnis zum Leben und zur Arbeit nachhaltig geprägt hat: Arbeit gilt als eine Art Strafe. Aber kann eine Strafe aufregend oder erfüllend sein? In Deutschland haben wir dafür ein Sprichwort: Erst die Arbeit, dann das Vergnügen!

Schon als Kinder wird uns sehr früh diese Arbeitsmoral vermittelt. Vielleicht kennen Sie das auch noch von Ihrem Vater, wenn Sie als Sechs- oder Siebenjähriger die Mathe-Hausaufgaben machten und dabei sangen. »Du kannst doch nicht gleichzeitig singen und lernen«, sagte der Vater damals streng. Wenn Csikszentmihalyi heute untersucht, welche Leute wirklich gute Arbeit leisten, dann sind es zumeist jedoch genau die, die Leistung und Spaß miteinander zu verbinden wissen. Im Gegensatz zum klassischen Einwandererland Amerika war in England und Deutschland traditionell wenig Platz für Flexibilität. Zur Zeit der Industrialisierung standen dort die größten Fabriken, in denen alle nach den Regeln der gigantischen Maschinen funktionieren mussten. Das hat die Arbeit vielfach unmenschlich gemacht. Gerade Flexibilität ist aber sehr wichtig für Glücks- und *Flow*-Erlebnisse und stellt in jedem Fall eine wichtige Voraussetzung hierfür dar.

Unsere Konsumentenkultur hat in den letzten Jahrzehnten viel dazu beigetragen, die Arbeit zu entwerten. Stattdessen werden materieller Komfort, Entspannung oder Freizeitspaß als höchstes Gut gepriesen. Viele Studien belegen jedoch immer wieder, dass Menschen mit einer sehr materialistischen Einstellung depressiver sind, weniger Freunde haben und schneller gelangweilt sind.

Die große Nachfrage nach Arbeit reicht nicht aus, den Wert der Arbeit wieder zu erhöhen. Der Begriff *Flow* beschreibt das Gefühl des völligen Aufgehens in einer Tätigkeit. Wenn wir im *Flow* sind, sind unser Fühlen, unser Wollen und unser Denken in diesen Augenblicken in Übereinstimmung. Während wir der Tätigkeit nachgehen, spielen für uns weder die Zeit noch wir selbst eine Rolle und das Handeln geht mühelos vonstatten.

Viele Tätigkeiten können *Flow* erzeugen. Bei einer genaueren Analyse fand Csikszentmihalyi folgende *Flow*-erzeugenden Bestandteile von Aktivitäten:

Fähigkeit: Die Tätigkeit wird als Herausforderung empfunden, die entsprechende Fähigkeiten braucht. Die Herausforderung und die Fähigkeit passen optimal zusammen.

Konzentration: Es herrscht vollständige Konzentration, Sie sind nicht abgelenkt und lassen sich nicht ablenken. Die Aktivität wird nicht hinterfragt.

Ziele: Sie wissen, was Sie tun müssen, um das Ziel zu erreichen.

Unmittelbare Rückmeldung: Sie wissen oder erfahren, wann Sie etwas richtig oder falsch gemacht haben.

Gefühl von Kontrolle: Dabei ist es nicht wichtig, ob Sie tatsächlich die Kontrolle haben – Ihr Gefühl für die Kontrolle ist entscheidend.

Sorgen um sich selbst verschwinden: Die Bewusstheit von sich selbst geht verloren. Manchmal erlebt man die Ausweitung des Selbst über die Körpergrenzen hinweg. Es ist keine Zeit zur Selbsterforschung, Sie sind einfach und tun das, was Sie tun.

Veränderte Zeitabläufe: Sie haben das Gefühl, dass die Zeit schneller vergeht.

Diese Bestandteile gelten für alles im Leben: für die Arbeit, das Hobby, die Sportaktivitäten, unsere Partnerschaft und den Freundeskreis. Für dauerhafte Zufriedenheit spielt Wachstum beziehungsweise Weiterentwicklung eine wesentliche Rolle. Eine Mahlzeit mag hervorragend schmecken – wenn wir sie immer wieder essen, verliert sie ihren Reiz. Unser Partner mag uns

Abbildung 29

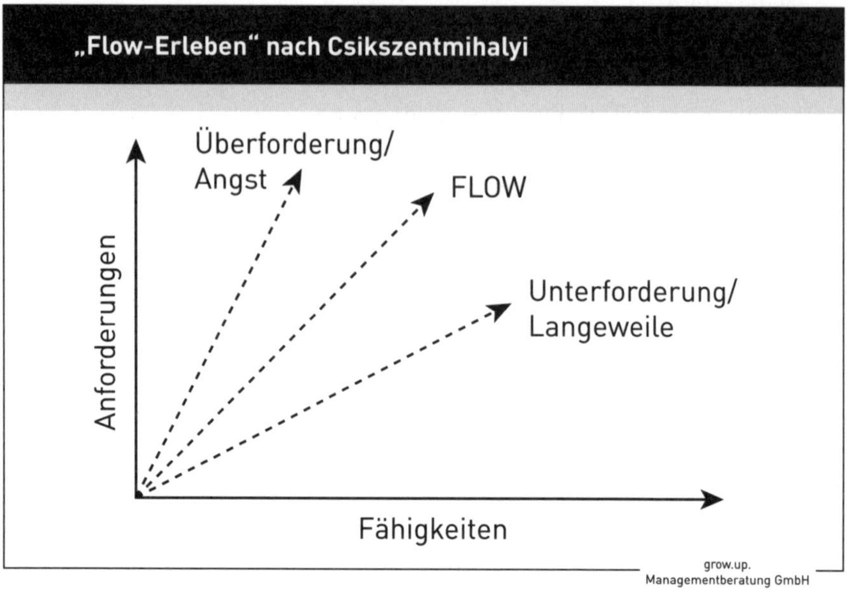

faszinieren – wenn wir uns nicht gemeinsam weiterentwickeln, kommt es wahrscheinlich zur Krise.

Ebenso verhält es sich mit dem Beruf: Die Organisation, für die wir arbeiten, beeinflusst unsere gesamte Identität. Sie lässt uns wachsen oder hemmt unsere Entwicklung. Und sie raubt uns Energie oder erfüllt uns mit neuer Energie. Besonders die leistungsmotivierten unter Ihren Mitarbeitern können Sie in besonderem Maße für ihre Arbeit begeistern und gleichsam an Ihr Unternehmen binden, wenn Sie ihnen Herausforderungen bieten, die das richtige Maß zwischen Über- und Unterforderung besitzen. Geben Sie Ihren Mitarbeitern hierfür immer wieder die Möglichkeit und den Raum, sich derart mit einem bestimmten Thema auseinanderzusetzen, sich so intensiv in eine Aufgabe oder ein Projekt einzuarbeiten, dass sie völlig in ihrer Tätigkeit aufgehen und im *Flow* arbeiten. Seien Sie sicher, dass herausragende Leistungen das Ergebnis sein werden.

Warum binden sich Machtmotivierte?

Der berühmte Psychologe Alfred Adler brach mit seinem Lehrer Sigmund Freud, weil er statt des Sexualtriebs den »Willen zur Macht«, das

Machtstreben, als Haupterklärungsprinzip seiner Persönlichkeitstheorie der Individualpsychologie betrachtete. Danach ist es der konstitutionelle Mangel an Macht, den das Individuum als unzureichende Kompetenz bei sich vorfindet und der als Minderwertigkeitskomplex empfunden wird. Dieses wird durch das Streben nach sozialem Einfluss, Status, Prestige und Einwirken auf das ihn umgebende System kompensiert.

Ihr machtmotivierter Mitarbeiter wird sich deshalb umso wohler in Ihrem Unternehmen fühlen, wenn er auf irgendeine Weise sein Machtmotiv ausleben, das heißt auf andere in direkter oder indirekter Weise Einfluss ausüben kann. Um die Motivbasis in einem anderen ansprechen zu können, muss der Machtausübende über Ressourcen im Sinne von Bekräftigungsmitteln verfügen, mit denen er eine Befriedigung der angesprochenen Motivbasis gewähren, vorenthalten oder entziehen kann. Solche motivspezifischen Ressourcen können wir als »Machtquellen« bezeichnen.

Als Führungskraft stehen Sie jeden Tag aufs Neue der Herausforderung gegenüber, Ihre Mitarbeiter zu motivieren und an das Unternehmen zu binden. Das gelingt Ihnen in der Regel bei einigen besser als bei anderen. Leicht fällt es Ihnen sicherlich bei den Mitarbeitern, die eine ähnliche Motivationsstruktur wie Sie selbst aufweisen. Deren Neigungen und Bedürfnisse kennen Sie von sich selbst und dementsprechend leichter ist es für Sie, diese Mitarbeiter zu motivieren. Da es die meisten machtorientierten Menschen dazu drängt, Verantwortung zu übernehmen, werden Sie als Führungskraft mit großer Wahrscheinlichkeit auch bei sich selbst Anteile dieser Motivationsstruktur entdecken. In dem Streben nach oben und der Übernahme von verantwortungsvollen (Führungs-) Positionen besonders Ihrer machtorientierten *Stars* liegt einer der wichtigsten Schlüssel für eine langfristige Bindung: die Perspektive und Möglichkeiten, nach oben wachsen zu können, und die Aussicht auf eine vom Mitarbeiter angestrebte höhere Position.

Bindungsinstrumente

Die vorangegangenen Abschnitte haben Ihnen gezeigt, dass sich Bindung vor allem über die Erfüllung bestimmter Bedürfnisse des Mitarbeiters realisiert.

Bindung vollzieht sich jedoch immer dann am stärksten, wenn Mitarbeiter einen Sinn in dem sehen, was getan werden soll, und somit das eigene Handeln als sinnvoll empfinden. Hinsichtlich dieses Bestrebens liegen die Gründe für eine teilweise Aufgabe der Selbstbestimmung und für die Bindung an ein Unternehmen sehr eng beieinander. Die Wertschätzung für die eigene Arbeit ist eine ganz besonders kostbare Einstellung – nicht nur aus Sicht des Mitarbeiters, sondern auch aus Sicht des Unternehmens. Aus diesem Empfinden und der positiven Bewertung der eigenen Tätigkeit erwächst nachhaltige Bindung. Diese Haltung zu fördern betrifft besonders auch die Führungsaufgabe der Sinnstiftung, die Sie bereits im ersten und zweiten Kapitel kennen gelernt haben.

Als Führungskraft müssen Sie mehrere Dinge wollen, um Mitarbeiter zu binden.

1. *Integration:* Sie müssen die Gruppe der Ihnen anvertrauten Mitarbeiter zusammenhalten wollen. Dies bedeutet, Sie müssen das innere Gefüge immer wieder überprüfen, korrigieren, neu zusammensetzen und optimieren. Das betrifft sowohl die Team- als auch die Besetzungs- und Zusammenarbeitskonstellation von Projekten, aber auch den Aufbau und die Gestaltung der Führungsorganisation unter Ihnen. Weiterhin müssen Sie die Initiation und Aufrechterhaltung gemeinsamer Situationen vornehmen, seien es nur regelmäßige Meetings oder auch gelegentliche Events.

2. *Sie sollten ein Interesse am einzelnen Mitarbeiter haben:* Auch wenn Sie mit Mitarbeitern arbeiten müssen, mit denen Sie privat nicht verkehren würden, so beinhaltet Ihre Rolle doch, zumindest so viel Interesse zu haben und über die einzelnen Mitarbeiter so viel zu wissen, dass Sie sie gut und sinnvoll führen können. Dies setzt Zeit zur Beschäftigung mit ihnen voraus, auch dies müssen Sie wollen.

3. *Sie müssen »Leit-Wolf« und Leitbild-Erschaffer sein:* Sie werden feststellen, dass Ihr Verhalten mit der Zeit prägende Wirkung auf Ihre Mitarbeiter hat, und dass viele Ihrer Verhaltensweisen kopiert und übernommen werden. Sie können vieles von Mitarbeitern verlangen und aufrechterhalten, wenn Sie selbst mit gutem Beispiel vorangehen. Leider werden auch Ihre schlechten Beispiele übernommen. Achten Sie insbesondere darauf, keine Symbolfehler zu machen. Solche haben massive Auswirkungen auf Ihr Ansehen, Ihre Reputation und die zukünftige Bereitschaft, Ihnen zu folgen. Zu den harmlosen Dingen gehört noch das Parken auf dem Behindertenparkplatz, so etwas tut man nicht, aber in vielen Unternehmen haben wir erlebt, dass obwohl deutliche Kosteneinsparungsappelle von Seiten des Managements gemacht wurden und die Mitarbeiter auch gravierende Ein-

schnitte bezüglich der betrieblichen Sonderleistungen hinnehmen mussten, es doch Führungskräfte gab, die nicht darauf verzichten wollten, First class zu fliegen. Solche Verhaltensweisen sind nicht akzeptabel und der Schaden daraus kaum heilbar. Wenn Mitarbeiter feststellen, dass Wasser gepredigt und Wein getrunken wird, so wird das als besonders perfide Form der Manipulation empfunden. Tauchen diese Symbolfehler häufiger oder auch auf oberer Managementebene auf, so verkommt das gesamte Unternehmen im Lauf der Zeit zum Selbstbedienungsladen. Ein großer Teil der Mitarbeiter arbeitet nur daran, irgendwie den eigenen Profit oder zumindest die eigene *Compensation* zu erhöhen. So kennen wir Mitarbeiter in einem der großen ehemaligen Staats-Unternehmen, die Wochen damit verbringen, an das beste Büro, den komplett ausgestatteten Dienstwagen oder sonstige Vergünstigungen zu kommen, nur, weil sie im Lauf der Jahre das Gefühl gewonnen haben, und täglich Belege dafür bekamen, dass sie die wirklich Dummen im Spiel sind. Die nämlich, die draufzahlen und ausgenutzt werden. Ein besonders hübsches Beispiel gab der Inhaber eines Unternehmens ab, dem es in einem Jahr finanziell schlecht ging, und in dem aus diesem Grund auf der betrieblichen Weihnachtsfeier, *das* Event für alle Mitarbeiter und Führungskräfte, die teureren Getränke, wie etwa Sekt, untersagt wurden. Und – Sie werden es ahnen – der oberste Heeresführer lief den ganzen Abend mit einem Glas Sekt herum. Wer hier als Mitarbeiter nicht versucht, herauszuholen, was immer herauszuholen ist, ist wirklich blöd.

4. Schutz gewähren: Sie müssen auch Schutz gewähren. Hierzu brauchen Sie Kraft zur Abwehr von Bedrohungen oder Gefahren. Auch daran machen Mitarbeiter Ihren Status in der betrieblichen Machthierarchie fest. Denn nicht alle anderen Abteilungen oder betrieblichen Funktionen sind jederzeit nett, hilfsbereit und Ihren Mitarbeitern wohlgesonnen. Vermitteln Sie den Mitarbeitern das Gefühl, dass Sie vor allem die Interessen Ihres Bereichs und Ihrer Abteilung vertreten. Drehen Sie diese Reihenfolge nicht um, sonst haben Mitarbeiter schnell das Gefühl, Sie geben eher den anderen in Streitigkeitsfällen Recht, was nicht hilft, die Integration und die eigene Positionierung zu verbessern. Das heißt allerdings auch nicht, dass Sie voreingenommen sein sollten, dass die eigenen Mitarbeiter mehr Recht haben. Hier muss von Sachlage zu Sachlage, vom Einzelfall zum Einzelfall entschieden werden.

5. Sie müssen Talent-Manager sein wollen: Formen Sie die einzelnen Ihnen anvertrauten Mitarbeiter nicht nach dem eigenen Bild. Es gibt Mitarbeiter, die haben Talente, Fähigkeiten und Fertigkeiten, die Ihnen nicht gegeben sind, und das ist häufig im Rahmen des betrieblichen Zusammenspiels auch hilfreich und förderlich. Bemühen Sie sich darum, die Potenziale der Einzelnen gut zu erkennen. Sie müssen die Frage beantworten: »Welches sind die spezifischen Talente und wofür kann ich sie nutzen?« Versuchen Sie, einen jeden nach seinen Möglichkeiten zu fördern. Entwickeln Sie Talente, die Sie möglicherweise zwar nicht im Moment, aber möglicherweise zukünftig brauchen. Denken Sie in Zeiträumen von mindestens ein bis drei Jahren.

6. *Sie müssen »Karriere-Katapult« sein wollen:* Ihre Kunst muss darin liegen, möglichst viele talentierte Nachwuchskräfte auf dem unternehmensinternen Arbeitsmarkt bereitzustellen und anzubieten. Nun werden Sie vielleicht sagen: »Ich bin doch nicht dumm, entwickele die Mitarbeiter nur, damit sie, wenn sie etwas können, gehen und in anderen Abteilungen Karriere machen.« Damit würden Sie eine weit verbreitete Sichtweise schwacher Führungskräfte vertreten. Denn im Großen und Ganzen haben diese eigentlich nur ein Problem, nämlich dass sie nicht rechtzeitig genug für Nachwuchs gesorgt haben. Wenn Sie dafür sorgen, dass die Mitarbeiter sich innerhalb des Unternehmens verändern, ist es nicht nur gut für das gesamte Unternehmen, sondern insbesondere auch für Ihr eigenes Netzwerk. Wenn Sie diese Mitarbeiter gut behandelt und gebunden haben, können Sie in Ihrer zukünftigen Aufgabenstellung als Manager ganz andere Dinge unternehmensweit bewegen, als Sie das ohne entsprechend gepflegtes Netzwerk könnten.

Denken Sie immer zukunftsorientiert: Der Nutzen von gut platzierten ehemaligen eigenen Mitarbeiter im Unternehmen ist höher einzuschätzen als die momentane Lücke, die vielleicht kurzfristig auftaucht.

7. *Haben Sie keine Angst:* Von den Mitarbeitertypologien werden eigentlich nur die wenigen Prozent Machtorientierte potenziell für Sie und Ihre Position gefährlich. Diese beginnen jedoch erst an Ihrem Stuhl zu sägen, wenn Sie ihnen keinen Nutzen mehr bieten und keine weitere Perspektive mehr aufzeigen können. Das heißt dann aber eigentlich, dass das letztendliche Problem bei Ihnen liegt: Sie sind im betrieblichen Spiel um Macht und Einfluss nicht erfolgreich genug, um weitere Bereiche zu verantworten und damit durchaus immer wieder einmal Perspektiven bieten zu können. Auch waren Sie möglicherweise nicht ideenreich genug bezüglich einer Neuaufstellung und Untergliederung Ihres eigenen Bereichs, wo Sie diese machtorientierten Mitarbeiter verantwortlich hätten machen können und sie damit in die Pflicht genommen hätten. Achten Sie also frühzeitig genug darauf, diese machtorientierten

Typen in das eigene Wachstum einzubeziehen und so deren Bindung, oder zumindest phasenweise Loyalität, zu sichern. Der Vorteil an den Machtorientierten ist ihr Expansionswille. Sie können auch für Ihre eigene Reputation, wenn richtig eingesetzt, mehr bewegen als viele andere Mitarbeiter.

8. Sie müssen sich im Griff haben: Es gilt die asiatische Regel: »Wer schreit, hat unrecht und verliert das Gesicht.« Hüten Sie sich davor, bei kritischen Zwischenfällen emotional zu reagieren. Erst wenn Sie alle relevanten Informationen gesammelt haben und das bei möglichst allen an einem Vorfall Beteiligten, können Sie daran gehen, Maßnahmen anzusetzen und zu verkünden. Wenn Sie dann zu dem Schluss kommen, es handelt sich um einen sanktionsbedürftigen Sachverhalt, dann sanktionieren Sie schnell, präzise und punktuell. Achten Sie darauf, Sanktionierungen immer individuell zu verhängen, nie auf der Ebene der Gruppen-Bestrafung. Die Sippenhaft führt nie dazu, dass man Sie als gerecht und fair erlebt.

9. Reagieren Sie ausgewogen: Sie sollten sich – unabhängig davon, in welcher emotionalen Verfassung Sie selbst gerade sind – immer fragen, ob Ihre Reaktion dem Anlass angemessen ist. Üben Sie sich darin, grundsätzlich nicht sofort zu reagieren, wenn Sachverhalte auftauchen, die Sie emotional werden lassen, sondern schlafen Sie im Zweifel erst einmal eine Nacht darüber. Versuchen Sie immer, keine persönlichen Bevorzugungen stattfinden zu lassen. Wir sind uns bewusst, dass diese Forderungen übermenschlich sind, denn natürlich sind Ihnen einige Mitarbeiter näher als andere und natürlich reagieren Sie in manchen Situationen emotionaler als in anderen. Trotzdem heißt es in diesem Punkt, gerade auch bei Mitarbeitern, die Ihnen besonders am Herzen liegen: Hinterfragen Sie selbstkritisch die geplante Aktion und Reaktion, bevor Sie agieren.

Führungsinstrument: Zielvereinbarung

»Wenn Du ein Schiff bauen willst, so trommle nicht Männer
zusammen, die Holz beschaffen, Werkzeuge vorbereiten,
Holz bearbeiten und zusammenfügen, sondern lehre sie die
Sehnsucht nach dem weiten, unendlichen Meer.«
Saint-Exupéry

Ein Ziel ist ein angestrebter zukünftiger Zustand, der nach Inhalt, Zeit und Ausmaß genau bestimmt ist. Man kann ein Ziel auch als ein zu erreichendes Resultat sehen: Ziele sollen markieren, was zu erreichen ist, und sind demnach jedes Jahr neu zu erarbeiten. In einer zielorientierten Unternehmenskultur qualifiziert sich diejenige Person als Führungskraft, die ihre Ziele genau plant und sie dann auch erreicht.

Ziele sind dadurch charakterisiert, dass sie eindeutig quantifiziert und qualifiziert sind. Im Zielvereinbarungsprozess werden Einzelziele für verantwortliche Mitarbeiter von Unternehmenszielen stufengerecht abgeleitet. Je nach Verantwortlichkeitsbereich des Mitarbeiters können dies Deckungsbeitragsziele, Kosten-, Qualitäts- oder etwa Leistungsziele sein.

Zielvereinbarungen stellen ein sehr wirkungsvolles Führungsinstrument für Ihre *Stars* dar. Die Führung durch Zielvereinbarung ist der Zielsetzung oder Zielvorgabe überlegen, weil dabei jeder Mitarbeiter in den Zielableitungsprozess eingebunden wird, was seine Eigenmotivation und die Akzeptanz der Ziele fördert.

Entstehung der Zielvereinbarung – eine Zeitreise

Um die Notwendigkeit und Wirksamkeit von Zielen zu verstehen, machen wir eine kleine Zeitreise. Stellen Sie sich einmal ein Unternehmen im 15. Jahrhundert vor. Das war mit großer Wahrscheinlichkeit eine Manufaktur, ein Familienbetrieb. Nehmen wir einmal an, es ist eine Töpferei. Wenn der Töpfer und seine Frau morgens die Augen aufschlugen, wussten sie auf der Stelle, was sie den Tag über machen würden: Es war klar, dass sie töpferten. Denn wenn sie den Tag nicht mit Töpfern verbringen würden, hätten sie kein Geld, um ihren Lebensunterhalt zu bestreiten. Es gab keine soziale Sicherheit, kein Versorgungsnetzwerk und im Normalfall auch nicht genügend Rücklagen, um eine Zeit ohne Töpfern zu überstehen.

Was es interessanterweise zu der Zeit auch nicht gab, waren Motivationsprobleme. Die Kopplung zwischen Aufwand und Ertrag war so direkt, dass das »Warum« des Töpferns völlig einsichtig war. Aber auch ein anderes Problem gab es zu der Zeit nicht: das Qualitätsproblem. Die Töpfer aus dem Beispiel mussten im Qualitätsdurchschnitt wie die anderen Töpfer in der Stadt arbeiten. Man brauchte nicht wesentlich besser, durfte aber auch nicht wesentlich schlechter töpfern, denn zu der damaligen Zeit gab es für diese Töpferwerkstatt nicht die Gelegenheit, Ware minderwertiger Qualität zu exportieren und irgendwo anders zu verkaufen beziehungsweise loszuwerden. Die Töpfer waren an den Standort gebunden und mussten ihre Waren auch am Ort der Produktion vertreiben.

Vom 15. Jahrhundert aus reisen wir direkt weiter ins 19. Jahrhundert. Es war der Beginn der Automatisierung, die ersten Dampfmaschinen und mechanischen Webstühle tauchten auf, und das war auch der Beginn der Arbeitsteilung. Mit dieser Zergliederung der Tätigkeiten entstanden zwei Probleme, die das Arbeitsleben für lange Zeit bestimmen sollten: Zum einen kam es durch das monotone Wiederholen von Arbeitsabläufen zu Ermüdung und Sättigung. Das Resultat war Demotivation. Zum anderen gab es vor dem Hintergrund, dass gehofft werden konnte, dass eine Fehlleistung erst in späteren Produktionsabläufen entdeckt würde, erste schwer analysierbare Qualitätsprobleme. Die Verantwortung für das Endergebnis und die Identifikation mit dem Produkt waren nicht mehr gegeben. Es kam zu einer Diffusion der Verantwortung, die auch für viele heutige Organisationen kennzeichnend ist. Man antwortete darauf, indem man eine neue betriebliche Funktion einführte, die Kontrolleure.

In der organisatorischen Hierarchie der Manufaktur des 15. Jahrhunderts des vorherigen Beispiels existierte diese Diffusion von Verantwortung noch nicht so stark, weil die Frage der Verantwortlichkeit beziehungsweise der Schuldigkeit im Vorhinein geklärt war: Im Zweifel war es der Lehrling, denn diese einfache Hierarchie war wissens- und kompetenzbasiert sortiert. Der Lehrling war definiert über: weiß nichts und kann nichts; der Geselle über: weiß etwas und kann etwas; der Meister über: weiß alles und kann alles.

Wir springen in ein Unternehmen Anfang des 20. Jahrhunderts. Nehmen wir als Beispiel Henry Fords Produktion des T-Modells. Der Meister im Bereich der Hinterradmontage wusste zwar noch, wie das Hinterrad richtig montiert wurde, konnte es aber vielleicht nicht mehr ganz so schnell und ganz so gut wie sein bester Arbeiter. Trotzdem konnte er noch anordnen, was und wie etwas zu tun war. Es hatte sich also an der Beziehung zwischen Mitarbeiter und Vorgesetztem noch nicht allzu viel geändert. Den oben beschriebenen Motivationsthematiken kam Henry Ford auf anderen Wegen bei, indem er zum Beispiel eine Sparkasse einführte, bei welcher die Mitarbeiter des Ford-Werkes auf ein T-Modell sparen konnten. Das war ein Element der Ertragsoptimierung aus unserem Aufwand-Ertrag-Modell, denn die Statuswirksamkeit eines Autos war zu der damaligen Zeit extrem hoch. Nicht einmal der Bürgermeister und der Sheriff besaßen in den kleinen umliegenden Orten ein Auto, was den Status eines Bandarbeiters bei Ford erheblich erhöhte. Interessanterweise verbesserten sich auch die Qualitätswerte, denn der einzelne Mitarbeiter musste ja davon ausgehen, dass möglicherweise er selbst das Auto später fahren würde. Das steigerte die Sorgfalt und intensivierte die Identifikation mit dem Produkt – Henry Fords Strategie ging auf.

Schon früh erkannte man, dass bestimmte Maßnahmen durchaus dazu angetan sind, die Motivation und Bindung von Mitarbeitern an das Unternehmen zu erleichtern. So kam es auch im Ruhrgebiet zu frühen Personalmarketingmaßnahmen, als Bergleute angeworben werden mussten. Viele der Sozialeinrichtungen aus dieser Zeit waren nicht Ergebnis humanistischer Überlegungen, sondern der Notwendigkeit, Leute auf engen Märkten entweder zu akquirieren oder langfristig gesund zu (er-)halten.

Wir wandern im Geiste in ein Unternehmen Mitte des letzten Jahrhunderts, so um 1960, und zwar befinden wir uns jetzt bei IBM. In all den Jahren hatte es eigentlich keine gravierenden Veränderungen im Verhältnis zwischen Mitarbeitern und Vorgesetzten gegeben, Führung passierte mehr oder weniger nach dem *Push*-Modell.

Das *Push*-Modell setzte voraus, dass die Führungskraft zumindest wusste, was und wie es zu tun ist, und den einzelnen Mitarbeiter dahingehend genau instruierte. *Push*-Führung ist Führung durch Energiezufuhr. Im einfachsten, aber auch schlechtesten Fall war es *KITA* entsprechend einer Bezeichnung von Frederick Herzberg (*KITA = Kick in the ass*), mit welcher der bekannte amerikanische Arbeits- und Organisationspsychologe in seinem auch heute noch sehr lesenswerten Artikel »Was Mitarbeiter wirklich motiviert« für Aufregung sorgte.

Im Zuge der zunehmenden Spezialisierung tauchte eine andere Schwierigkeit mit dem *Push*-Modell auf. Ein vollkommen neuartiges Phänomen war, dass die Führungskraft plötzlich nicht mehr wusste, was wie zu tun war. Führung durch *Push* war so nicht mehr möglich. Bei Mitarbeitern, die in der Erledigung der Aufgabenstellung spezialisierter und kompetenter sind als die Führungskraft, ist die Begründung der Vertikalität über mehr Kompetenz nicht aufrechtzuerhalten. Was also tun, wenn die Führungskraft weniger Ahnung hat als der Mitarbeiter? Wie sollte man Mitarbeiter steuern, anleiten, ausrichten? Man musste also einen Strategiewechsel bei der Führung dieser spezialisierten Mitarbeiter vornehmen, und das war der Wechsel von *Push* zu *Pull*.

Führen durch *Pull* meint, dass man vom Soll-Zustand ausgeht beziehungsweise den Ziel- und Ergebniszustand als zu erreichende Größe definiert. Dem Mitarbeiter wird die Freiheit eingeräumt, über die Wahl des Weges, der zu gehen ist, selbst zu entscheiden. Natürlich muss das Soll attraktiv gemacht werden, wenn daraufhin Bewegung stattfinden soll, denn *Pull*-Führung verträgt sich nicht mit *KITA*.

Von Push zu Pull

Im Rahmen der *Pull*-Führung erkannte man relativ zügig, dass wirksame Ziele eine ganze Anzahl von Kriterien erfüllen müssen:

- *Zuerst einmal müssen Ziele sinnvoll sein*, das heißt der Mitarbeiter muss die Bewegung vom Ist zum Soll als sinnvoll und nützlich erkennen können.
- *Ziele müssen messbar sein*, das Ergebnis muss also eindeutig sein im Sinn von »Ziel erreicht«, »Ziel nicht erreicht« oder etwa »Ziel zu 80 Prozent erreicht«. Hilfreich ist dabei, die Annäherung vom Ist zum Soll in bestimmte Abschnitte zu untergliedern. Daran können Vorgesetzter und Mitarbeiter den Fortschritt in der Erledigung der Aufgabe feststellen und überprüfen.
- *Ziele müssen herausfordernd sein*, das heißt der Mitarbeiter muss gefordert sein, ein nicht triviales Anspruchsniveau zu erreichen. Immer in Relation zum Qualifikations- und Erfahrungsniveau des jeweiligen Mitarbeiters sollte die Erledigung der Aufgabe gerade für die *Stars* durchaus mit Schwierigkeiten verbunden sein.
- *Die Wirksamkeit von Zielen funktioniert entsprechend dem Gummiband-Modell.* Lässt man ein Gummiband locker, weist es keinerlei Spannung auf, bei mittlerer Dehnung hat es die höchste Spannung und wenn es überdehnt wird, zerreißt es. Bei dem Thema Ziele geht es nun darum, den optimalen Dehnungsgrad herauszufinden, der von dem Mitarbeiter zwar auf der einen Seite als herausfordernd, auf der anderen Seite aber als gerade noch erreichbar gewertet wird.
- *Ziele müssen erreichbar sein.*
- *Ziele müssen terminiert sein,* es muss also klar sein, innerhalb welcher Zeit die Aufgabe zu erfüllen ist.

Das Führen mit Zielen funktioniert im Wesentlichen nur mit Mitarbeitern, die das, was sie tun sollen, auch können und wollen, also mit den *Stars*. Wenden Sie es bei Mitarbeitern an, die nicht über ausreichende Kompetenzen für ein sehr eigenständiges Arbeiten verfügen, *Workhorses* oder *Deadwoods*, endet das zwangsläufig im Chaos. Führungsstrategien für diese Mitarbeiter werden Sie in den nachfolgenden Kapiteln kennen lernen.

Führen mit Zielen wird häufig als einzige und allheilende Methodik gesehen. Das ist so nicht sinnvoll. Sie müssen zwischen den *Push*- und *Pull*-Elementen wechseln, je nachdem, über welchen Qualifikationsgrad der Mitarbeiter verfügt und welches die zu erledigende Aufgabe ist.

Als Ausgangspunkt dient die Vision: »Was ist unser Traum, wie wollen wir sein?« Daraus geht die Mission, der Kampfauftrag hervor: »Was sollen wir tun, um dieser Vision näher zu kommen?« Die Spielregeln legen den Rahmen für die Handlungen fest: »Wie sollen wir uns verhalten, was soll hier gut und richtig sein?« Die Ziele bestimmen im Detail: »Wie kommen wir in ganz konkreten Schritten vom Ist zum Soll?« Aus dem übergeordneten Ziel werden in den folgenden Schritten dann die einzelnen Teilziele abgeleitet.

Nachdem man im Lauf der Entwicklung die Wirksamkeit von Zielen zur Steuerung und Ausrichtung von Mitarbeitern erkannt hatte, kleidete man diese in Management-Systeme. Im ersten Schritt werden die von der Unternehmensleitung definierten Ziele über die unterschiedlichen Bereiche und hierarchischen Ebenen heruntergebrochen, dies ist der sogenannte *Top-Down*-Ansatz. Im Beispiel könnte das folgendermaßen aussehen:

Das Ziel der Unternehmensführung ist es, bis zum Jahresende in der Region Norddeutschland einen Umsatzanteil bei Produkt A von 15 Prozent zu erreichen. Daraus ergibt sich das abgeleitete Ziel, dass der Vertrieb die Aufgabe hat, bis zum Jahresende 10 000 zusätzliche Produkteinheiten in dieser Region abzusetzen und entsprechend eine Anzahl neuer Kunden aufzubauen. Für die Abteilung Vertriebssteuerung wird daraus das Ziel abgeleitet, zwei neue Niederlassungen in Bremen und Osnabrück aufzubauen, Vertriebskräfte zu suchen und eine entsprechende Organisation auf die Beine zu stellen. Für den Gruppenleiter Vertriebssteuerung heißt das, entsprechende Vorgaben für die neuen Vertriebsmitarbeiter auszuarbeiten, eine Planung vorzunehmen und eine Budgetierung für die aufzuwendenden Vertriebsunterstützungsmaßnahmen zu errechnen. Für den jungen Mitarbeiter im Bereich Vertriebssteuerung lautet das abgeleitete Ziel, sich intensiver mit dem Tabellenkalkulationsprogramm auseinanderzusetzen, um die Vertriebsplanung auch anständig rechnen zu können.

Während der *Top-down*-Ansatz meistens noch recht stringent gefahren werden kann, ist der eigentlich dazugehörige *Bottom-up*-Ansatz schon mit deutlich mehr Schwierigkeiten behaftet. Aus der Kombination der Einzelaufgaben aller Mitarbeiter müsste sich wieder das Gesamtbild erge-

Abbildung 30

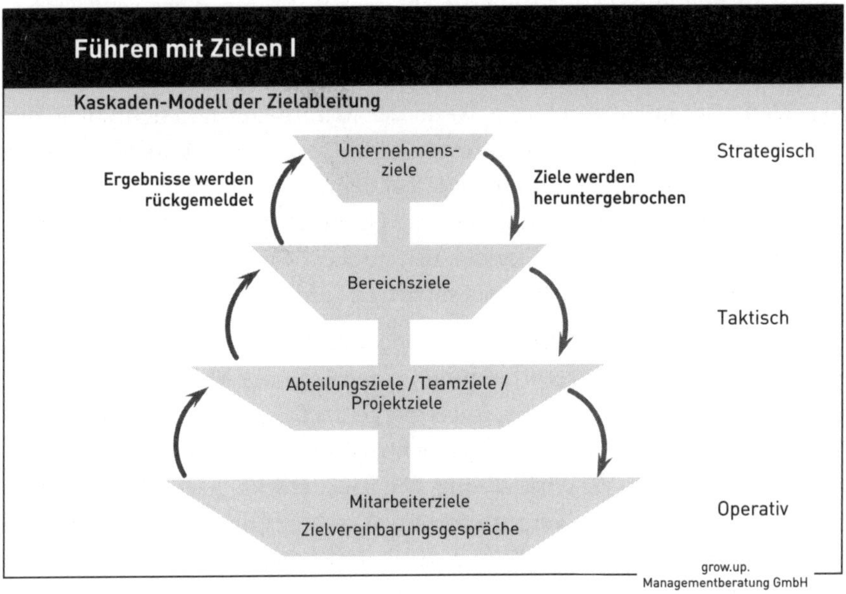

ben. Mit der *Bottom-Up*-Rückkopplung gehen viele Unternehmen jedoch recht nachlässig um. Sie gleichen nicht mit den Mitarbeitern ab, ob die definierten Ziele einen sinnvollen Beitrag zum Ganzen leisten.

MBO – Management by Objectives

Jeder Ihrer Mitarbeiter denkt grundsätzlich unternehmerisch. Nur hat er dabei zumeist sein eigenes Unternehmen, sprich seine eigene Arbeitskraft und seinen individuellen Nutzen, vor Augen. Ihre Aufgabe als Führungskraft ist es, die individuellen Ziele Ihrer Mitarbeiter und die kollektiven Ziele der Unternehmung in Einklang zu bringen. Eine Lösung für dieses Führungsproblem ist das Führen durch Zielvereinbarungen oder *Management by Objectives* (MBO). Sicher haben Sie von MBO schon einmal gehört. Der Realisierungsgrad dieses circa 50 Jahre alten Führungsinstruments ist in vielen Unternehmen aber immer noch unterdurchschnittlich. Vergessen Sie die Einführung komplexer Instrumente wie einer *Balanced Scorecard*, wenn das Thema Führen mit Zielen nicht eingeschwungene und gelebte Praxis ist. Beim MBO werden Unternehmensziele auf Abteilungsziele und schließlich auf individuelle Ziele für jeden Mitarbeiter heruntergebrochen, auf die sich die Führungskraft und der Mitarbeiter im Rahmen eines oftmals leider nur jährlich stattfindenden Zielvereinbarungsgesprächs einigen. Natürlich können Sie auch über Zielvorgaben führen. Dies setzt jedoch voraus, dass Sie die Zielvorgabe mit einem Manager machen, das heißt mit jemandem, der Ressourcen entsprechend der ihm vorgegebenen Ziele einsetzen und ausrichten kann. Wenn der Mitarbeiter nur sich selbst entsprechend ausrichten und orientieren kann, verzichten Sie besser auf die Zielvorgabe und gehen zum Zieldialog über. Zielvereinbarungen setzen einen offenen Dialog voraus, in dem die Gesprächspartner ihre Interessen, Bedürfnisse und Ziele miteinander austauschen. Im Unterschied zur simplen Zielvorgabe bietet die Zielvereinbarung zahlreiche Vorteile:

- Ihr Mitarbeiter ist an der Zielvereinbarung aktiv beteiligt.
- Die freiwillige Selbstverpflichtung ist der Kern der Motivation.
- Zielvereinbarungen richten, wenn gut gemacht, das Handeln Ihres Mitarbeiters an den Unternehmenszielen aus und machen es sinnvoll.
- Die gemeinsame Verwirklichung der Ziele stärkt den Zusammenhalt und die gegenseitige Verantwortung. Das setzt aber voraus, dass die Ziele auch lateral und nicht nur vertikal diskutiert werden.
- Erreichte Ziele sind Erfolgserlebnisse, welche die Motivation steigern.
- Der Austausch über Ziele erweitert das Verständnis der Mitarbeiter für die Komplexität von Unternehmensprozessen.
- Ergebnisorientiertes Denken, Verantwortungsbereitschaft und Selbstständigkeit Ihrer Mitarbeiter werden gefördert.
- Herausfordernde Ziele ermöglichen Lernen auf Mitarbeiterseite.

Der Nutzen des Führens durch Zielvereinbarungen für Sie als Führungskraft ist hoch. Zum einen können Sie sich intensiv mit den Leistungen und Potenzialen Ihrer Mitarbeiter auseinandersetzen. Zum anderen optimieren Sie Ihre Fähigkeit, Ihre Mitarbeiter richtig einzuschätzen, einzusetzen und zu qualifizieren. Schließlich erhalten Sie über die Zielvereinbarung Kriterien für eine objektive Leistungsbewertung.

Widmen wir uns nun den Kriterien, die Sie bei der Führung durch Zielvereinbarungen beachten sollten, um eine erfolgreiche Nutzung des Instruments zu gewährleisten:

- Zielvereinbarungsgespräche sollten ein-, besser zweimal im Jahr durchgeführt werden.
- Ziele sollten weitgehend aus dem Einfluss- und Verantwortungsbereich stammen, den Sie und der Mitarbeiter selbst beeinflussen und gestalten können.

- Ziele sollten flexibel, das heißt nicht zu operativ gestaltet werden, damit ihre Erreichung nicht zu stark von den Schwankungen des Tagesgeschäfts abhängt.
- Vereinbaren Sie pro Mitarbeiter nicht mehr, aber auch nicht weniger als vier bis fünf Ziele.
- Definieren Sie bereits im Zielvereinbarungsgespräch, wann ein Ziel übererfüllt, erfüllt, knapp erreicht oder verfehlt ist.
- Einigen Sie sich nicht nur auf die Ziele, sondern auch auf die benötigten Mittel, Ressourcen und Rahmenbedingungen.
- Führen Sie Zwischengespräche und terminieren Sie diese.
- Unterschreiben Sie den Zieldialog gemeinsam mit Ihrem Mitarbeiter und händigen Sie ihm eine Kopie aus.

Der Erfolg des Instruments Führen durch Zielvereinbarungen steht und fällt mit der Qualität der Ziele, auf die Sie sich mit Ihren Mitarbeitern einigen. Die Ziele sollten insgesamt fünf Eigenschaften aufweisen, um verwendbar zu sein, einige hiervon haben wir schon beschrieben. Sie lassen sich mit der Abkürzung SMART zusammenfassen: *s*pezifisch, *m*essbar, *a*ttraktiv, *r*ealistisch und *t*erminiert.

Abbildung 31

Führen mit Zielen II

Ziele, die Sie auch erreichen

S	**Spezifisch**	Um was genau geht es?
M	**Messbar**	Was genau soll erreicht werden?
A	**Attraktiv**	Der Mitarbeiter erreicht das Ziel aus eigener Kraft und allein, er ist motiviert sich dafür einzusetzen, es ist eine positive Herausforderung für ihn.
R	**Realistisch**	Zeitraum, Umfang, Ressourcen und Bedingungen sind so geplant, dass das Ziel erreicht wird.
T	**Terminiert**	Der Zeitpunkt, wann das Ziel erreicht ist, ist genau definiert.

grow.up.
Managementberatung GmbH

Für das individuelle Führungsverhalten und bezogen auf den einzelnen Mitarbeiter, der schließlich nur seine eigenen Ressourcen steuern und beeinflussen kann, empfiehlt sich das dialogische Vorgehen. Das »Gummiband« des Anspruchsniveaus, das heißt wie anspruchsvoll die Ziele gesetzt werden, muss so gedehnt werden, dass der Mitarbeiter das Ziel zwar als herausfordernd, aber immer noch als erreichbar wahrnimmt. Hierbei erweist sich ein wertschätzender Führungsstil immer wieder als der nachhaltig wirkungsvollste, da sich auf diese Weise der Mitarbeiter als gesamte Persönlichkeit in einen Prozess integriert fühlt.

Die Balanced Scorecard

Auf dem Hintergrund der Fragilität und fehlenden Stringenz der einfachen Zielvereinbarungssysteme kam in den letzten Jahren ein neuer Grundgedanke auf, umgesetzt in dem Konzept der *Balanced Scorecard* (BSC): Man stellte immer wieder fest, dass sich einzelne Ziele gegenseitig ausschließen oder wechselseitig beeinflussen. Die Erfinder der *Balanced Scorecard* messen gerade diesem wechselseitigen Beeinflussungsprozess ein hohes Gewicht bei. Sie wählten vier in fast allen Unternehmen vorhandene Betrachtungsebenen, um die wechselseitigen Beeinflussungen deutlich zu machen. Die hier zu den Betrachtungsebenen genannten Aspekte sind beispielhaft zu verstehen und im konkreten Fall an das jeweilige Unternehmen anzupassen.

1. *Erste Ebene: die Shareholder:* Hier geht es um die Frage, welcher Profit, Marktanteil oder Umsatz erreicht werden soll und wie das zu geschehen hat.

2. *Zweite Ebene: die Kunden:* Hier geht es um die Frage, welche Erwartungen Kunden in Richtung Preiswürdigkeit, Liefertreue und Servicegrad haben und haben dürfen und was zu tun ist, um die Kundenvariablen entsprechend zu beeinflussen.

3. *Dritte Ebene: die Prozesse und Abläufe:* Hier geht es um die Frage, wie Robustheit, Stabilität, Schnelligkeit und Einfachheit von betrieblichen Prozessen zu gewährleisten und zu optimieren sind.

4. *Vierte Ebene: die Mitarbeiter:* Hier geht es um die Frage, was zu tun und zu bearbeiten ist, um Motivation, Führung und Ausrichtung der Mitarbeiter in die passenden Bahnen zu lenken.

Für jede Betrachtungsebene und jede betriebliche Funktion sind nun zentrale Messgrößen zu identifizieren, sogenannte *Key Performance Indicators* (KPI). Diese Indikatoren sind Variablen, in denen sich die vorgenommenen Veränderungen – bezüglich der in der *Balanced Scorecard* definierten Kriterien – widerspiegeln. Veränderungen der *Key Performance Indicators* sind somit Gradmesser des Erfolgs – jedenfalls dann, wenn sie sich in die gewünschte Richtung verändern.

Die Erarbeitung einer gut funktionierenden *Balanced Scorecard* für einen großen Teil der Mitarbeiter des Unternehmens und die Identifikation von *Key Performance Indicators* sind natürlich sehr umfangreiche Projekte. Auf der Nutzenseite muss jedoch auch beachtet werden, dass die *Balanced Scorecard* den nicht zu unterschätzenden Effekt hat, dass sie den Prozess der betrieblichen Zieldefinition deutlich strukturiert und ihm einen Rahmen gibt. Sie bewirkt so eine Vereinheitlichung der gedanklichen Modelle zwischen Management, Führungskräften und Mitarbeitern.

5. Führungsverhalten bei den Workhorses

Viele Ihrer Mitarbeiter verfügen über eine mehr oder weniger hohe Motivation, haben aber noch Defizite in fachlichen oder überfachlichen Bereichen oder sind schon an ihrer Potenzialdecke angelangt. Das sind die uns bereits bekannten *Workhorses*. Der Großteil der Mitarbeiter der meisten Unternehmen zählt zu den *Workhorses* – es sind circa 60 bis 70 Prozent. Sie sind ungemein wichtig für jedes Unternehmen, denn sie sind es, die »den Laden am Laufen« halten – auch wenn sie vielleicht nicht über das Potenzial verfügen, ein *Star* zu sein. Ihre Aufgabe als Führungskraft besteht in erster Linie darin, die Kompetenzen und Fähigkeiten Ihrer *Workhorses* durch gezielte Qualifikationsmaßnahmen zu fördern. Je nach vorhandenem Entwicklungspotenzial sind mehr oder weniger intensive *Investments* sinnvoll. Darüber hinaus ist es das Ziel Ihrer Führungsarbeit, die Motivation dieser Mitarbeiter in jedem Fall zu erhalten.

Organisationen unterliegen ständig wachsenden Anforderungen, sei es durch Globalisierung, Wissensentwicklung, technologischen Wandel oder neue Formen der Zusammenarbeit. Dadurch erfährt die Ressource Mensch einen immer höheren Stellenwert im Unternehmen. Nur eine stetige Weiterentwicklung jedes einzelnen Mitarbeiters sichert dem Unternehmen eine erfolgreiche Zukunft. Ohne Personalentwicklung wird keine Organisation auf Dauer wettbewerbsfähig sein, da die in ihr arbeitenden Personen die neuen Anforderungen nicht bewältigen können. Jedes Unternehmen ist immer nur so gut und so erfolgreich wie seine Mitarbeiter. Das Thema Personalentwicklung ist folglich auch ein wichtiges Thema in Ihrer Verantwortung als Führungskraft. Bei Ihren Mitarbeitern, die der Gruppe der *Workhorses* zuzuordnen sind, gilt dies besonders, weil sie die größte und bedeutendste Mitarbeitergruppe bilden und schneller als Ihre *Stars* ihre Potenzial- oder Kompetenzgrenze erreichen.

Abbildung 32

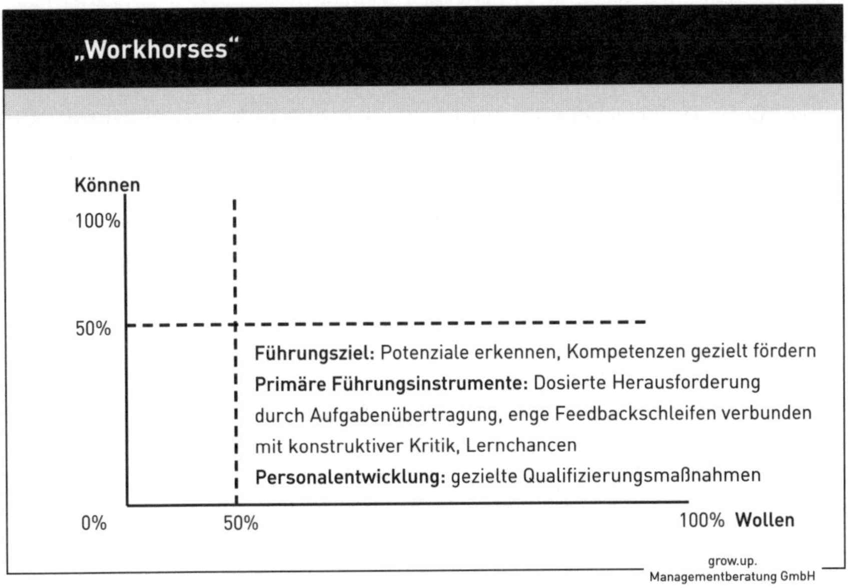

Dieses Kapitel gibt Ihnen am Beispiel der *Workhorses* einen umfassenden Überblick zu Fragen der Personalqualifizierung. Wir werden Ihnen im Folgenden Vorgehen und Ziele, den Sinn und die Wichtigkeit erfolgreicher Qualifizierungsmaßnahmen näher vorstellen.

Führungsziel: Qualifikation

Generell sollten Sie im Bereich der *Stars*, ganz besonders aber bei den *Workhorses* mit Qualifizierungsmaßnahmen arbeiten. Besteht bei den Mitarbeitern kein fachliches, sondern ein Motivationsdefizit, besonders im Bereich der *Problems* oder gar der *Deadwoods*, bedarf es anderer Vorgehensweisen. Hier kann eine Entwicklungsmaßnahme oft noch als Belohnung für schlechte Leistungen empfunden werden.

Grundsätzlich gilt: »Personalentwicklung ist immer und überall.« Menschen kommen weiter, solange die Motivation zum Wachsen, Lernen und sich Entfalten vorliegt. Solange der Wille besteht, kann jeder besser werden. Deshalb ist es sehr wichtig, Maßnahmen zur Personalentwicklung in den Alltag zu integrieren. Qualifizierungsmaßnahmen versagen zum großen Teil deshalb, weil sie häufig außerhalb des Alltags stattfinden. Wir wollen an dieser Stelle keineswegs die Sinnhaftigkeit und Wirksamkeit externer Trainings und Fortbildungen in Frage stellen. Wir finden es jedoch bedenklich, wenn Personalentwicklungsmaßnahmen nahezu prinzipiell *off-time* und außer Haus erfolgen. Dies hat zur Folge, dass sich viele Führungskräfte für die Personalentwicklung, die einen zentralen und wichtigen Bereich ihrer Tätigkeit darstellt, nicht mehr verantwortlich fühlen. Stattdessen wird die Verantwortung an die Personalabteilung oder Externe abgegeben, die für teures Geld eingekauft werden. Sinnvoller ist es stattdessen, die Personalentwicklung in den Alltag der Mitarbeiter zu integrieren und sie im Sinne von zusätzlichen Maßnahmen zu externen Seminaren zu senden.

Mit welchen Instrumenten und Maßnahmen können wir die unterschiedlichen Mitarbeiter-Typen binden, steuern und qualifizieren? Bei dieser Frage wird deutlich, wie wichtig die Einschätzung des einzelnen Mitarbeiters ist. Nur, wenn Sie wissen, zu welcher Gruppe die zu qualifizierende Person gehört, können Sie in Zusammenarbeit mit der Personalabteilung die richtigen Entwicklungsmaßnahmen in die Wege leiten. Abbildung 33 auf Seite 121 gibt Ihnen einen beispielhaften Überblick zu geeigneten Qualifizierungsmaßnahmen für die *Workhorses*.

Die Gefahren bei der Konzeption und Umsetzung von Weiterbildungsmaßnahmen sind vielseitig: Zum Beispiel kann aus einem zu großen Angebot frei gewählt werden (Volkshochschulcharakter) oder die Maßnahmen sind zu wenig bedarfsspezifisch. Gleiches gilt bei einem standardisierten Einheitsprogramm für alle Mitarbeiter. Orientiert sich das Angebot weitgehend an den subjektiven Bedürfnissen der Teilnehmer, so finden wiederum die Unternehmensziele keine ausreichende Berücksichtigung.

Zu allen hier dargestellten Instrumenten geben wir vorab noch ein paar generelle Hinweise. In der Planung und Durchführung dürfen Qualifizierungsmaßnahmen, wie bereits angedeutet, nicht nach dem Gießkannen-Prinzip erfolgen, es sei denn, Weiterbildung soll im Sinne einer *Incentive*-Maßnahme für alle Mitarbeiter durchgeführt werden. Ist dies nicht der Fall, müssen spezifische Weiterbildungsprogramme und Einzelmaßnahmen hinsichtlich des zu erwartenden Nutzens für das Unternehmen und den Mitarbeiter kritisch bewertet werden. Dabei ist die vorhergehende Bedarfsanalyse unerlässlich für die Planung und Umsetzung von gezielten Entwicklungsmaßnahmen.

Grundlage der Personalentwicklung ist die ständige Orientierung an den Unternehmenszielen und der Unternehmenssituation, wobei immer

Abbildung 33

Qualifizierungsmaßnahmen für Workhorses

***Workhorses*:**

- Qualitätszirkel und Lernstatt
- Fachliche Weiterbildung
- Verhaltensseminare und Seminare zur Erweiterung der zwischenmenschlichen Kompetenz
- Weiterbildung Methodenkompetenz
- Aufgabenerweiterung
- Planspiele
- Teamtraining und Teambuilding
- Kollegiales Lernen
- Selbstlernprogramme
- Job-Rotation
- Anleitung durch FK
- Multiplikatorenprogramme
- Coaching, Einzeltraining
- Hospitationen
- *Job Enrichment*

grow.up.
Managementberatung GmbH

im Sinne der Unternehmenswerte zu handeln ist. Die Orientierung an der Situation und Leistungsfähigkeit des Mitarbeiters (Potenzialeinschätzung) ist für konkrete Maßnahmen ausschlaggebend und verhindert eine Verteilung nach dem Motto »Alles für jeden«. Personalentwicklung, ohne den spezifischen Bedarf ermittelt zu haben, bleibt weitgehend wirkungslos.

Der Prozess einer Mitarbeiterqualifizierung besteht nicht allein in der konkreten Durchführung, sondern bedarf einer detaillierten und sorgfältigen Vor- und Nachbereitung. Zur Vorbereitung zählen die Bedarfsermittlung und die Festlegung der Ziele, die mittels der Maßnahme erreicht werden sollen. Aufgabe der Nachbereitung ist es, zu klären, inwieweit die vorab definierten Ziele mit Hilfe der Qualifikationsmaßnahme umgesetzt und erreicht werden konnten, welche weiteren Schritte sich sinnvollerweise anschließen, und wie das Gelernte effektiv in den beruflichen Alltag integriert werden kann. Auch hier ist eine enge Zusammenarbeit zwischen Ihnen als Führungskraft, welche die Stärken und den Lernbedarf der Mitarbeiter kennt, und der Personalabteilung, die Ihnen die hierfür nötigen Instrumente zur Verfügung stellt, sinnvoll.

Qualifizierungsmaßnahmen bedeuten eine Investition, die Kosten und Aufwand verursacht und deren Ertrag oft ungewiss ist. Um diesen Ertrag möglichst positiv zu gestalten, empfiehlt sich unserer Erfahrung nach ein systematischer Planungs- und Steuerungsablauf nach folgendem Schema:

Abbildung 34

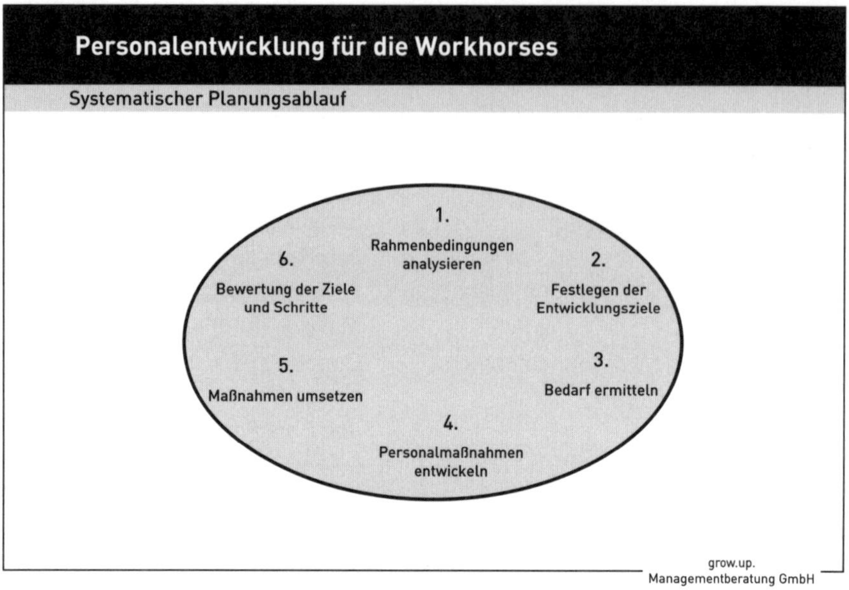

Zielsetzung – Planung – Durchführung – Bewertung – neue Zielsetzung

Dieser Ablauf untergliedert sich in sechs wesentliche Schritte:

1. Analyse der Rahmenbedingungen: Gute Arbeit beginnt mit gründlicher Planung. Für den Erfolg einer Qualifikationsmaßnahme ist eine gründliche Klärung, was sich verändern soll, unerlässlich. Um eine gezielte Personalentwicklung durchzuführen, bedarf es zuerst der Bestimmung des derzeitigen Ist-Wertes. Deshalb gilt es vor jeder Maßnahme, folgende Fragen zu klären:

- Warum brauchen wir beziehungsweise der Mitarbeiter diese Maßnahme?
- Wie steht diese Maßnahme im Zusammenhang mit der übergeordneten Strategie, die wir verfolgen?
- Welche Ressourcen stehen für die Maßnahme zur Verfügung?
- Wie tragen die Ergebnisse zur Zielerreichung der Abteilung/des Bereichs bei?

Die präzise Beantwortung dieser Fragen erleichtert die weitere systematische Vorgehensweise.

2. *Zielbestimmung der Personalentwicklung:* In diesem Schritt geht es darum, die aktuellen und zukünftigen Ziele der Abteilung konkret zu definieren und dabei die Interessen der Abteilung mit den persönlichen Voraussetzungen der Mitarbeiter so weit wie möglich in Einklang zu bringen. Nur so kann es gelingen, eine allgemeine Akzeptanz seitens der Mitarbeiter für notwendige Entwicklungsmaßnahmen zu erreichen. Die Fähigkeiten und Potenziale Ihrer Mitarbeiter werden entwickelt und dienen damit Zielen wie zum Beispiel, die Leistungsfähigkeit und Wirtschaftlichkeit zu verbessern, die Dienstleistungs- und Kundenorientierung zu verstärken, die Flexibilität im Umgang mit neuen Anforderungen zu erhöhen oder die Arbeitszufriedenheit der Beschäftigten zu fördern.

3. *Bedarfsermittlung:* Der Arbeitsalltag ist zumeist durch »harte« Ziele geprägt. Zur Erreichung der Unternehmensziele stehen Ihnen hauptsächlich »weiche« Ressourcen zur Verfügung – Ihre Mitarbeiter. Als Führungskraft müssen Sie immer wieder den Spagat zwischen den Unternehmenszielen und den Möglichkeiten Ihrer Mitarbeiter leisten. Hierzu zählt, Qualifikationsdefizite und zukünftig gefragte Kompetenzen rechtzeitig zu erkennen. Die Bedarfsermittlung ist deshalb keineswegs alleinige Aufgabe der Personalabteilung. Durch Ihre genaue Kenntnis über die Leistungen und Arbeitsweisen Ihrer Mitarbeiter ist es eine Ihrer zentralen Aufgaben, die Personalabteilung über Defizite und notwendige Kompetenzen zu informieren, damit diese hieraus entsprechende Qualifizierungsmaßnahmen ableiten beziehungsweise entwickeln kann.

4. *Entwicklung konkreter Personalentwicklungsmaßnahmen:* Die Planung und Durchführung konkreter Personalentwicklungsmaßnahmen erfolgt nicht nur bei Qualifikationsdefiziten. Die zu entwickelnden Maßnahmen sollten systematisch aufgebaut sein und bringen in der Regel mehr Erfolg, wenn sie zum Ausbau vorhandener Stärken eingesetzt werden. Defizitorientierte Maßnahmen führen zwar auch zu Verbesserungen – es wird dabei aber kaum gelingen, den Mitarbeiter auf diesem Gebiet zu einer Spitzenkraft zu machen.

Bei der Entwicklung von Qualifizierungsmaßnahmen sollte auch berücksichtigt werden, welche langfristige Laufbahn der Mitarbeiter verfolgen wird, ob etwa eine Führungs-, Projektleiter- oder Expertenlaufbahn angestrebt wird. Diese Tätigkeitsfelder erfordern unterschiedliche spezifische Weiterbildungen, die bereits frühzeitig berücksichtigt werden können.

5. Umsetzung beziehungsweise Durchführung der Personalentwicklungsmaßnahmen: Vor der Durchführung von Qualifikationsmaßnahmen muss geklärt werden, wie eine Maßnahme umgesetzt werden soll, zum Beispiel *on*, *off* oder *near the job*. Wie bereits beschrieben müssen nicht alle Weiterbildungs- und Qualifizierungsmaßnahmen extern oder außerhalb der regulären Arbeitszeiten stattfinden. In jedem Fall sollten sie durch erfahrene Experten mit nachgewiesener Kompetenz erfolgen. Überlegen Sie, wer im Unternehmen über die gefragten Qualifikationen verfügt, und lassen Sie ihn die entsprechenden Mitarbeiter »unterrichten«. Vorteil hiervon ist, dass neue Lerninhalte so praxisnah wie möglich vermittelt werden und gleichzeitig im Unternehmen vorhandenes Wissen intern multipliziert wird. Dabei kommt auch Ihnen als Führungskraft und Ausbilder Ihrer Mitarbeiter eine bedeutsame Aufgabe zu. Ihnen obliegt die Einarbeitung und Anleitung am Arbeitsplatz.

6. Bewertung der Durchführung und Zielerreichung: Am Ende eines jeden Prozesses steht das *Controlling* – so auch bei der Personalentwicklung. Die Ergebnisse liefern zugleich die Ausgangsbasis für neue Entwicklungsprozesse.

Die Bewertung der Durchführung und Zielerreichung kann in der Phase der Analyse, der Gestaltung, der Umsetzung und des Transfers angesetzt werden. Es ist deshalb wichtig, dass der Mitarbeiter unbedingt vor der Maßnahme mit Ihnen genaue Ziele definiert, deren Erreichung Sie anschließend kontrollieren und bewerten. Ohne *Controlling* ist eine systematische, zielorientierte und effiziente Personalentwicklung nicht möglich. Wie auch bei den vorherigen Schritten trägt eine gute Absprache zwischen Ihnen und den Personalern wesentlich zum Erfolg der Umsetzung einer Maßnahme bei.

Auch die Rückmeldung an den Mitarbeiter ist ein Erfolgsfaktor für gute und effektive Personalentwicklung. In den mindestens zweimal jährlich stattfindenden Mitarbeitergesprächen oder in separaten Feedbackgesprächen sollten Sie dem Mitarbeiter deshalb nicht nur bezüglich seiner Leistungen, sondern auch über die Wirksamkeit abgeschlossener Qualifikationsmaßnahmen Feedback geben.

Nur wenn jemand erfährt, was er richtig oder falsch macht, weiß er, ob er auf dem richtigen Weg ist und wie er manche Dinge besser machen könnte.

Indem Sie auch die Personalentwicklung als eine Ihrer Führungsaufgaben wahrnehmen und Ihre Mitarbeiter fördern und unterstützen, werden diese immer mehr in der Lage sein, weiterreichende Aufgaben zu übernehmen. Sie werden vermehrt die Bereitschaft an den Tag legen, sich für das Unternehmen einzusetzen.

Führungsmodell: Von der Komfort- in die Gefahrenzone

»Alle Dinge sind schwer, bevor sie einfach werden.«
Ungarisches Sprichwort

Viele Menschen leben gerne in ihrer Komfortzone. Das ist die Zone, wo es sicher, vorhersehbar und überschaubar zugeht. Hier kennen wir uns aus und können Anforderungen gut bewältigen.

Wenn Menschen wachsen wollen, müssen sie ihre Komfortzone jedoch verlassen. Jeder Mensch hat seine eigene Komfortzone, in der er sich wohlfühlt. Die Größe kann hierbei sehr unterschiedlich sein: Die einen ziehen einen engeren, die anderen einen weiteren Radius der Sicherheit um sich. Dies ist besonders abhängig von dem persönlichen Angstpotenzial, also von all dem, was uns ängstigt.

Fritz Riemann geht davon aus, dass wir bestimmte Einstellungen und ein bestimmtes Verhalten zur Welt und zum Leben in unserer Lebensgeschichte erworben haben, die unsere Persönlichkeiten prägen und ihnen bestimmte strukturelle Züge verleihen. Diese sind allerdings niemals statisch, sondern sehr eng mit den jeweiligen Lebensphasen verbunden, in denen wir uns befinden. Angst erleben wir zumeist dann, wenn wir uns in einer Situation wiederfinden, der wir (noch) nicht gewachsen sind. Wir haben im Lauf unseres Lebens so manche Methode und Technik erlernt, wie wir diese Angst vermeiden, ihr ausweichen, sie überspielen, sie verbergen und vor anderen oder gar uns selbst leugnen können.

Sie haben bereits einiges über das Modell der Anschluss-, Leistungs- und Machtmotivation erfahren. Bezogen auf die individuelle Komfortzone ist es zum Beispiel so, dass der typische Anschlussmotivierte sich in seiner Komfortzone bewegt, solange er mit anderen zusammen und nicht alleine ist. Das Beängstigende einer Situation besteht für ihn vor allem darin, etwas alleine durchstehen zu müssen.

Für einen stark Leistungsorientierten besteht ein besonderes Angstpotenzial im Verlust der Kontrolle und in der Sorge, nicht gut genug zu sein und den eigenen Ansprüchen nicht zu genügen. Manchmal führt das eine auch zum anderen, zum Beispiel die Erfahrung, in einer bedeutsamen

Abbildung 35

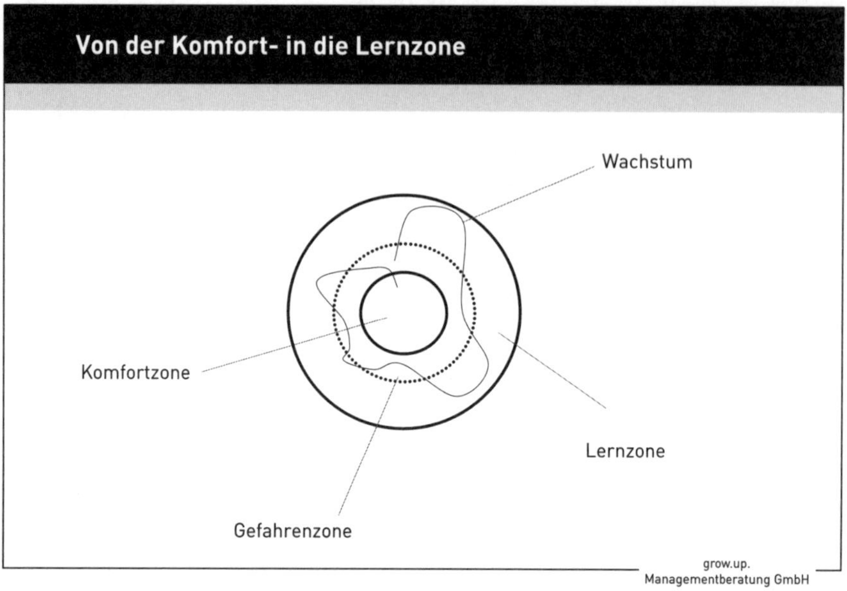

Situation versagt zu haben, sei es objektiv oder an den eigenen Standards gemessen. Dies kann zur Folge folgen, dass derjenige zukünftig in ähnlichen Situationen von der Angst heimgesucht wird, wieder die Kontrolle zu verlieren.

Machtorientierte befinden sich außerhalb ihrer individuellen Komfortzone, wenn sie Ohnmacht erleben. Dies kann etwa in Situationen der Fall sein, in denen sie sich ihrer Macht beraubt oder hilflos erleben.

Erst das Verlassen der Komfortzone bedeutet Wachstum und Entwicklung. Wachstum erfolgt jedoch nicht linear, sondern es verläuft in Wellen, und Wachstumsprozesse werden häufig durch eine Krise ausgelöst.

Krise ist die Beschreibung eines Vorgangs, bei dem es im normal verlaufenden Leben plötzlich innerhalb von kurzer Zeit zu einer Entscheidung kommt. Im schlimmsten Fall geht es um Überleben oder Tod, Gewinn oder Verlust. Das griechische Wort »*crisis*« bedeutet »Wendepunkt«. Als Krise wird eine Situation bezeichnet, in der die bisher bekannten Problemlösungsstrategien versagen. Es handelt sich um eine schwierige und komplexe Situation, in der neue Wege und neue Strategien gefunden werden müssen, um mit der Situation zurechtzukommen. Sie bedeutet

Gefahr – kann aber auch zur Chance werden, wenn man durch die Krise neue Bewältigungsstrategien und somit neue Fähigkeiten erwirbt.

Krisen sind:

- Immer wichtige, entscheidende Phasen im Leben und in der Entwicklung des Menschen.
- Tiefpunkte oder Wendepunkte in unserem Leben, die unsere Entscheidung herausfordern.
- Phasen der Neuorientierung und des Reifens, die aber mit Angst und Unsicherheit verbunden sind.
- Nichts Schlechtes! Wichtig ist, dass wir uns damit auseinandersetzen.

Krisen werden auch ausgelöst, wenn ein Problem auftritt, das sich nicht sofort lösen lässt, dem nicht ausgewichen oder entflohen werden kann und das nicht mit den gewohnten Strategien bewältigt werden kann. Es entstehen Desorientiertheit, Verwirrung, Depression und Aggression. Die psychische Verfassung des Menschen ist in der Krise instabil und chaotisch. Durch die Lösung des Problems kommt es wieder zur Stabilität. Eine Krise ist immer zeitlich begrenzt.

Gerhard Caplan hat ein Modell zum Krisenverlauf erarbeitet und die Stationen des Krisenverlaufs in vier Phasen eingeteilt.

Phase 1: Eine belastende Situation wird ausgelöst. Der Mensch wendet für die Problemlösung für ihn erprobte und typische Strategien an. Das Problem ist aber zu groß, um mit den bekannten Strategien gelöst werden zu können. Es kommt zu Spannungszuständen, Krisensignalen, Alarmzuständen.

Phase 2: Die Anforderung ist größer und komplizierter als gewohnt. Gefühle der Unsicherheit und Überforderung treten auf. Es kann kein Widerstand gegen die Bedrohung geleistet werden.

Phase 3: Hält das Problem an, greift der Mensch zu Notfallmaßnahmen. Er mobilisiert neue Kräfte und sucht neue Perspektiven zur Problembewältigung. Er probiert neue Strategien aus und sucht Hilfe.

Phase 4: Negativer Krisenverlauf: Erschöpfung, Rat- und Hilflosigkeit. Der Mensch kann trotz aller Mühe seine Krise nicht bewältigen. Erschöpfungszustände treten auf bis zum Zusammenbruch.

Bei einem positiven Krisenverlauf kann das Problem bewältigt werden. Der Mensch gewinnt wieder an Stabilität.

Krisen bahnen also den Weg für Veränderungen. Diese verlangen meistens etwas von uns, sei es die bewusste Entscheidung, etwas nicht zu tun, zum Beispiel Rauchen, oder etwas zum ersten Mal zu machen, das Angst in uns auslöst, die wir zuerst überwinden müssen.

Veränderungen durchzuführen fällt uns umso leichter, je höher der Leidensdruck in uns ist und je mehr uns die negativen Konsequenzen deutlich werden, die auf das Unterlassen einer Veränderung folgen. Gleichzeitig hilft eine positive Vision oder ein deutliches Vorstellungsbild über das Erreichen des Zielzustandes. Diese beiden Faktoren zusammen mit dem Wissen um die ersten Schritte, die auf dem Weg zur Verhaltensänderung gegangen werden müssen, stellen verlässliche Indikatoren dafür dar, dass der in Aussicht gestellte Ertrag gegenüber den Kosten der Veränderung, etwa Zeitaufwand, Mehrarbeit und persönliche Überwindung, höher eingeschätzt wird; Veränderung wird möglich. All diese Faktoren lassen sich in einer Veränderungsformel zusammenfügen und in ein bestimmtes Verhältnis stellen:

Veränderung gelingt dann, wenn *Positive Vision* + *Leidensdruck* + *erste Schritte* größer sind als die *Kosten der Veränderung*.

Abbildung 36

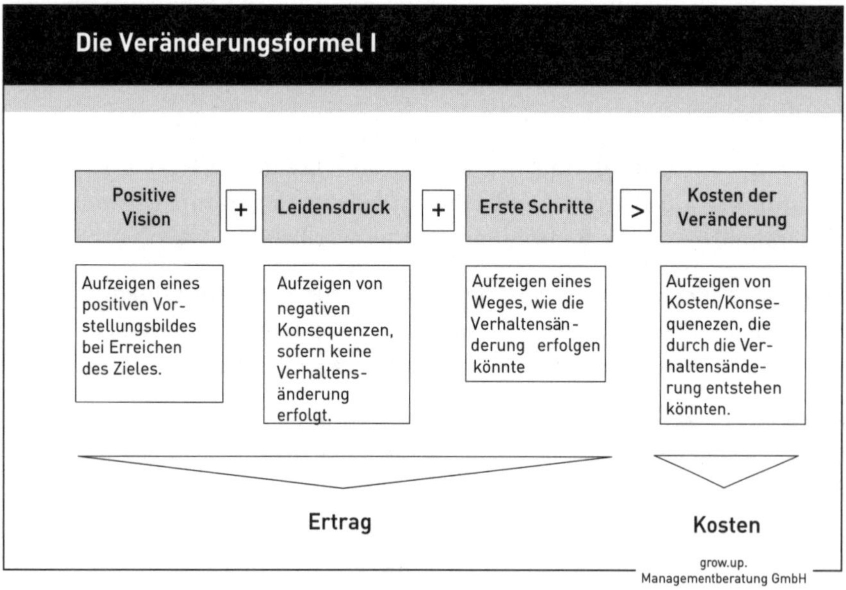

Fällt ein Mitarbeiter zum Beispiel immer wieder durch unerwünschtes Verhalten auf oder gerät immer wieder in Misserfolgssituationen, weil er nicht über bestimmte fachliche oder überfachliche Kompetenzen verfügt, können Sie die Veränderungsformel nutzen, um ihn zum Lernen und damit zur Veränderung seines Verhaltens anzuregen. An allen vier Variablen der Veränderungsformel können Sie als Führungskraft eingreifen. Sie können mit dem Mitarbeiter an einer positiven Vorstellung davon, wie seine Situation besser und angenehmer sein könnte, arbeiten. Sie können ihm Leidensdruck verschaffen, indem Sie etwa unerwünschtes Verhalten kritisieren und sanktionieren, und Sie können ihm Maßnahmen im Sinne erster Schritte aufzeigen, mit denen er eine Verhaltensänderung erreichen kann. Darüber hinaus können Sie mit ihm gemeinsam hinterfragen, ob die vermuteten Kosten einer Veränderung denn wirklich so hoch sind, wie der Mitarbeiter sie vielleicht annimmt. Abbildung 37 macht dies noch einmal deutlich.

Wir haben zu Beginn dieses Kapitels darüber gesprochen, dass es zum Erwerb neuer Fähigkeiten nötig ist, seine persönliche Komfortzone zu erweitern und einen Ausflug in die Gefahrenzone zu wagen, auch wenn dies Ängste berührt und Krisen auslöst. Als Führungskraft liegt es auch in

Abbildung 37

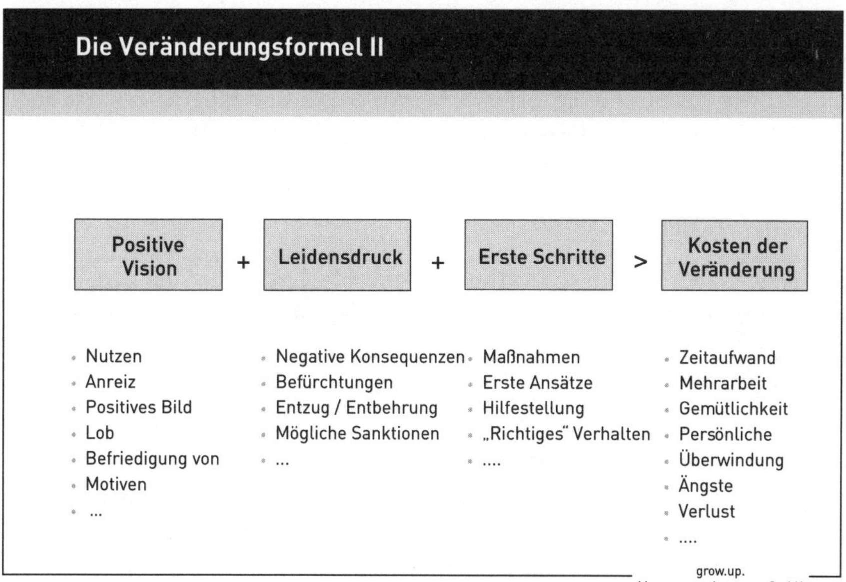

Abbildung 38

Veränderungsprozesse

Beispiel: Mitarbeiter hält die „Deadlines" nicht ein

Vision	Leidensdruck	Kosten der Veränderung
• Vermeidung von ständiger Kritik (Lob, Akzeptanz)	• Selbstständigkeit wegnehmen	• Zeitmanagement
• Vermeidung von „Endstress" (Schaffung von Freiräumen)	• Reduktion auf singuläres Projekt	• Einmaliges Problem mit Chef
• Einsatz bei größeren, interessanten Projekten	• Randtermine setzen	• Freiheiten aufgeben
• Erhöhung des Ansehens bei Referenten und Kunden	• Exakte Leistungskontrolle	• Einhalten von allgemeinen Regeln
• Höherstufung Gehalt, höhere Verantwortungsstufe	• Prämienkürzung	• Erhöhte Disziplin aufbringen
• Sicherheit des Arbeitsplatzes durch Wachstum	• Gruppenzwang	• Entstehung von Arbeitsspitzen
	• Wegnehmen von Statussymbolen	
	• Aufzeigen weiterer Konsequenzen	

grow.up. Managementberatung GmbH

Ihrer Verantwortung, die Entwicklung Ihrer Mitarbeiter zu fördern und die Komfortzonen des Einzelnen entsprechend seiner individuellen Eigenheiten zu erweitern. Hierbei ist es entscheidend, das Wie an den Einzelnen anzupassen und nicht einheitlich vorzugehen. Im Folgenden werden wir Ihnen einige konkrete Vorgehensweisen vorstellen, wie Sie Ihre Mitarbeiter gekonnt aus ihrer Komfortzone hervorlocken und möglicherweise auch einmal »anschieben« können.

Nie vom Gas gehen

Die erste Regel lautet: »Nie vom Gas gehen!« Lassen Sie bei den Wachstumserwartungen nicht locker. Auch bei der Mitarbeiterförderung ist es sehr wichtig, ein gewisses Maß an Spannung aufzubauen und diese aufrechtzuerhalten. Das heißt nicht, dass Sie die Mitarbeiter unter Dauerstress setzen. Dauerkontraktion führt nicht zu Verbesserung, sondern zu Verkrampfung. Machen Sie jedoch keinen Hehl daraus, dass Ihre Erwartungen an Menschen, mit denen Sie arbeiten, hoch sind, und Sie die Zeit und Energie, die Sie investieren, in Form von verbesserten Leistungen bei den Mitarbeiten erleben wollen. Stellen Sie sich vor, Sie fahren einen

Wagen auf einer geraden Strecke und wollen ihn auf die optimale Drehzahl bringen. Hierfür dürfen Sie nicht vom Gas gehen – allerdings ohne es zu übertreiben und Ihre Karosserie mit einem Rennwagen zu verwechseln! Übertragen auf Ihre Mitarbeiter bedeutet dies, dass sobald Sie vom Gas gehen, auch eine Senkung des Anspruchsniveaus erfolgt. Dies kann nicht in Ihrem Sinne sein, denn Sie wollen Ihre Mitarbeiter schließlich auf ein Ziel hin bewegen.

Ein gleichbleibendes Spannungsverhältnis kann zum Beispiel eine Konsolidierungsphase bedeuten, in der neu erworbenes Wissen eingeübt wird und sich festigt. Erinnern Sie sich daran, wie Sie Fahrrad fahren lernten. Zuerst war dies bestimmt eine sehr holprige Angelegenheit! Es benötigt Zeit, damit sogenanntes explizites beziehungsweise *deklaratives* Wissen – also die Kenntnis um die einzelnen Schritte eines Ablaufs –, sich derartig konsolidiert, dass es zu sogenanntem *prozeduralen* Wissen wird, das bei Abruf automatisch abläuft. Wenn Sie heute ein Fahrrad besteigen, werden Sie sicher nicht mehr darüber nachdenken, wie Sie die richtigen Bewegungen machen, um das Gleichgewicht zu halten. Sie steigen einfach auf – und fahren los!

Das Bild des »Nicht-vom-Gas-Gehens« bedeutet weiterhin, dass nach einem Lernerfolg wieder mehr Gas gegeben werden muss, indem eine neue oder eine zusätzliche Aufgabe übertragen wird. Dies kann eine ergänzende Tätigkeit sein, wie zum Beispiel die Vor- oder Nachbereitung eines Meetings oder einer Veranstaltung, die Erschließung eines neuen Seitenasts in einem bereits vertrauten Themengebiet oder eine andere Aufgabenstellung, die eine Kompetenzerweiterung oder zumindest einen neuen Blickwinkel bedeutet.

Den Teppich wegziehen

Zu Beginn dieses Kapitels haben Sie bereits erfahren, dass es zum Erwerb neuer Fähigkeiten nötig ist, die persönliche Komfortzone zu erweitern und einen Ausflug in die Gefahren- beziehungsweise Lernzone zu wagen. Anders ausgedrückt bedeutet das mitunter, dem Mitarbeiter den Teppich unter den Füßen wegzuziehen – auch wenn dies Ängste berührt und Krisen auslöst. Als Führungskraft liegt es vor allem in Ihrer Verantwortung, die Entwicklung der Mitarbeiter zu fördern und die Komfortzonen des Einzelnen entsprechend seiner individuellen Fähigkeiten gezielt zu erweitern.

Wasser schlucken lassen

Wasser schlucken kennen Sie nicht nur aus dem Schwimmunterricht, sondern im übertragenen Sinne auch aus anderen Lernsituationen. »Wasser schlucken zu lassen« bedeutet, jemandem auch die negativen Erfahrungen des Lernens nicht zu verwehren. Ohne erfahren zu haben, dass etwas schieflaufen kann, lernt man nichts. Die Lernerfahrung bleibt unvollständig. Eine sehr passende Möglichkeit ist es beispielsweise, jemanden die Betreuung der Kundenreklamationen zu übertragen; hier treten sämtliche Fehlleistungen und Unannehmlichkeiten zutage, für die im Namen des Unternehmens eingestanden werden muss – auch wenn sie nicht auf das eigene Konto gehen. Nur wenn die praktischen Auswirkungen des Handelns gespürt werden, können diese auch angemessen erfasst und berücksichtigt werden. Aus Fehlern lernen wir, und Fehler machen uns klüger. Und wir lernen umso mehr, wenn wir entsprechende Erfahrungen gemacht, eine brenzlige Situation gemeistert, möglichen Schaden behoben haben und für unser Handeln eingestanden sind.

In den Wind drehen

Bei all den hier vorgestellten Maßnahmen geht es immer wieder darum, Ihre Mitarbeiter aus der Komfortzone herauszuführen und neue Erfahrungen sammeln zu lassen. »In den Wind drehen« bietet sich vor allem bei frisch eingestellten Mitarbeitern an, die sich noch in der Ausbildungs- beziehungsweise Einarbeitungsphase befinden. Lassen Sie den Mitarbeiter ab und an in schwierigen Situationen »kontrolliert« alleine. Kontrolliert bedeutet hier, dass Sie sich weitgehend sicher sein müssen, dass die Anforderungen auch bewältigt werden. Sie entziehen zum Beispiel einfach Ihre Begleitung. Wenn Sie wissen wollen, ob jemand etwas kann, müssen Sie weggehen und ihn alleine machen lassen – ihn vom Windschatten in den Wind drehen.

Diese Maßnahme kann beispielsweise folgendermaßen aussehen: Sie sind mit Ihrem Mitarbeiter zu einer Veranstaltung verabredet, die Sie gemeinsam bestreiten wollen. Fünf Minuten vor Beginn rufen Sie ihn an und teilen ihm mit, dass Sie im Stau stehen und er die Veranstaltung alleine moderieren muss. Vorher hätte er sich das vielleicht noch nicht zugetraut und wäre im Hintergrund, im Windschatten geblieben, jetzt muss er aber. Es gibt sanfte, aber auch drastische Anlässe, jemanden den

Abbildung 39

Von der Komfort- in die Lernzone

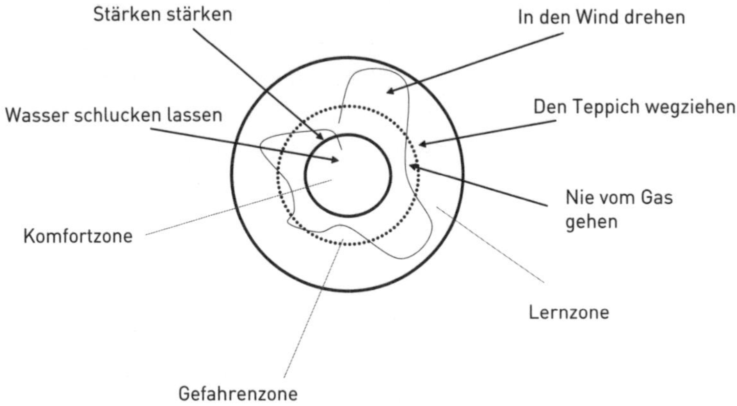

grow.up. Managementberatung GmbH

Wind spüren zu lassen. Das Wann und Wie können Sie nur individuell auf Ihren Mitarbeiter bezogen ermessen. Diese Methode bietet sich vor allem bei Aufgaben an, die Sie delegieren können und bei denen der Mitarbeiter die entscheidenden Fähigkeiten bereits im Trockenen gelernt hat. Diese Fähigkeiten werden erst dann in aktives Wissen umgesetzt, wenn er sie selbst umsetzen muss. Sie sollten wie gesagt sicher sein, dass Sie den Mitarbeiter keiner massiven Überforderung aussetzen, sondern dass Sie zeigen, dass Sie Vertrauen in seine Leistungsfähigkeit haben und der Überzeugung sind, dass er die Herausforderung bewältigt.

Erfolg und Misserfolg – aus beiden Erfahrungen lernen

Erfolgserlebnisse stärken das Ego. Eine endlos anhaltende Erfolgssträhne verursacht jedoch ein verschobenes Selbstbild. Besonders in der Führungskräfteausbildung ist es von großer Wichtigkeit, die Kandidaten Erfahrungen machen zu lassen, die zur Entwicklung eines realistischen Selbstbildes führen. Denn gute Leute zeichnen sich in allen Bereichen dadurch aus, dass sie ihre Kräfte gut einschätzen können, aber auch um ihre Schwächen wissen. Und hierfür benötigen sie beide Erfahrungen: die Erfolge, die das

Selbstbewusstsein stärken, und auch die Erfahrung und das Gefühl, etwas vermasselt zu haben. Misserfolgserlebnisse haben eine geringere Wirkung, wenn sie im stillen Kämmerlein erlebt werden. Zu einfach können sie verdrängt oder unter den Teppich gekehrt werden. Viel nachhaltiger ist die Wirkung vor einem Publikum, das zum Zeugen des Fauxpas wird.

Derartige Empfehlungen sprechen wir keineswegs aus sadistischen Motiven aus. Vielmehr zeigt die Erfahrung gerade bei den sehr kompetenten und deshalb erfolgsverwöhnten Mitarbeitern die Tendenz, die eigenen Fähigkeiten zu überschätzen. Vor diesem Hintergrund trifft dies wahrscheinlich eher auf Ihre *Stars* als auf die *Workhorses* zu. Selbstüberschätzung kann mitunter fatale Folgen für das gesamte Unternehmen, aber auch im persönlichen Bereich haben.

Auch wenn es zur Erreichung eines realistischen Selbst-/Fremdbildes nötig ist, Misserfolgserlebnisse zu induzieren, sollten Sie vorsichtig vorgehen. Vor allem bei Mitarbeitern, die Sie als besonders anschlussorientiert einschätzen, tun Sie gut daran, nichts zu forcieren. Setzen Sie diese Mitarbeiter nie bewusst Situationen aus, in denen sie das Gesicht verlieren, denn es könnten Wunden bleiben. Bei den eher sensibleren Mitarbeitern führen solche Erlebnisse zu keiner Korrektur des Selbstbildes, sondern womöglich zu einer Erschütterung, die Narben hinterlässt.

Auch bei den stark leistungsorientierten Mitarbeitern ist Vorsicht angesagt, sie geraten schnell unter zu großen selbst erzeugten Druck und reagieren eventuell mit Rückzug anstatt mit Korrektur oder einer Flucht nach vorne. Die Maßnahme, beide Erfahrungen machen lassen, bezieht sich vor allem auf die Machtmotivierten. Vor allem machtmotivierte Mitarbeiter, die auf dem Karrieretreppchen nach oben streben, ihre *Stars*, brauchen auch Misserfolgserlebnisse, um ihre Kräfte richtig einschätzen zu lernen und um nicht abzuheben. Dies ist vor allem wichtig, damit sie die guten Kompetenzen, über die sie zweifellos verfügen, optimal einzusetzen und gegebenenfalls zu dosieren lernen.

Stärken stärken

Die beste Leistung und die höchste Zufriedenheit erreichen Mitarbeiter dort, wo sie ihre echten Talente und Stärken erfolgreich einbringen können. Wer seine schwachen Seiten mit noch so viel Anstrengung zu beseitigen versucht, erreicht höchstens ein Mittelmaß. Deshalb ist es immer sinnvoller, Stärken zu stärken, als Defizite zu kompensieren. Bei jemandem, der mit Zahlen noch nie viel anfangen konnte, aber am liebsten jedes Jahr eine neue Fremdsprache dazulernt, sollte man besser in die Förderung seiner Begabung investieren als in die Compensation des Defizits. Dies gilt natürlich nur so lange, wie die Schwächen tolerabel sind und nicht mit den gestellten Anforderungen kollidieren. Gerade unter den *Workhorses* besteht immer Weiterbildungsbedarf, wobei das neue Wissen und auch die Wissensvermittlung am besten auf bereits vorhandenen Stärken aufbauen.

Langfristiges und nachhaltiges Lernen ist untrennbar mit Emotionen verbunden. Der sogenannte Aha-Effekt, der durch eine überraschende Einsicht, einen plötzlich hergestellten Zusammenhang entsteht, löst positive Gefühle aus – und ermöglicht dadurch eine Speicherung des Verstandenen im Gehirn. Je positiver ein Lerninhalt und seine tatsächliche Relevanz für den Lernenden empfunden werden, desto leichter und gründlicher kann dieser Inhalt im Gehirn gespeichert und später erinnert oder umgesetzt werden.

Führungsinstrument: Mitarbeitergespräche

»Der richtige Mitarbeiter am richtigen Ort« lautet der Anspruch, den man an Sie hat. Wie kann gewährleistet werden, dass die vor drei Jahren eingestellten Mitarbeiter auch heute noch auf der zu ihnen passenden Stelle sitzen? Es wird ein Instrument gesucht, das die Erhaltung und Förderung von Leistung im Arbeitsprozess sichert: Hier ist das Mitarbeitergespräch von wesentlicher Bedeutung.

Das Mitarbeitergespräch als Führungsinstrument zählt gleichzeitig zu den wichtigsten Elementen der Personalentwicklung. Dem regelmäßig geführten Gespräch zwischen Ihnen und dem Mitarbeiter kommt deshalb eine so große strategische Bedeutung zu, weil es eines der wirksamsten Mittel der Information und gleichzeitig der Motivation ist. Gute Kommunikation mit dem Vorgesetzen motiviert den Mitarbeiter, bindet ihn in die Organisation ein und dient dazu, Ziele abzustecken, Erwartungen zu vermitteln, Aufgaben zu delegieren und die persönliche Entwicklung des Mitarbeiters zu begleiten. Dazu gehören auch Anerkennung und Kritik.

Besonders in deutschen Unternehmen tun sich viele Führungskräfte mit dem Bewerten von Leistung schwer, im positiven wie im negativen Fall. Lob wird zumeist nur bei herausragenden Leistungen ausgesprochen;

kritische Bemerkungen gehen jedoch manchmal etwas leichter von der Zunge. Für große Teile seiner Leistung erhält ein Mitarbeiter häufig gar keine Anerkennung. Das Mitarbeitergespräch ist daher auch eine Möglichkeit für gezielte Rückmeldung.

Ziele des Mitarbeitergesprächs

Das Mitarbeitergespräch ist ein Instrument für die Stabilisierung und Verbesserung der Führungsbeziehung zwischen Vorgesetztem und Mitarbeiter. Bevor aber damit begonnen wird, sollten die Voraussetzungen im Unternehmen geprüft werden, zum Beispiel, inwieweit die Gesprächskultur oder die Feedback- und Konfliktfähigkeit im Unternehmen das Mitarbeitergespräch als Werkzeug unterstützt.

Die Mitarbeiter selbst erhoffen sich von solchen Systemen die Chance zum Dialog mit ihren Vorgesetzten und Feedback über erbrachte Leistungen. Im Fall der Entgeltfindung versprechen sie sich eine hohe Transparenz und Gerechtigkeit.

Für Sie als Führungskraft soll das Mitarbeitergespräch zudem eine Bewertung des Mitarbeiters hinsichtlich Arbeitsverhalten und Leistungsniveau ermöglichen. Es werden die IST-Leistung und das IST-Verhalten des Mitarbeiters mit dem Vorgesetzten besprochen. Weichen diese Werte von den Zielwerten ab, so folgt im Gespräch eine Ursachenanalyse. An dieser Stelle können Sie dann gemeinsam mit dem Mitarbeiter konkrete tätigkeits- und entwicklungsbezogene Maßnahmen vereinbaren, die der Verbesserung der Zielerreichung dienen.

Typische Zielsetzungen von Mitarbeitergesprächen sind:

- Konkrete Leistungen und Arbeitsergebnisse durchsprechen und gemeinsame Schlüsse daraus ziehen.
- Kontinuierliche Optimierung der Leistung und Zusammenarbeit.
- Gegenseitiges Feedback zu Themen der Führung und Zusammenarbeit.
- Verbesserung der Kommunikation und Information untereinander.
- Handlungs- und Entscheidungsspielräume definieren.
- Unterstützung zum eigenverantwortlichen Handeln des Mitarbeiters.
- Beziehungspflege zwischen Führungskraft und Mitarbeiter.
- Gezielte und planmäßige Förderung und Beratung des Mitarbeiters.
- Vereinbarungen zur weiteren Zusammenarbeit treffen.

Ein ausführliches Mitarbeitergespräch gibt Ihnen die Möglichkeit, zu einer besseren Kenntnis über die Person des Mitarbeiters und das Arbeitsklima in der eigenen Abteilung oder in einem Projektteam zu gelangen. Sie erhalten Rückmeldung über die Wirkung Ihrer Arbeits- und Vorgehensweisen und können Ihre Zielvorstellungen gegenüber dem Mitarbeiter transparent machen. Je nach Kompetenzlage und Sachverstand erzielen Sie besonders bei den *Stars* und den *Workhorses* effektivere Problemlösungen und bessere Resultate, wenn Sie sie in Entscheidungsprozesse mit einbeziehen. Die zentralen Inhalte eines Mitarbeitergesprächs sollten jedoch immer die Entwicklung des Mitarbeiters, seine Zufriedenheit, seine Aufgaben und seine beruflichen Perspektiven sein.

Der Nutzen für die Mitarbeiter, speziell für die *Workhorses*, besteht darin, dass sie erfahren, wo sie bezüglich ihrer Leistungen stehen. Indem Sie Rückmeldung über das Verhalten und die Stärken und Schwächen des Mitarbeiters geben, erhält er eine klare Orientierung hinsichtlich seiner Aufgaben und Ziele. Gleichzeitig gewinnt er Klarheit über Konsequenzen und mögliche Veränderungen, die in der Zusammenarbeit eintreten sollen. Eine hohe Transparenz in der Kommunikation und den beiderseitigen Erwartungen ist die beste Grundlage, um realistische Ziele miteinander zu vereinbaren und diese schließlich auch zu erreichen.

Es gibt jedoch auch Stolpersteine. Ein typischer Stolperstein im Mitarbeitergespräch ist ein falsches Rollenverständnis. Unbedingt vermeiden sollten Sie die Rolle des Besserwissers. Denken Sie immer daran, dass es in einem Gespräch nicht darum geht, Ihren Mitarbeiter zu belehren. Vielmehr geht es darum, mit ihm gemeinsam zu erarbeiten, wie er seine Aufgaben zukünftig selbstständig, eigenverantwortlich und zielorientiert erledigen kann. Gerade bei den *Workhorses* wissen Sie um die hohe Bedeutung ihrer Motivation, die Sie vor allem dadurch stabilisieren können, indem Sie die Mitarbeiter im Gespräch in die Gestaltung ihrer weiteren beruflichen Qualifizierung mit einbeziehen.

Inhalte des Mitarbeitergesprächs

Das Mitarbeitergespräch findet in der Regel periodisch ein- bis zweimal im Jahr statt. Die Ziele, die Sie anhand dieses Führungsinstruments verfolgen können, sind, wie bereits angedeutet, sehr vielfältig.

Der Mitarbeiter erhält zunächst Informationen darüber, wie Sie als sein Vorgesetzter seine Leistung sehen. Dabei werden die Menge, Güte,

Zeit und Kosten der Leistung im Rahmen der Standardaufgaben genauer besprochen und bewertet. In diesem inhaltlichen Zusammenhang bekommen Sie Einsicht in die Selbsteinschätzung und Zukunftsabsichten des Mitarbeiters. Grundsätzlich ist es dabei für ihn motivierend, wenn er sein Selbstbild bezüglich seiner Leistungen bestätigt findet oder positiv korrigieren kann, zum Beispiel wenn der Vorgesetzte ihn besser einstuft, als er sich bisher selbst sieht.

Im Rahmen des Abgleichs von IST-Leistungen und -Verhalten des Mitarbeiters mit den SOLL-Vorgaben können der Mitarbeiter und Sie bei Bedarf gemeinsam Maßnahmen der Weiterbildung und Qualifizierung festlegen, die seiner weiteren Entwicklung dienen. Auch Fragen der Zusammenarbeit zwischen Vorgesetztem und Mitarbeiter können an dieser Stelle geklärt werden. Häufig nutzen Mitarbeiter auch die Chance, einmal unter vier Augen Sorgen oder auch Spannungen im Team oder die persönliche Karriereplanung anzusprechen.

Wichtig für die Anwendung des Mitarbeitergesprächs ist, dass es inhaltlich von Gesprächen zur Gehaltsfindung zu trennen ist. Natürlich sollen die Aspekte von Leistung und Verhalten die Entwicklung des Entgelts maßgeblich bestimmen, aber in der Praxis zeigt sich immer wieder, dass der Entwicklungsaspekt innerhalb des Mitarbeitergesprächs dann zum Randthema verkümmert, wenn der Mitarbeiter Leistungsrückmeldungen primär mit der Entgeltgestaltung verbindet. Er ist in solchen Situationen eher darauf bedacht, die Fremdeinschätzung bezüglich seiner Leistungen und seines Verhaltens zu korrigieren, um eine Gehaltserhöhung zu erwirken. Daher sollten Sie eine Vermischung beider Gesprächsformen dringend vermeiden.

Ablauf

Gehen Sie nie unvorbereitet in ein Gespräch. Es heißt nicht umsonst, dass eine gute Vorbereitung schon 50 Prozent des Erfolgs ausmacht. Je wichtiger ein Gespräch ist, desto besser sollten Sie sich darauf vorbereiten. Für Mitarbeitergespräche gibt es verschiedene Anlässe. Handelt es sich um ein Zielvereinbarungsgespräch, ein Beurteilungs-, Motivations-, Delegations-, Konflikt- oder um ein Kündigungsgespräch? Nehmen Sie sich Zeit und überlegen Sie vorab, mit wem Sie das Gespräch führen werden, wie Sie zu dieser Person stehen, was Ihre Ziele sind, und was die Ziele Ihres Gegenübers sein werden. Bevor Sie ein Mitarbeitergespräch vereinbaren, sollten Sie sich über Ihre Ziele und die Informationen, die Sie aus dem Gespräch gewinnen wollen, im Klaren sein. Nur so können Sie ein Gespräch zielorientiert führen.

Jeder Mitarbeiter sollte mindestens zweimal im Jahr das Recht auf Ihre volle Aufmerksamkeit im Rahmen eines Gesprächs haben. Das setzt natürlich handhabbare Führungsspannen von sieben bis neun Mitarbeitern voraus. Indem Sie Ihr ausdrückliches Interesse zeigen, signalisieren Sie außerdem Ihre Wertschätzung und Ihren Respekt.

Wie auch in anderen Gesprächssituationen ist es von Vorteil, wenn Sie nicht mit der Tür ins Haus fallen. Geben Sie Ihrem Gesprächspartner und sich einen Augenblick Zeit, einander zu »beschnüffeln« und die Lage zu »checken«. Ein bisschen Smalltalk ist das beste Mittel, um anfängliches Eis zu brechen, Gewitterwolken aufzuheitern und eine angenehme Gesprächsatmosphäre zu schaffen. Stellen Sie sicher, dass Sie nicht unnötig unterbrochen werden – wir wissen alle, wie störend hereinplatzende Kollegen oder klingelnde Telefone und Handys sind. Ein ruhiger Raum ist deshalb unabdingbar, um nicht aus dem Gesprächsfluss herausgerissen und gestört zu werden.

Sorgen Sie in der Eröffnungsphase für eine entspannte und ungestörte Atmosphäre, und erläutern Sie die Bedeutung und die Ziele des Gesprächs.

Abbildung 40

Mitarbeitergespräche professionell führen

Gesprächsstruktur

Der rote Faden durch das Mitarbeitergespräch:

1. Einstieg
2. Thema: Warum haben wir uns getroffen?
3. Ziel des Gespräches: Mein Ziel/Was ist Ihr Ziel?
4. Ablauf: verfügbare Zeit, Gesprächsverlauf in groben Zügen
5. Fragen an den Mitarbeiter zum Thema
6. Diskussion: Aussagen zum Thema durch Führungskraft und Mitarbeiter
7. Vereinbarungen zum Thema
8. Zusammenfassung
9. Wer tut was bis wann?
10. Nächster Gesprächstermin
11. Protokoll

grow.up.
Managementberatung GmbH

Sind diese Rahmenbedingungen erfüllt, kommen Sie zum Anlass des Gesprächs. Als Schema für einen roten Faden im Gesprächsverlauf empfiehlt sich die einfache Basisstruktur *Rückblick – Ist-Zustand – Ausblick*.

Eine erweiterte Gesprächsstruktur finden Sie in Abbildung 40.

Auch folgende Fragen geben eine Anregung, wie Sie das Gespräch strukturieren und durch Fragen führen können:

- Welche Erwartungen haben Sie an das Gespräch?
- Haben Sie Fragen zu der Bedeutung oder den Sinn des Gesprächs?
- Haben Sie Fragen, die wir im Voraus klären sollten?
- Was waren im vergangenen Jahr Ihre wichtigsten Arbeitsziele und -aufgaben?
- Was waren die Schwerpunkte der Aufgabenstellung im letzten Jahr?
- Gab es Hindernisse, die Sie vom Erreichen Ihrer Ziele abhielten?
- Gab es äußere Umstände, die Ihr Leistungsergebnis besonders beeinflusst haben? Wenn ja, welche?
- Gibt es Ihrerseits Fähigkeiten und/oder Kenntnisse, die Sie bei Ihrer Arbeit nicht nutzen können?
- Ist Ihrer Meinung nach die jetzige Stelle/die jetzige Aufgabe die geeignete für Sie?

Wenn Sie Ihre Ziele klar umrissen haben und wissen, was Sie erreichen wollen, haben Sie die Grundlage für eine erfolgreiche Gesprächsführung geschaffen. Je nach Gesprächsziel, -inhalt und -partner wird der Gesprächsverlauf immer etwas variieren. Aus diesem Grund ist es für eine ergebnisorientierte und erfolgreiche Gesprächsführung umso wichtiger, dass Sie sich auf die jeweilige Gesprächssituation einstellen, auf den Gesprächspartner vorbereitet sind und ihm Ihre ungeteilte Aufmerksamkeit und Ihr Interesse entgegenbringen. Langfristiger Sinn und Zweck des Mitarbeitergesprächs ist es, die Zusammenarbeit von Mitarbeitern und Führungskräften unternehmens- und tätigkeitsbezogen dauerhaft zu verbessern sowie Leistungsbereitschaft und Arbeitsergebnisse zu steigern.

Wir haben uns in diesem Buch bereits eingehend mit den unterschiedlichen Motiven beschäftigt, die Menschen bewegen. In jedem Gespräch agiert eine Person mit bestimmten Interessen, Wünschen, Bedürfnissen, Ängsten, Befürchtungen und Motiven. Wenn Sie die Motive und damit die Persönlichkeit Ihres Gegenübers einschätzen können, werden Sie davon profitieren. Wenn Sie wissen, wer Ihr Gesprächspartner ist, finden Sie leichter die richtigen Worte. Gewinnen Sie sein Vertrauen, indem Sie Ihre Kommunikation an seine Motive, Werte und Persönlichkeit anpassen. Erkennen Sie, was ihm wichtig ist und welche seiner Bedürfnisse Sie bereits während einer Konversation befriedigen können.

Alle Gesprächsergebnisse und Vereinbarungen ergeben nur dann einen Sinn, wenn sie auch in die Tat umgesetzt werden. Verlaufen die Vereinbarungen aus solchen Gesprächen im Sand, so sinkt erfahrungsgemäß die Motivation der Mitarbeiter und darüber hinaus auch Ihre Glaubwürdigkeit als Führungskraft.

Um dem entgegenzuwirken, sollten wichtige Punkte aus dem Mitarbeitergespräch in einem Gesprächsprotokoll schriftlich festgehalten werden. Ein solches Ergebnisprotokoll muss nicht wortwörtlich alles enthalten, was gesagt wurde. Es sollte aus unserer Sicht auch nicht in der Personalakte hinterlegt werden. Die wichtigsten Kernpunkte sollten jedoch unbedingt festgehalten werden. Um Ihre Kompetenzen kontinuierlich zu erweitern ist es zudem hilfreich, Mitarbeitergespräche auszuwerten und nachzubereiten.

Wer fragt, der führt

»Ein Weiser gibt nicht die richtigen Antworten,
er stellt die richtigen Fragen.«
Claude Lévi-Strauss

Einer der berühmtesten Philosophen in der Geschichte der Menschheit war Sokrates. Der Begründer der sogenannten sokratischen Methode hatte die Fähigkeit, Menschen nur durch das Stellen von Fragen dazu zu bringen, ihren kompletten Standpunkt zu revidieren. Dies machte ihn nicht nur berühmt, sondern auch gefürchtet. Sokrates wird der Satz zugeschrieben: »Wer fragt, der führt.«

Viele Führungskräfte fragen zu wenig. Durch die richtigen Fragen entstehen oftmals hervorragende und umsetzbare Lösungen, die noch dazu von allen mitgetragen werden. Niemand boykottiert schließlich seine eigenen Ideen. Lernen Sie also Gespräche zu führen, indem Sie Ihren Mitarbeitern Fragen stellen. Wir zeigen Ihnen, wie es am besten gelingt.

Stellen Sie offene Fragen: Durch Fragen wie »Wie können wir es schaffen, den Termin zu halten?« oder »Was schlagen Sie vor?« beziehen Sie die Mitarbeiter mit ein und signalisieren ihnen, dass sie ernst genommen werden.

Überprüfen Sie mit Fragen, ob Sie richtig verstanden wurden: »Wie gehen Sie denn nun in Zukunft mit Kunde X um?« Dadurch muss der Mitarbeiter mit seinen eigenen Worten antworten.

Entschärfen Sie Konflikte durch Fragen: Ein Satz wie »Sie befolgen meine Anweisungen nicht, das wird Konsequenzen haben« schüchtert ein und löst Frust und Widerstand aus. Die Frage »Warum befolgen Sie meine Anweisung nicht?« bringt den Mitarbeiter hingegen zur Erklärung seines Handelns.

Es gibt verschiedene Arten zu fragen, und unterschiedliche Fragen erfüllen natürlich unterschiedliche Zwecke. Diese können vom reinen Informationsgewinn über Wertschätzung bis hin zu gezielter Manipulation reichen. Die nachfolgende Tabelle bietet Ihnen einen Überblick.

Abbildung 41: Frageformen

Frageform	Beispiel	Anwendungsgebiete
Offene Frage	»Welche Maßnahmen halten Sie für geeignet?«	Gesprächsbeginn, Informationsgewinn, universell einsetzbar
Motivierende Frage	»Was sagen Sie als Spezialist dazu?«	Positive Atmosphäre schaffen
Informationsfrage	»Welche Weiterbildungen haben Sie denn bereits gemacht?«	Informationsgewinn über die Person
Geschlossene Frage	»Können Sie mir die Unterlagen noch nachreichen?«	Steuerung des Themas, gewünschte klare Positionierung, Gesprächsabschluss
Kontrollfrage	»Stimmen Sie meiner Überlegung zu?«	Verständniskontrolle, auch am Gesprächsende
Alternativfrage	»Teilen wir diese Ansicht oder ...?«	Entscheidungsfrage
Rhetorische Frage	»Sie haben sich doch über das Thema informiert?«	Indirekte Erwartungshaltung
Angriffsfrage	»Wollen oder können Sie nicht ...?«	Diskussion anregen, aus der Reserve locken

Eine gute Fragetechnik ist der Grundpfeiler einer erfolgreichen Gesprächsführung. Die gute Nachricht: Es gibt keine dummen Fragen außer denen, die nicht gestellt werden. Fragen sind der einzige Weg, um gezielt an Informationen zu gelangen und das eigene Wissen bezüglich der Motive, Meinungen und Wünsche des Gesprächspartners zu erweitern. Außerdem wecken Fragen Sympathie, denn sie signalisieren Ihrem Gegenüber das Interesse an seiner Meinung und nicht zuletzt auch an seiner Person.

Sorgen Sie sich nicht, dass ein Führungsstil, der auf Fragen setzt, zeitaufwändig sein und endlose Debatten auslösen könnte. Vertrauen Sie darauf, dass Fragen viel weniger Widerstand auslösen als Argumente. Und ein Chef, der Fragen stellt, kommt mit seinen Mitarbeitern ins Gespräch und lernt sie auf diese Weise von ihrer fachlichen und persönlichen Seite viel besser kennen.

Lernen und wachsen lassen

So, wie sich in Ihrem Umgang mit den *Stars* gewisse Dynamiken ergeben können, zum Beispiel Entstehen von Wettbewerb oder Konkurrenz, werden Sie auch bei der Arbeit mit den *Workhorses* mit ganz bestimmten Herausforderungen konfrontiert.

Die *Workhorses* stellen häufig unsere Geduld auf die Probe. Wir müssen uns etwa in die Lage zurückversetzen, wie es war, als wir selbst noch Anfänger waren und viele Dinge erst noch lernen mussten. Denn das ist das große Thema dieser Mitarbeitergruppe: lernen und wachsen. Für Sie als Führungskraft bedeutet dies, dass Sie, auch wenn Sie wissen, wie das Ergebnis aussehen soll, und am liebsten loslaufen und selbst »machen« würden, Ihren Mitarbeitern die Zeit geben sollten, zu lernen. Nur so können sie auf Dauer besser werden.

In der Rolle des Ausbilders ist ein gewisses zwischenmenschliches Geschick sicherlich von großem Vorteil. Die Herausforderung hierbei liegt darin, bei anderen etwas lebendig zu machen, die nicht so ticken wie Sie selbst. Als erfolgreicher Lehrer müssen Sie die Aufgaben noch einmal anders und neu durchdringen und die Aufgabenstellung mit den Augen des Lernenden betrachten. Dinge auf verständliche und wirkungsvolle Weise zu vermitteln wird Ihnen umso besser gelingen, je tiefer Sie sie selbst durchdrungen und durchdacht haben. Nur dann sollten Sie Inhalte an andere weitergeben.

Es geht darum, größere Einheiten in kleinere Schritte zu zerlegen – ohne Hast und Ungeduld zu erleben oder gar zu erzeugen. Sie werden mit Hilfe Ihrer Mitarbeiter die freudige Erfahrung machen, dass Ihnen erneut bewusst wird, welchen weiten Weg Sie selbst seit Ihren Anfängen bereits zurückgelegt haben.

Die ganzheitliche Perspektive – die Arbeit mit Insights® Discovery

Eine Ihrer wichtigsten Aufgaben als Führungskraft ist es, den größten Wert eines Unternehmens, seine Mitarbeiter, zu entwickeln und an Qualität gewinnen zu lassen. Dies gilt im Speziellen für die *Workhorses*. Oberste Priorität hat dabei, die Potenziale der Mitarbeiter zu erkennen, zu entwickeln und zu fördern. Verhalten, Werte und Motive sowie Kompetenzen und Fertigkeiten werden bei der Arbeit mit dem psychologischen Testverfahren Insights® Discovery in einen gemeinsamen Kontext gestellt. Es gibt bei diesem Test keine Gewinner und Verlierer und kein richtiges oder falsches Verhalten. Vielmehr geht es um individuelle Präferenzen und Stärken – und damit um eine Basis dafür, die richtige Person an den richtigen Platz zu bringen und individuell zu fördern. Insights® wird vor allem im Bereich der Personalentwicklung, Kommunikation und Teamentwicklung eingesetzt. Das Verfahren gibt Aufschluss über unterschiedliche Bereiche menschlichen Handelns im Arbeitsalltag:

- Allgemeine Eigenschaften
- Interaktion mit anderen
- Entscheidungsfindung
- Eigene Stärken und Schwächen
- Wert für das Team
- Kommunikation
- Mögliche blinde Flecken
- Umgang mit schwierigen Personen
- Ideales Arbeitsumfeld
- Motivierbarkeit
- Führungsstil

In diesen Bereichen verdeutlicht der Ergebnisbericht, wie das Verhaltensrepertoire eingesetzt wird.

Die acht Verhaltenstypen des Insights®-Discovery-Systems

Das Insights®-Discovery-System geht von acht Verhaltenstypen aus, die in 72 Untertypen aufgegliedert werden können. Diese Vielfalt an Bereichen mit ihren verschiedenen Wechselwirkungen erlaubt eine treffsichere Vorhersage und ein gezieltes Training oder Coaching zur Verhaltenssteuerung und Kommunikationsoptimierung bei der Förderung von Mitarbeitern.

Die zentralen acht Verhaltenstypen des Insights®-Discovery-Systems sind:

1. Der Initiator: Initiatoren sind entschlussfreudige, vorausschauende und fordernde Persönlichkeitstypen, die sich für ihre Ziele stark einsetzen. Eine hohe Sachorientierung und deutliche Betonung des Verstandes führen zu einer ergebnisorientierten Vorgehensweise beim Lösen von Problemen. Initiatoren entwickeln zielorientiert Ideen, deren Umsetzung sie oft energisch vorantreiben. Sie bevorzugen abwechslungsreiche Aufgaben und Veränderungen. Sie lieben Herausforderungen, die sie weiterbringen.

2. Der Motivator: Motivatoren legen gleichermaßen Wert auf Ergebnisse wie auf gute zwischenmenschliche Beziehungen. Sie mögen keine Detailarbeiten, sondern bevorzugen den Blick auf das Ganze. Aufgaben erledigen sie gerne in Zusammenarbeit mit anderen oder in Teams. Sie treffen gerne Entscheidungen, wobei sie auch auf andere Personen Rücksicht nehmen. Eine zumeist positive Grundeinstellung und hohe kommunikative Fähigkeiten zeichnen die Motivatoren aus. Sie bevorzugen Abwechslung, brauchen vielfältige Tätigkeiten und die Möglichkeit, mit anderen Menschen zusammenzuarbeiten.

3. Der Inspirator: Inspiratoren sind gesellig und suchen ein angenehmes soziales Umfeld, in dem sie vielfältige Kontakte knüpfen und pflegen können. Sie sind begeisterungsfähig, gesellschaftlich gewandt und knüpfen leicht neue Kontakte. Inspiratoren sind häufig rhetorisch geschickt und können sich und ihre eigenen Ideen mit hoher Begeisterungsfähigkeit verkaufen. Sie sind zumeist sehr optimistisch und sehen das Gute in jeder Person und Situation.

4. Der Berater: Berater sind warmherzige, verständnisvolle und umgängliche Menschen, die sowohl im Beruf als auch im Privatleben nach positiven Beziehungen zu ihren Mitmenschen streben. Sie sind anspruchsvoll und lösen als gute Teamarbeiter Aufgaben in Zusammenarbeit mit anderen.

Berater sind von Natur aus beständig und ermutigen andere Menschen. Sie schätzen eine stabile Umgebung und bewahren in den meisten Situationen Gelassenheit.

5. Der Unterstützer: Unterstützer sind umgängliche und beständige Menschen, denen vor allem an einem guten Auskommen mit anderen gelegen ist. In ihrem Arbeitsumfeld entwickeln sie enge Beziehung zu Einzelnen oder kleinen Gruppen von Kollegen. Hauptziel ihrer Aktivitäten und Bestrebungen ist, Vertrautes zu erhalten und ein berechenbares und sicheres Umfeld zu schaffen. Auf ihrem jeweiligen Spezialgebiet sind Unterstützer äußerst effizient und führen ihre Arbeiten mit hoher Beständigkeit aus.

6. Der Koordinator: Koordinatoren sind sorgsame und konventionelle Menschen, die gleichermaßen diplomatisch wie aufrichtig handeln. Sie besitzen oft hohe Wertmaßstäbe, sind loyal, diszipliniert und präzise. Koordinatoren arbeiten gerne in einem beständigen Umfeld. Sie sind häufig pragmatisch, wobei sie operative Tätigkeiten strategischen Aufgaben vorziehen. Geduld und Durchhaltevermögen sowie eine systematische Arbeitsweise zeichnen Koordinatoren aus.

7. Der Beobachter: Beobachter verfügen häufig über hoch entwickelte analytische Fähigkeiten und nutzen vor allem sachliche Daten und Fakten für ihre Entscheidungen. Sie sind diszipliniert, gewissenhaft und zuverlässig in ihrer Arbeitsweise. Sie bevorzugen Tätigkeiten, die ein hohes Maß an Genauigkeit und Detailkenntnis fordern. Beobachter sind objektive Denker, die Informationen und Fakten kombinieren und dabei stets auf der Suche nach der richtigen Antwort sind. Bevor sie Entscheidungen treffen, wägen sie alle Fakten gründlich ab. Zwischenmenschliche Kontakte sind für sie eher von geringer Bedeutung.

8. Der Reformer: Reformer sind kreative und abstrakte Denker, die hohe analytische Fähigkeiten mit dem Wunsch nach Ergebnisorientierung verbinden. Sie benötigen Freiräume zum Erforschen neuer Ideen und Lösungsansätze sowie die Möglichkeit, ihre Ergebnisse zu überprüfen. Sie haben generell große Freude an der Lösung von Problemen. Häufig sind Reformer sehr perfektionistisch und sehr theoretisch orientiert. Ihre hohe Sachorientierung hat zur Folge, dass sie an zwischenmenschlichen Kontakten ein eher geringes Interesse haben.

Abbildung 42

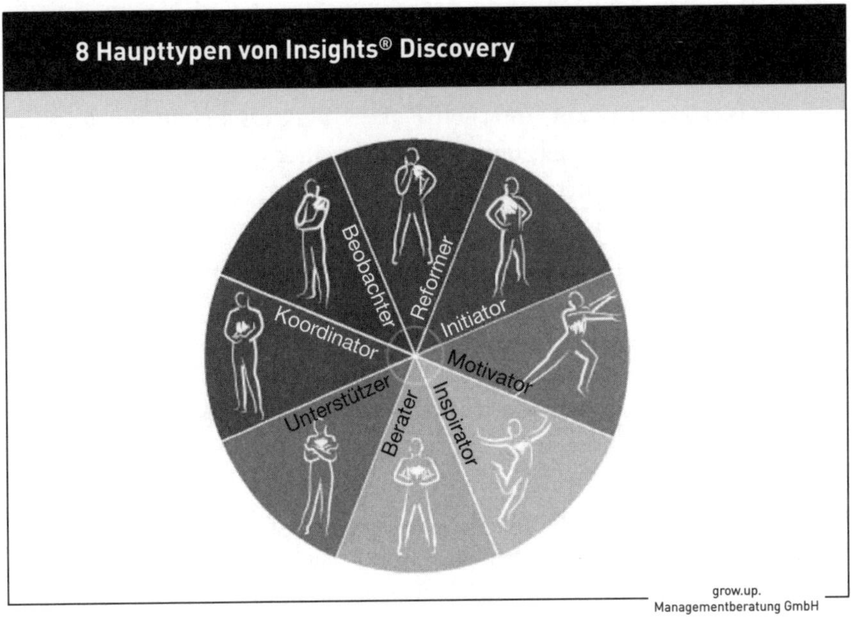

Der Nutzen des Insights®-Discovery-Systems für das Gesamtunternehmen

Die wesentlichen Vorteile des Insights®-Discovery-Modells für Ihre Führungsarbeit sind:

- Mehr Flexibilität und soziale Kompetenz für Mitarbeiter und Führungskraft
- Durch die Erkenntnisse aus den Discovery-Profilen erhöht sich bei Mitarbeitern und Führungskräften häufig die Bereitschaft zur Verhaltensänderung
- Durch Erhöhung der Flexibilität und Entwicklung der Sozialkompetenz werden Mitarbeiter und Führungskräfte leistungsbereiter und -fähiger.
- Darstellung von Firmen- und Abteilungsprofilen für eine effektive Strategieberatung
- Effektivere Zusammenarbeit
- Einsatz der passenden Person am entsprechenden Platz und damit Erhöhung der Leistung und Verringerung der Fluktuation.

Die Kenntnis über die spezifische Ausprägung eines bestimmten Typus in Zusammenhang mit seinen jeweiligen Handlungsmotiven gibt Aufschluss über die aktuelle Passung zwischen der Stelle, die ein Mitarbeiter im Unternehmen bekleidet, und den Kompetenzen und Neigungen, die er in sich trägt. Ferner können aus den Ergebnissen des Insights®-Discovery-Profils Anleitungen zum Handeln in dem Sinne abgeleitet werden, dass bei Personalauswahl, internen Platzierungsentscheidungen und der Personalentwicklung gezielt mit dem Wissen über die persönlichkeitsspezifischen Ressourcen eine optimale Entscheidung getroffen werden kann. Eine solche Entscheidungsfindung bedeutet vor allem einen langfristigen Erfolg. Sowohl für den einzelnen Mitarbeiter, der sich durch eine hervorragende Passung entsprechend seiner Fähigkeiten, Neigungen und Talente einbringen kann, als auch für das Unternehmen, zu dessen Erfolg und Wertschöpfung der Mitarbeiter aktiv beiträgt.

Insights® Discovery eröffnet Ihnen als Führungskraft außerdem Antworten auf folgende Fragen:

- Wie erkennen Sie Stärken und Schwächen Ihrer Mitarbeiter schneller, und wie können Sie erfolgreicher damit umgehen?
- Warum können Sie mit manchen Gesprächspartnern besser umgehen als mit anderen, und wie können Sie ein besseres Verständnis erlangen beziehungsweise Missverständnissen vorbeugen?
- Warum haben bestimmte Menschen immer wieder ganz ähnlich gelagerte Auseinandersetzungen? Wie können Sie Konflikte im Team effektiv lösen, die Zusammenarbeit verbessern und Reibungsverluste abbauen?
- Wie können Sie sich besser auf unterschiedliche Kunden und Verhandlungspartner einstellen und so die Kundenorientierung und Verhandlungsergebnisse verbessern?
- Wie erkennen Sie Ihre persönlichen Präferenzen und die Ihrer Mitarbeiter für mehr Zufriedenheit im Beruf?

Die Kenntnis der Verhaltenspräferenzen von Mitarbeitern kann vor allem im Umgang mit den in diesem Kapitel vorgestellten *Workhorses* ein effektives Instrument zur Identifikation von Stärken und Schwächen sein, die es durch entsprechende Qualifizierungsmaßnahmen und eine passende Aufgabenzuteilung zu fördern oder abzumildern gilt. Für den gesamten Bereich des Personalmanagements liefert das Insights®-Discovery-System eine wertvolle Hilfe zur Integration der Mitarbeiter in und eine nachhaltige Bindung an das Unternehmen.

Um eine professionelle Anwendung von Insights® Discovery und vor allem den optimalen Nutzen der Ergebnisse zu gewährleisten, wird das Instrument ausschließlich von zertifizierten Insights®-Discovery-System-Mastern angewendet und ausgewertet. Soll das eigene oder das Insights® -Profil von Mitarbeitern erstellt werden, erfolgt dies in Zusammenarbeit mit einem solchen Master. Nähere Informationen hierzu finden Sie unter www.grow-up.de.

6. Führungsverhalten bei den Problems

Die problematischste Zielgruppe des Mitarbeiter-Portfolios sind die *Problems*, wie der Name schon sagt: die Problemfälle des Unternehmens beziehungsweise Ihres Verantwortungsbereichs. *Problems* sind diejenigen Mitarbeiter, die zwar viel können, dieses Können aber aktuell nicht mehr in ihre Arbeit einbringen. Dabei handelt es sich um ein gravierendes Problem des Wollens, denn obwohl die *Problems* durchaus über ein hohes Potenzial und Können verfügen, mangelt es ihnen an der Motivation, ihr Können überhaupt noch einzubringen. Dieser erhebliche Mangel kann durch verschiedene Umstände erzeugt worden sein. Nicht selten verbirgt sich hinter einem *Problem* ein am verkehrten Ort eingesetzter oder durch die Führungskraft falsch geförderter Mitarbeiter aus der Gruppe der *Stars* oder *Workhorses*. Genauso können aber auch alle anderen beruflichen und privaten Aspekte das Motivationsproblem auslösen.

Bei den *Problems* gilt es, schnell zu handeln, um eine tiefgehende und sich verfestigende Demotivation zu vermeiden. Wenn Sie hier keine Abhilfe schaffen, ist es nur eine Frage der Zeit, dass solch ein Mitarbeiter nicht nur seine Motivation, sondern auch seinen Willen zur fachlichen Weiterentwicklung verliert, resigniert und in die Gruppe der *Deadwoods* rutscht. Bei den *Problems* gibt es keine klare Strategie wie bei den anderen Zielgruppen. Das liegt daran, dass die Ursachen für das »Nicht mehr wollen« sehr vielfältig sein können. Ihre Aufgabe als Führungskraft besteht darin, bei der Problemanalyse und -klärung individuell und selektiv vorzugehen. Betrachten Sie jeden Einzelfall für sich. Liegt es an einem Unter- oder Überforderungsproblem? Gibt es persönliche oder private Themen, welche die berufliche Motivation beeinträchtigen?

Gehen Sie dabei sehr umsichtig vor, denn es besteht wie gesagt die Gefahr, dass Ihre *Problem*-Mitarbeiter zu *Deadwoods* werden (vergleiche Kapitel 7). Deshalb sollte Ihre oberste Maxime für diese Mitarbeiter

Abbildung 43

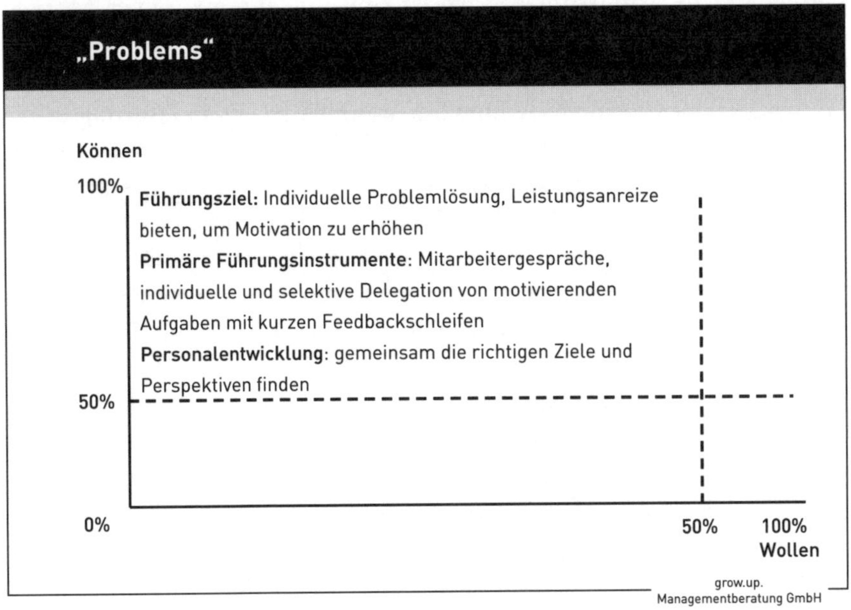

lauten, weitere Demotivation unbedingt zu vermeiden und gemeinsam die richtigen Maßnahmen, Ziele und Perspektiven zu finden, um Ihre Leute wieder in Schwung zu bringen.

Führungsziel: Reaktivierung

Wie der Name schon sagt, stellen die *Problems* die schwierigste Gruppe in Fragen der Mitarbeiterführung dar. Die Fähigkeiten sind überdurchschnittlich ausgeprägt, jedoch ist keine Leistungsbereitschaft mehr gegeben. Hier geht es von Unternehmensseite vor allem um die Frage: »Wie kann die Mitarbeitermotivation am besten wiederbelebt werden?« Oft sind mehr oder weniger leicht verständliche Gründe für eine Demotivation ausschlaggebend, wie zum Beispiel ein schlechtes Verhältnis zur Führungskraft oder unbefriedigte Motive.

Nicht selten sind es auch persönliche, private oder familiäre Gründe, aufgrund derer der Mitarbeiter sich verweigert, Ziele nicht erreicht, Führungsanweisungen nicht berücksichtigt oder zu Teamunstimmigkeiten beiträgt. Um dies herauszufinden, ist der erste Schritt, eine Problemanalyse durchzuführen. Erst danach können Sie mit Ihrem Mitarbeiter klären, welche Maßnahmen geeignet sind, um ihn aus seiner Motivationskrise herauszuführen und wieder zu einem leistungsbereiten und engagierten Mitarbeiter zu machen. Der einzige Weg, den Sie hier gehen können, ist das Gespräch. Achten Sie, wenn Sie in Ihrem Führungsalltag feststellen, dass ein Mitarbeiter über ein bis zwei Wochen ein deutliches, für ihn ungewöhnliches Motivationsproblem zeigt, darauf, schnell das Gespräch mit ihm zu suchen. Wird nicht unmittelbar gehandelt, besteht die Gefahr, in einen Teufelskreis zu geraten, in dem aus Demotivation gegebenenfalls Fehler entstehen, die wiederum zu Ärger und Kritik führen, was die Demotivation des Mitarbeiters verstärken kann. Letztlich ist man an einem Punkt angekommen, wo man aus diesem Demotivationskreislauf nicht mehr herauskommt, Führungskraft und Mitarbeiter nicht mehr zueinander finden und der Weg zum *Deadwood* vorprogrammiert ist.

Führen Sie mit dem Mitarbeiter ein ausführliches und ruhiges Klärungsgespräch. Bitten Sie ihn zu sich und erzählen Sie ihm von Ihren Beobachtungen der verminderten Leistungsbereitschaft. Machen Sie ihm deutlich, dass Sie diesen Leistungsrückgang bei ihm als sehr ungewöhnlich und verwunderlich erleben und gerne mit ihm klären möchten, wie es dazu kam, und was sie gemeinsam tun können, um ihn aus dieser Situation herauszuführen. Bei der Situationsanalyse sollten Sie sorgfältig verschiedene Ursachenbereiche abfragen:

- Die Zufriedenheit mit den zugewiesenen Aufgaben
- Aspekte von Unterforderung
- Aspekte von Überforderung
- Die Beziehung zum Team beziehungsweise zu einzelnen Kollegen
- Die Beziehung und Zusammenarbeit mit Ihnen als Führungskraft
- Aspekte der beruflichen Entwicklung und Perspektiven
- Private Probleme

Hierzu stellt eine Analyse der Situation am Arbeitsplatz eine sinnvolle Ergänzung dar, damit Sie sich mit Hilfe der hieraus gewonnenen Informationen ein umfassendes Gesamtbild verschaffen können.

Häufig besteht eine Überforderung oder eine Unterforderung mit dem übertragenen Aufgabenspektrum, was demotivierend wirkt, weil Erfolge ausbleiben oder neue Herausforderungen fehlen. Manchmal bedeutet eine kurzfristige Überforderung neues Lernen und Wachstum, die jemanden voranbringen und sogar anspornen. Sich mit den täglich anfallenden Aufgaben überfordert zu fühlen stellt jedoch ein strukturelles Problem dar, das eine große Belastung bedeutet und Demotivation entstehen lässt. Ähnlich, wenn auch in anderer Richtung, verhält es sich mit der Unterforderung. Ist ein Mitarbeiter strukturell unterfordert, wird er ziemlich schnell nicht mehr mit Herz und Verstand bei der Arbeit sein. Zuerst schaltet er in den Routinemodus, bis er sich schließlich als Opfer gähnender Langeweile und Leere betrachtet. Demotivation bahnt hier den Weg für die innere Kündigung des Mitarbeiters, die sich in Leistungsverweigerung, Abwesenheit und die Zeit absitzen äußert.

Ein anderes Problem für die *Problems* stellen häufig unangenehm erlebte Beziehungen zu den Kollegen und den Vorgesetzten am Arbeitsplatz dar. Unsere Erfahrung sowie sämtliche Umfrageergebnisse zeigen einen ganz erheblichen Faktor für die Arbeitszufriedenheit in der Beziehung zum unmittelbaren Vorgesetzten. Dies wirkt sich direkt auf die Arbeitsmoral aus. So sehr ein gutes Verhältnis die Arbeitsleistung positiv beeinflusst, so negativ wirkt sich eine schlechte Beziehung zum Vorgesetzten aus. Die Arbeitsleistung sinkt aufgrund mangelnder Motivation.

Je nach Problemsituation und Ursache mag es sein, dass der Mitarbeiter nicht gerne und nicht sehr bereitwillig über seine aktuelle Situation spricht. Hier ist es wichtig, dass Sie deutlich Verständnis und Vertrauen signalisieren, um einen Zugang zu ihm zu finden. Fragen Sie nach, geben Sie nicht zu schnell auf und machen Sie dem Mitarbeiter deutlich, dass Ihnen eine Problemlösung sehr am Herzen liegt. Um ein ziel- und lösungsorientiertes Gespräch führen zu können, ist es wichtig, sich auf den einzelnen Mitarbeiter individuell und optimal einzustellen. Dies wird Ihnen umso leichter fallen, je besser Sie sich in ihn und seine Persönlichkeit hineindenken können und vor diesem Hintergrund die richtige Sprache finden.

Diese Informationen sind entscheidend für Ihr weiteres Vorgehen und für die gemeinsame Suche nach Lösungen. Wenn Ihr Führungsziel lautet, den Mitarbeiter zu reaktivieren, müssen Sie sich vor allem mit seiner größten Schwachstelle beschäftigen, der Motivation. Der hierzu passende Führungsstil ist vor allem dadurch gekennzeichnet, dass Sie den Mitarbeiter bei der Problemlösung unterstützen und das übergeordnete Ziel verfolgen, ihn wieder zum *Star* oder *Workhorse* zu machen.

Wenn Sie für einen Mitarbeiter aus dem *Problem*-Quadranten die Entstehungsgeschichte der Problematik nachvollziehen wollen, unterscheiden Sie bei Ihrer Problemanalyse vor allem zwischen Aufgabe und Beziehung.

Bei der Suche nach Lösungen und besonders, um Missstände im Aufgabenbereich anzugehen, sind die Möglichkeiten vielfältig. Liegt die Ursache in einer Unterforderung des Mitarbeiters, bieten Sie ihm Ziele, die ihn reizen und herausfordern. Führen Sie gemeinsam eine Karriereplanung durch, in der Sie neue Aufgaben und Ziele gemeinsam formulieren. Neue Herausforderungen können darin liegen, dem Mitarbeiter eine Projektarbeit zu übertragen, ihm die Verantwortung für die Leitung oder Organisation des Projekts zu geben oder ihm eine Sonderaufgabe zu stellen, die sein Tätigkeitsfeld an- beziehungsweise bereichert. Dies entspricht zum Beispiel einem klassischen Instrument der Personalentwicklung, dem *Job Enrichment*, wie wir es in Kapitel 4 bereits beschrieben haben.

So vielfältig, wie Ihre Mitarbeiter sind, so vielfältig sind auch die Möglichkeiten zu deren Reaktivierung und Unterstützung. Mögliche Maßnahmen bei qualifikationsbedingten, aufgabenbezogenen Problemen oder Problemen der Unter- oder Überforderung können sein:

- Zielvereinbarungen
- Delegation
- Auslandsentsendung
- Nutzen von unternehmensinternen Wissensdatenbanken
- *Job Enrichment/Job Enlargement*
- Neue Gestaltung des Aufgabenfeldes
- Selbstlernprogramme
- Mentorenprogramme, Patenschaften
- Coaching durch Führungskräfte oder externe Coaches
- Rotation/Hospitation
- Multiplikatorenprogramme
- Teamtraining und Teambuilding
- Kollegiale Lernpartnerschaften
- Versetzung (insbesondere bei Problemen im Team oder mit der Führungskraft)
- Verhaltens- und managementbezogene Seminare
- Fachliche Weiterbildung

Wenn Sie feststellen sollten, dass diese Maßnahmen keinen Erfolg haben oder das Problemstadium schon zu weit fortgeschritten ist, und Sie außerdem ausschließen können, dass es sich bei der schlechten Arbeitshaltung um eine temporäre Angelegenheit handelt, so ist definitiv über Schadensbegrenzung nachzudenken. Dies bedeutet, nicht weiter in den Mitarbeiter zu investieren, und im extremen Fall, sich von ihm zu trennen – sofern das möglich ist. Zugegebenermaßen stellt dieser Weg nicht die konstruktivste Lösung des Problems dar; Sie müssen jedoch auch die infektiöse Wirkung demotivierter Menschen auf ihr Umfeld bedenken. Diese *Problems* sind eigentlich keine Probleme mehr, sondern schon eher *Deadwoods,* und sie stören nicht nur Sie, sondern auch andere Mitarbeiter, wenn die negative Stimmung Einzelner auf das gesamte Betriebsklima abfärbt.

Führungsmodell: Das Menschenmodell – die vier Typen

Führungsarbeit erfolgt auch bei den *Problems* vor allem in Form von Gesprächen. Das Mitarbeitergespräch ist Ihr bestes Führungsinstrument. Es dient hier insbesondere der Analyse und Klärung der Situation sowie dem Finden zielorientierter Lösungen. Der entscheidende Erfolgsfaktor ist die richtige Gesprächsführung, um zu erreichen, dass der Mitarbeiter offen und ehrlich über seine Probleme spricht.

Ein einfaches Modell erlaubt Ihnen, den Persönlichkeitstyp Ihres Gesprächspartners in zwei Dimensionen einzuschätzen: introvertiert versus extrovertiert und sachlich versus emotional. Dieses Modell ist Ihnen bereits beim Thema Teambuilding begegnet. Wir greifen es an dieser Stelle zur Vertiefung wieder auf, weil es auch im Rahmen der Gesprächsführung eine sinnvolle und einfache Orientierungsmöglichkeit liefert.

Wenn Sie Ihre Mitarbeiter anhand dieses Modells einschätzen, werden Sie schnell ein anderes und besseres Verständnis für deren Verhalten und eventuell auch für betriebliche Vorfälle gewinnen. Bei aller Einfachheit und Reduktion gibt es Ihnen Aufschluss über die Ziele, die Bedürfnisse und Interessen, das Kontakt- und Kommunikationsverhalten und die Selbstdarstellung Ihrer Mitarbeiter. Das Menschenmodell basiert im Übrigen auf den gleichen Persönlichkeitsdimensionen wie viele Persönlichkeitstheorien und Fragebögen, zum Beispiel auch Insights® Discovery. Es beschränkt sich aber auf die bekannteren Typen und ist deshalb im Alltag leichter zu handhaben.

Je nach Ausprägung der einzelnen Dimensionen verfügen die unterschiedlichen Typen auch über ein bestimmtes Kommunikationsverhalten.

Abbildung 44

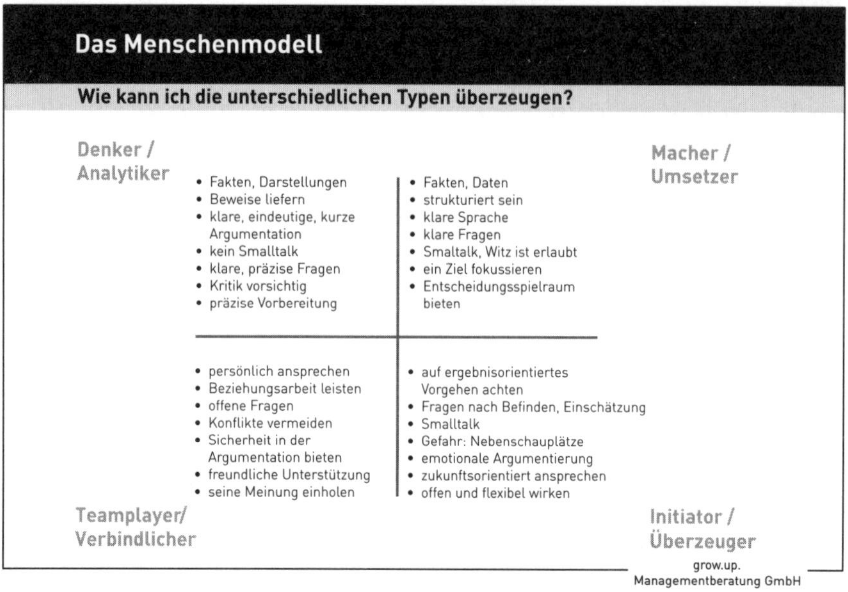

Eine effiziente Gesprächsführung können Sie erreichen, indem Sie Ihr Kommunikationsverhalten auf die verschiedenen Gesprächspartner und deren individuelles Kommunikationsmuster einstellen. Die Einordnung eines bestimmten Typen ist vor allem auch für Ihre Argumentationsstrategie von Bedeutung. Je stärker die Ausprägung eines bestimmten Persönlichkeitstypus ist, desto stärker ist auch das entsprechende Kommunikationsverhalten entlang der zwei Dimensionen introvertiert versus extrovertiert und sachlich versus emotional dadurch ausgeprägt. Dieses Modell stellen wir an dieser Stelle vor, weil das Wissen über das Menschenmodell für die Bewertung von Problems besonders nützlich ist.

Der Analytiker/Denker

Der *Analytiker* oder *Denker* ist in hohem Maße an Aufgaben und Fakten orientiert, sachlich, präzise, klar und knapp. Er ist weniger der gesellige Typ und arbeitet gerne für sich. Im beruflichen Umfeld legt er entsprechend wenig Wert auf Smalltalk. Ausschweifende Meetings lehnt er ab, weil für ihn dort zu viele unwichtige Dinge besprochen werden. Den Analytiker zeichnet vor allem die starke Ausprägung der Eigenschaften »sachlich«

und »introvertiert« aus. Wenn Sie ein Gespräch mit einem Analytiker führen, sollten Sie im Hinterkopf behalten, dass er allzu persönliche Fragen in der Regel nicht mag. Gerade bei einem *Problem* besteht die Herausforderung darin, durch präzise und sachliche Fragen an die Ursachen für sein Problem zu kommen. In einem Gespräch mit einem Mitarbeiter, den Sie als Analytiker und Denker identifiziert haben, tun Sie gut daran, wenn Sie direkte, kurze Sätze und Fragen bevorzugen. Stellen Sie Ihrem Mitarbeiter präzise, analytische und klare Fragen, die sich auf konkrete Aspekte beziehen. Hier gilt in besonderem Maße die Formel: ZDF – Zahlen, Daten, Fakten. Auch das aufgetretene Problem seiner mangelnden Leistung können Sie ihm so am besten verdeutlichen.

Der Kommunikationsstil des Analytikers ist klar und eindeutig. Eine kurze und prägnante Argumentation versteht er am besten. Geben Sie dem Gespräch deshalb eine deutliche Struktur und gehen Sie systematisch vor. Dies erreichen Sie am besten, indem Sie Wert auf eine gute Vorbereitung legen.

Äußern Sie Kritik umsichtig. Mit Argumenten, die Hand und Fuß haben, können Sie bei den Denkern unter Ihren Mitarbeitern viel in Bewegung setzen. Reden Sie hingegen um den heißen Brei herum oder flüchten sich in vage Aussagen, erreichen Sie diese Menschen nicht.

Allgemein gilt für die Analytiker, dass sie eher gefragt werden müssen, als dass sie von sich aus erzählen. Ihre Zuverlässigkeit, Strukturiertheit und geistige Flexibilität machen sie häufig zu ausgesprochen wertvollen Mitarbeitern, aber auch zu wirklich problematischen *Problems*. Analytiker finden Sie häufig unter Technikern, Informatikern, Juristen und Controllern, aber auch in der Politik. Berühmte Politiker, deren Argumente und Strategien für den analytischen Stil kennzeichnend sind, sind Willy Brandt, Vladimir Putin und Angela Merkel. Auch Microsoft-Ikone Bill Gates ist ein Analytiker.

Prominente Menschen: Dieter Hildebrandt, Angela Merkel

Kernüberzeugung: »Ich *denke,* ich komme allein aus.«

Wirkung in der Öffentlichkeit: Zurückhaltend, leicht arrogant, zu nüchtern, in Mimik und Gestik kontrolliert.

Typische Stärken: Schnelle inhaltliche Tiefe, schnelles Denken, sehr strukturiert.

Typische Schwächen: Unterdrückt eigene innere Impulse, wirkt unnahbar, will eventuell durch eindringliches Reden überzeugen.

Unbewusste innere Haltung: Fühlt sich nicht wohl, wenn andere ihn um sich haben wollen.

Der Macher/Umsetzer

Der *Macher* oder *Umsetzer* ist durch die starke Ausprägung der Eigenschaften sachlich und extrovertiert gekennzeichnet und wird als mitteilsam, offen, diskussionsbereit, direkt, handelnd, zielorientiert, rasch, entschlossen, einsatzbereit, produktiv und ungeduldig erlebt. Er ist wie der Analytiker zumeist strukturiert und knapp in der Kommunikation, im Unterschied zu den Analytikern jedoch rhetorisch talentiert, sodass es ihm leicht fällt, sein Gegenüber geschickt für sich einzunehmen und zu überzeugen. Neben seinem sachlichen Kommunikationsstil und seinem Drang zur Tat ist vor allem seine Neigung, Verantwortung zu übernehmen, für diesen Typ charakteristisch.

Im Gespräch mit dem Macher sollten Sie bedenken, dass er für viele Fragen nicht sehr zugänglich ist, nach dem Motto: »Nicht reden, sondern handeln!« In diesem Sinne ist er sehr verwandt mit dem Analytiker und bevorzugt Beweise und Zahlen, klare Daten und Fakten (ZDF). Auch er liebt eine klare Sprache.

Deshalb sollten Sie Fragen immer direkt, kurz und ohne Umschweife stellen und dem Gespräch eine klare Struktur geben. Es gibt Verhaltensweisen, die das Gespräch mit einem Macher gefährden: Einengung, ihn unter Druck setzen, antreiben und nach Gefühlen fragen. Im Gespräch mit einem wirklichen Macher werden Sie sehr schnell spüren, dass er das Gespräch gerne selbst steuert. Vor allem seine Tendenz, wo immer es geht, die Initiative zu ergreifen, zeichnet ihn aus und unterscheidet ihn von den Analytikern und den anderen Typen. Diese Initiative liefert er nicht nur, er fordert sie auch von seinen Mitmenschen. Der Macher verfügt meistens auch über ein Talent für witzigen und intelligenten Smalltalk. All diese Eigenschaften sollten Sie im Gespräch nutzen beziehungsweise ansprechen. Formulieren Sie Ihre Beobachtungen konkret, klar und präzise. Betonen Sie notwendige Handlungen und machen Sie Vorschläge, achten Sie aber auch besonders auf die zeitnahe Umsetzung von Vereinbarungen. Auch berühmte Macher kennt man vor allem aus der Politik: Der ehemalige Bundeskanzler Gerhard Schröder ist beispielsweise ein typischer Macher-Typ.

Abbildung 45

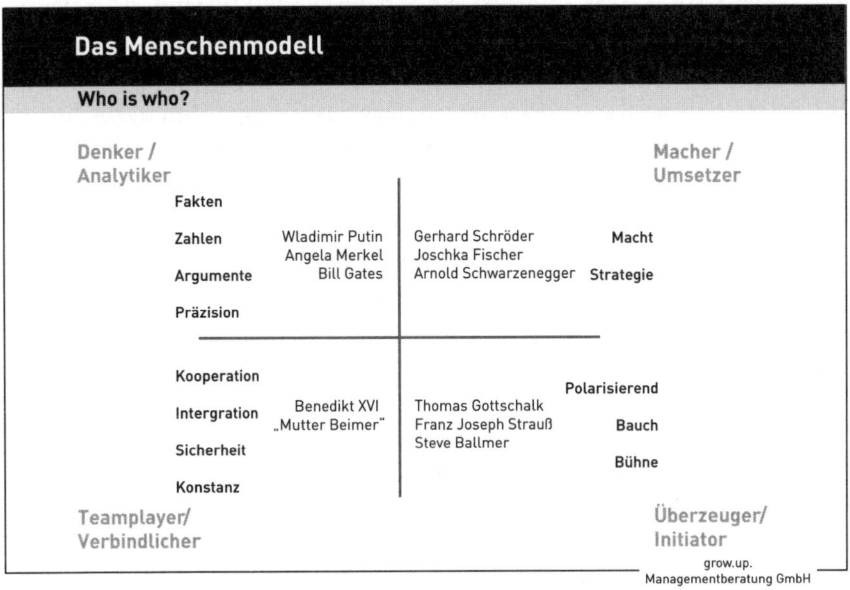

Prominente Menschen: Arnold Schwarzenegger, Alice Schwarzer

Kernüberzeugung: »Das Leben ist eine Sache der *Willenskraft.*«

Wirkung in der Öffentlichkeit: Dominant bis aggressiv, voller Energie, unabhängig, krisenkompetent, aufrechte Körperhaltung, kraftvoller Gang.

Typische Stärken: Mutig und durchsetzungsstark, sehr produktiv, findig in der Problemlösung.

Typische Schwächen: Will alles selbst machen, manipuliert andere und schüchtert diese bisweilen ein, mangelndes Gespür für Stimmungen und Situationen, misstraut anderen.

Unbewusste innere Haltung: Sich nicht auf andere verlassen zu können.

Der Initiator/Überzeuger

Der *Initiator* ist ein Selbstdarsteller, ein *Überzeuger.* Menschen dieses Typs sind sehr gefühlsbetont, da sie über eine besonders starke Emotionalität verfügen. Gleichzeitig sind sie sehr extrovertiert. Diese Menschen treffen ihre Entscheidungen gerne aus dem Bauch heraus, sind eher unsystematisch, planen nicht weit in die Zukunft und haben nur eine vage Zielorientierung. Da sie weniger strategisch arbeiten, neigen sie zu voreiligen Entscheidungen. Dafür sind sie sehr gesellig, kontaktorientiert, begeisterungsfähig, flexibel, offen, aufgeschlossen und enthusiastisch. Ihr Enthusiasmus und Ideenreichtum begeistern wiederum andere Menschen, die sich gerne in ihren Bann ziehen lassen. Das ausgeprägte Kontaktbedürfnis stört zuweilen die Produktivität, hat aber den Vorteil, dass sich Überzeuger schnell auf neue Menschen einstellen und diese rasch in bereits bestehende Gruppen integrieren können. Bei den sehr emotionalen Initiatoren können Sie außerdem hin und wieder Zeuge von Gefühlsausbrüchen werden.

Im Gespräch mit einer Person vom Typus des Initiators werden Sie schnell feststellen, dass es Ihnen schwerer als bei anderen fallen wird, nein zu sagen oder etwas abzuschlagen. Nicht zuletzt aus diesem Grund arbeiten solche Menschen besonders häufig im Vertrieb, in der Werbung oder in anderen Branchen, in denen es darum geht, anderen etwas zu verkaufen, in denen Kommunikation einen hohen Stellenwert hat, oder in denen Selbst- und Außenrepräsentanz von großer Bedeutung sind. Im Gegensatz zu den bereits vorgestellten Typen gefällt es diesen Menschen, wenn Sie sie mit an der Person orientierten Fragen ansprechen (zum Beispiel »Wie möchten Sie ...«, »Wie empfinden Sie ...«). Stellen Sie diesen Mitarbeitern mehr »Wer-Fragen« als »Was-Fragen«, denn dieser Kommunikations-Typ interessiert sich vor allem für Menschen, weniger für Sachen. Ihre Fragen sollten so ausgerichtet sein, dass sie dazu beitragen, die Gedanken des Mitarbeiters zu sortieren und ihn zu ergebnisorientiertem Handeln zu führen. Besonders gerne mag es der Überzeuger, wenn Sie ihn nach seiner Einschätzung fragen. Nutzen Sie seine Offenheit. Auf diese Weise können Sie auf mögliche Ist-/Sollwertabweichungen oder auf Selbstbild-Fremdbild-Diskrepanzen stoßen und sie beim Mitarbeiter thematisieren.

Wenn der Mitarbeiter im Gespräch dazu neigt, abzuschweifen, führen Sie ihn wieder zum Thema zurück. Fassen Sie Zwischenergebnisse zusammen und visualisieren Sie Vereinbartes. Damit erleichtern Sie sich und Ihrem Mitarbeiter ein strukturiertes und ergebnisorientiertes Vorgehen. Begeistern Sie ihn für Ideen, Aufgaben und Neues. Stellen Sie sich auch auf emotionale Reaktionen ein. Mit dem Überzeuger dürfen Sie gerne humorvoll und scherzhaft agieren, denn diesem Menschen geht es an erster Stelle genau darum, ein interessantes, anregendes und unterhaltsames Gespräch zu führen. Er will von Ihnen als Mensch angesprochen werden und Wertschätzung erhalten. Mit ZDF (Zahlen, Daten und Fakten) sitzen Sie hier nicht in der ersten Reihe.

Auf Konfrontationen reagieren Überzeuger mit einem ausgeprägten Harmoniebedürfnis eher zurückhaltend, was keineswegs auf ein mangelndes Selbstvertrauen hindeutet, sondern vielmehr auf ihr soziales Taktgefühl. Außerdem verfügen sie durch ihre extrovertierte Art über die Fähigkeit, sich leicht an bestimmte Gegebenheiten, zumindest nach außen hin, anzupassen. Ihr Element ist nicht umsonst die Bühne. Diese Stärke können Sie gezielt im Rahmen von Teamarbeiten oder bei der Aufgabenverteilung nutzen, denn die starke soziale Ader, gepaart mit dem Wunsch, vor Publikum aufzutreten, prädestiniert diese Mitarbeiter nicht nur für Teamarbeit, sondern für sämtliche repräsentative und kommunikative Aufgaben.

Zu den Überzeugern zählen viele Prominente und Ikonen aus dem Show-Business, zum Beispiel der »Wetten dass…«-Moderator Thomas Gottschalk oder der Popstar und Entertainer Robbie Williams.

Prominente Menschen: Thomas Gottschalk, Johannes Rau

Kernüberzeugung: »Letztendlich brauche ich die *anderen.*«

Wirkung in der Öffentlichkeit: Einladend freundlich, offen und zugewandt, mimisch rege, energisch eher im Gesicht, weniger im Rest des Körpers.

Typische Stärken: Hervorragender Redner, neugierig, gerecht, zielführend, kritikfreudig, begeisternd, ideenreich.

Typische Schwächen: Stark auf andere angewiesen, fragt mehr, als selbst zu gestalten, unter Stress nicht sehr belastbar, launisch.

Unbewusste innere Haltung: Fühlt sich nicht als energievoller »vollwertiger« Partner.

Der Teamplayer/Verbindliche

Der *Teamplayer* ist der Freundliche in Ihrer Abteilung, der *Verbindliche*: Diese Menschen sind aufgrund ihrer starken Emotionalität gute Zuhörer, die selbst allerdings wenig von sich preisgeben und sich in Konflikten schnell zurückziehen. Konflikte sind überhaupt schwierig für die eher zurückhaltenden und introvertierten Teamplayer, denn sie nehmen viele Emotionen von sich selbst und von ihrem Gegenüber wahr, die sie innerlich stark beschäftigen. Allgemein sind sie eher teamorientiert, harmonisch, überlegt, loyal, familienorientiert und sorgfältig.

Im Gespräch mit einem verbindlichen Mitarbeiter ist es wichtig, dass Sie ihn persönlich ansprechen und ihm Zeit zum Austausch geben. Stellen Sie das Wie und den Menschen (Wer) in den Mittelpunkt der Frage; über Fakten können Sie mit solchen Mitarbeitern am besten dann sprechen, wenn die Beziehungsebene geklärt ist. Geschieht dies nicht, neigt der Mitarbeiter dazu, misstrauisch zu sein. Stellen Sie ihm deshalb viele offene Fragen, die er frei beantworten kann. So werden Sie auch am ehesten herausfinden, was ihn zurzeit besonders beschäftigt und interessiert.

Bei Problemen und Ärger zieht sich der Mitarbeiter am liebsten zurück. Konfrontationen vermeidet er, indem er seinen Ärger herunterschluckt und defensiv reagiert. Einen teamorientierten Mitarbeiter werden Sie deshalb nur in absoluten Ausnahmesituationen in der Offensive erleben. Plötzliche Ausbrüche durch aufgestauten Ärger können aber durchaus einmal vorkommen. Achten Sie deshalb auf Gestik und Mimik des Mitarbeiters, während er spricht, und wie er auf bestimmte Dinge reagiert. Es ist gut möglich, dass er etwas nicht sagt oder offen ausspricht, worauf er emotional jedoch durchaus reagiert. Veränderungen oder Neuerungen steht er oft skeptisch gegenüber. Er ist eher ein Bewahrer und macht sich oft viele Sorgen bei Veränderungen. Beachten Sie dies bei Ihren Gesprächen und vermitteln Sie Sicherheit und Konstanz. Auch Konfrontationen oder Konflikte führen bei ihm eher zu Rückzug, und Sie werden ihn nicht erreichen.

Der Teamplayer arbeitet gerne mit anderen zusammen und verbreitet eine angenehme Atmosphäre. Aufgrund seiner sozialen Aufmerksamkeit ist er im Umgang sehr verträglich, umgänglich und die anderen vertrauen ihm. So ist es in Teams häufig seine Aufgabe, die Meinungen der anderen einzuholen und eine Diskussion zusammenzufassen und zu einem Ergebnis zu führen, in dem sich alle wiederfinden. Die sensible Art und die Verbindlichkeit, die diese Mitarbeiter charakterisieren, lassen sie anderen Menschen Sicherheit vermitteln. Sie bilden häufig den Ruhepol einer Gruppe. Der wohl berühmteste Verbindliche unserer Zeit ist der Papst, Benedikt der XVI.

Prominente Menschen: Winston Churchill

Kernüberzeugung: »Erfolg ist nur dann möglich, wenn ich *mich persönlich zurücknehme.*«

Wirkung in der Öffentlichkeit: Bedächtig und überlegt, voller Energie, aber innerlich eher gebremst, freundlich und zurückhaltend.

Typische Stärken: Hartnäckigkeit und Bauernschläue, herzlich und äußerst stressrobust, fürsorglich, loyal, ausdauernder Arbeiter.

Abbildung 46

Das Menschenmodell

Richtig kommunizieren mit dem Analytiker, Macher, Überzeuger und Teamplayer

Analytiker / Denker
- Fachliche Fragen
- ZDF, Beweise
- Entscheidungsvorlage
- Zur Entscheidung führen
- Genaue, detaillierte Infos
- Fachl. Wissen wertschätzen
- Sicherheit geben
- Ruhiges Auftreten
- Distanz wahren
- Klar, strukturiert

Macher / Umsetzer
- Bestätigen
- ZDF, das Wesentliche
- Kurz, prägnant und strukturiert
- Auf Details verweisen
- Lösungen bieten
- Eigene Kompetenzen zeigen
- Breitere Gesprächsebene
- Eitelkeit ansprechen
- Konflikt austragen
- Zielorientiert

Teamplayer / Verbindlicher
- Atmosphäre bieten
- Sicherheit geben
- Fragen, Meinung einholen
- Zur Entscheidung führen
- Erfahrungen, Bsp. einbringen
- Vertrauen geben
- Stimmung beachten
- Sensibel sein
- Strukturieren

Überzeuger / Initiator
- Atmosphäre, Stimmung
- Strukturieren, auf den Punkt bringen
- Persönlich ansprechen
- „Bauch"/ Emotionen ansprechen
- Bilder, Beispiele, Metaphern
- Zusammenfassen
- Konkretisieren
- Zur Entscheidung führen
- Ihn begeistern
- Zur Sachebene zurückführen

grow.up. Managementberatung GmbH

Typische Schwächen: Manchmal zu abwartend und zögerlich. Gebremste Durchsetzungskraft. Zugewandt, aber persönlich eher verschlossen, sorgenvoll zögerlich bei Neuem.

Unbewusste innere Haltung: Angst, andere durch eigene Fehler zu enttäuschen.

Um andere und ihr Verhalten richtig einschätzen zu können, ist es hilfreich, sich selbst zu kennen. Versuchen Sie einmal einzuschätzen, welcher Gesprächstyp Sie sind. Was ist charakteristisch für Ihr Gesprächsverhalten, und wie wirkt sich das auf Gespräche mit Ihren Mitarbeitern aus?

Möglicherweise verstehen Sie dann besser, warum Ihnen die Kommunikation mit dem einen leichter als mit dem anderen fällt, und kommen auf Ideen, was Sie an Ihrem Gesprächsverhalten ändern könnten, um Mitarbeitergespräche effizienter, zielorientierter und angenehmer zu gestalten. Wenn Sie sich selbst zum Beispiel eher als Analytiker einschätzen, wird das Kommunikationsverhalten des Überzeugers Ihre Geduld und Ihr Einfühlungsvermögen zuweilen ganz besonders fordern, während Sie mit dem Macher recht schnell eine gemeinsame Wellenlänge finden. Im Grunde genommen sollten Sie lernen, den richtigen Kommunikationsstil für jeden

Mitarbeiter zu finden. Es ist Ihre Aufgabe, sich auf Ihre Mitarbeiter einzustellen, und nicht umgekehrt. Als Führungskraft wird von Ihnen ein höheres zwischenmenschliches Kompetenzspektrum erwartet.

Problems richtig führen

Die Mitarbeiter, die Sie als *Problems* identifiziert haben, sind nicht schon immer problematisch gewesen; sonst wären sie sicher nicht eingestellt worden. Was ist passiert? Warum haben sie nun ihre Motivation verloren?

Im Folgenden werden wir Ihnen einen Einblick in mögliche Ursachen für negative Entwicklungen geben und verschiedene Bewältigungsstile erläutern, die mit Demotivation Hand in Hand gehen.

Demotivation und die Überzeugung, selbst wirksam zu sein

Wie erklären sich Menschen Handlungen und deren Ergebnisse? Ein wichtiges Kriterium ist, ob die Situation des Betroffenen durch eigenes Handeln oder durch Zufall beziehungsweise andere unkontrollierbare Faktoren bestimmt wurde. Hierbei kommt es einzig und allein auf die subjektive Wahrnehmung des Individuums an, nicht auf die objektiv belegbaren Fakten (vergleiche Banduras *Soziale Lerntheorie*). Diese Ursachenzuschreibung nennt man in der Psychologie *attribuieren.*

Attributionstheoretiker haben in einer Vielzahl von Untersuchungen ihre Versuchspersonen gebeten, sich Situationen vorzustellen wie: Sie haben bei einer Prüfung eine sehr gute Note erhalten oder Sie haben versagt. Oder: Sie haben ein Spiel gewonnen oder Sie haben es verloren. Die Versuchspersonen wurden dann aufgefordert anzugeben, warum diese Ereignisse ihrer Meinung nach eingetreten waren. Dabei wurden am häufigsten *Attributionen* (Ursachenzuschreibungen) auf Fähigkeit und Anstrengung sowie Aufgabenschwierigkeit und Zufall gegeben.

Auch Sie haben bestimmt schon einmal die Situation erlebt, dass etwas perfekt und ganz nach Ihren Wünschen verlaufen ist – zum Beispiel Ihr letztes Projekt. Waren Sie erfolgreich, weil Sie einfach einen guten Lauf hatten? Oder weil Sie wirklich kompetent sind und über hervorragende Fähigkeiten verfügen?

Spannend wird die persönliche Erklärung oder Ursachenzuschreibung, wenn etwas nicht so gut geklappt hat. Zum Beispiel, wenn ein

Mitarbeiter einen Fehler gemacht hat. War es tatsächlich so, dass wichtige Informationen fehlten und die Führungskraft ihn sowieso schon immer auf dem Kieker hatte? Oder war er vielleicht fachlich doch nicht so kompetent?

Es fällt Ihnen sicher leicht, sich vorzustellen, dass manche Menschen prinzipiell eher zu der einen und manche eher zu der anderen Erklärung neigen würden. Auf diese Weise entstehen sehr allgemeine, situationsspezifische Erwartungen, die in einer Vielzahl von Lebensbereichen wirksam sind. Die sogenannte Kontrollüberzeugung ist ein Beispiel einer solchen generalisierten Erwartung und beschreibt die Überzeugung, im Allgemeinen durch eigenes Handeln erwünschte Ereignisse in der Umwelt erreichen zu können oder eben auch nicht. Kontrollüberzeugungen wurden in Tausenden von Studien erfolgreich zur Erklärung von Gesundheitsverhalten, politischer Partizipation und sozialem Engagement, Arbeitsmotivation und vielen weiteren Handlungsbereichen eingesetzt. Personen, die über hohe Kontrollüberzeugungen (»ich habe Einfluss«) verfügen, werden auch als *internal* (nach innen/»ich habe bewirkt«) *Attribuierende* bezeichnet. Personen mit niedrigen Kontrollüberzeugungen (»ich habe keinen Einfluss«/ Zufall, Glück, etc.) dementsprechend als *external* (nach außen/»mir ist geschehen«) *Attribuierende.* Diese Zuweisung der Verantwortlichkeit der Folgen einer Handlung bezeichnet auch den *»Locus of control«* einer Person. Diese Zuweisung erfolgt in der Kategorie von *externalen* beziehungsweisen *internalen* Kontrollüberzeugungen. *External* meint gewöhnlich das Resultat von Glück, Zufall, Schicksal oder als von mächtigen anderen kontrolliert werden. Aufgrund der großen Komplexität der Kräfte, welche die Personen im Alltag umgeben, spricht man teilweise auch von Unvorhersehbarem.

Internal wird durch die Überzeugung definiert, persönlichen Einfluss auf ein Ergebnis und Kontrolle über eine Handlung zu haben. So handeln *internal* Überzeugte aktiver, reger und direkter, da sie davon ausgehen, durch ihr Handeln ihre Umwelt direkt kontrollieren und beeinflussen zu können. Der *Locus of control* bezieht sich vor allem auf die Erwartungen, die eine Person hinsichtlich der Kontrolle auf die Umwelt und auf ihre eigene Selbstwirksamkeit in der Welt hat. Von stark *internal Attribuierenden* sind deshalb mehr Bewältigungsversuche oder Lösungsansätze zu erwarten als von *external Attribuierenden.* Letztere sind eher der Meinung, dass sie auf die Auswirkungen ihrer Handlungen keinen direkten Einfluss haben, nach dem Motto: »Das ist Schicksal!«

Diese innere Haltung wirkt sich selbstverständlich auch aus, wenn ein Mitarbeiter in eine Motivationskrise kommt. Das beeinflusst ihn dahingehend, ob er selbst Lösungen sucht oder sich seinem Schicksal ergibt. Unterstützen müssen Sie beide bei der Lösung des Problems, aber eben unterschiedlich intensiv.

Generell geht es für Sie als Führungskraft darum, zu versuchen, den Mitarbeiter zur Übernahme von Verantwortung zu bringen. Bei *internaler Attribution* dürfte dies kein großes Problem darstellen, da Ihre *internal attribuierenden* Mitarbeiter den *Locus of Control* in den eigenen Fähigkeiten suchen. Bei *external Attribuierenden* gestaltet sich die Sache schon etwas schwieriger. Hier sollten Sie vor allem mit Feedback arbeiten. Der Mitarbeiter muss sowohl bei Erfolg als auch Misserfolg das Gefühl bekommen, in die Pflicht genommen zu werden. Die schwierigste Aufgabe für Sie stellt sich, wenn Ihr Mitarbeiter Misserfolg *external attribuiert*, obwohl dieser *internal attribuiert* werden sollte. Es wird Ihnen schwerfallen, ihn vom eigenen Scheitern zu überzeugen, da Menschen generell versuchen, ein positives Selbstbild aufrechtzuerhalten. Hier müssen Sie dem Mitarbeiter genau aufzeigen, was an seinem Verhalten unkorrekt war, und ihm Handlungsalternativen anbieten, um ihn nicht zu demotivieren. Sie müssen diesen Mitarbeiter weiterhin gut beobachten und ihn über seine Arbeitsleistung informieren. Erfolge sollten Sie dabei genauso vermitteln wie Misserfolge. *Externale Attribution* erfordert ein erhebliches Fingerspitzengefühl, um den Mitarbeiter auch weiterhin zu motivieren. Auch bei der Aufgabenwahl müssen Sie die Tendenzen der *Attribution* beachten. Wird Misserfolge *internal attribuiert*, wird der Mitarbeiter zukünftig tendenziell leichtere Aufgaben bevorzugen, um einen wiederholten Misserfolg zu vermeiden. Hier müssen Sie ihn wertschätzend dazu bewegen, wieder Herausforderungen anzunehmen, indem Sie Ihre Unterstützung anbieten.

Kontrollverlust auffangen und Mitarbeiter stärken

Frustrationen und Demotivation können sich nach außen richten und sich in Jammern oder Meckern ausdrücken. Frust kann sich jedoch auch nach innen richten – und hinuntergeschluckt werden.

Bei Personen, die vor allem *internal attribuieren*, also deren Kontrollüberzeugungen sich durch ein großes Vertrauen in die eigenen Fähigkeiten auszeichnen, können Sie mit vielen Anläufen rechnen, um bei einer schwierigen Aufgabe doch noch ein gutes Ergebnis zu erreichen. Ständiges Scheitern führt aber auch bei diesen Mitarbeitern zu Zweifel. Sie haben beim Lesen dieses Buches bereits öfters von den Anschluss-, Leistungs- und Machtorientierten gehört. Stellen Sie sich einmal einen besonders leistungsorientierten Mitarbeiter vor, dessen *Locus of control* stark *internal attribuiert.* Was passiert, wenn dieser Mitarbeiter bei vielen Anläufen immer wieder scheitert oder frustriert und enttäuscht wird? Er wird die Ursache für sein Versagen primär bei sich selbst suchen und an seinen eigenen Fähigkeiten (ver)zweifeln. Treten solche Erfahrungen wiederholt auf, werden die *internalen* Kontrollüberzeugungen und die eigene Selbstwirksamkeit in Frage gestellt. Der Mitarbeiter frisst den Frust in sich hinein.

Wenn Sie bei einem *Problem* einen solchen Hintergrund vermuten, sollten Sie in einem ersten Schritt eine genaue Problemanalyse durchführen: Welche sind die genauen Ursachen für das Nicht-Gelingen einer Aufgabe oder für eine vermeintliche Unfähigkeit? Liegt es tatsächlich an mangelnder Kompetenz, oder sind vor allem situative Faktoren ausschlaggebend?

In einem weiteren Schritt können Sie gemeinsam mit dem Mitarbeiter daran arbeiten, innere Kontrollüberzeugungen wiederzubeleben und zu stärken. Unterstützen Sie ihn vor allem darin, klare Entscheidungen zu treffen. Dies hilft, das verlorene Kontrollgefühl wiederzuerlangen und das Selbstbewusstsein zu stärken. Denn die eigenen Kontrollmöglichkeiten werden besonders dann aktiviert, wenn man sich für etwas entscheiden muss, mit allen Vor- und Nachteilen, die dazugehören. Liegt der Grund für sein Scheitern tatsächlich in mangelnden Fähigkeiten, sollten Sie ihn durch entsprechende Qualifizierung unterstützen. In anderen Fällen ist es wichtig, ihm die Wirkung der externen Faktoren zu verdeutlichen.

Führungshandeln: Individuell vorgehen und selektiv agieren

Wir haben bereits zu Beginn des Kapitels darauf verwiesen, dass Sie zeitnah handeln sollten, wenn Sie ein etwas länger andauerndes Motivationsproblem bei einem sonst guten Mitarbeiter feststellen. Wenn Sie in dieser Situation meinen, Sie könnten mit Bedacht überlegen, wie oder ob Sie in diesem Fall überhaupt reagieren sollen, dann täuschen Sie sich: De facto tun Sie bereits etwas. Dadurch, dass Sie nicht eingreifen, legitimieren und verfestigen Sie den aktuellen Zustand. Zudem demonstrieren Sie durch Ihr Nicht-Reagieren, dass Sie entweder nicht in der Lage oder schlichtweg nicht daran interessiert sind, etwas gegen die Situation zu unternehmen. Klar ist, dass weder das eine noch das andere für Sie als Vorgesetzten positiv ist. Was können Sie tun?

Zeigen Sie auf jeden Fall umgehend, dass die aktuelle Situation Ihre Aufmerksamkeit geweckt hat. Ärgert Sie die Situation, widerstehen Sie Ihrem dringenden Bedürfnis, gleich zu Beginn Ihrem momentanen Gefühl Raum zu geben und Ihr Missfallen zu äußern, ohne dass Sie wissen, was wirklich los ist. Wie bei jedem Verfahren kommt vor dem Urteil zuerst die Beweisaufnahme. Verschaffen Sie sich ein genaues Bild der Situation, indem Sie die Betroffenen direkt ansprechen und offene Fragen stellen. Damit erreichen Sie bereits eine ganze Menge:

- Sie zeigen Ihr Interesse für den betroffenen Menschen und seine Situation.
- Sie bringen ihn durch dieses Vorgehen dazu, sich selbst Gedanken zu machen.
- Sie machen ihm bewusst, dass andere von seinem Handeln betroffen sind.

Schwierige Situationen verführen uns leicht dazu, zu personalisieren und einen Schuldigen zu suchen, anstatt die Lage zuerst eingehend zu analysieren und aus einer anderen Perspektive zu betrachten. Wir sind versucht, uns als besonders klug in Szene zu setzen und einem Mitarbeiter zum Beispiel direkt zu sagen, was unserer Meinung nach sein Problem ist. Jede vorschnelle Beurteilung beruht jedoch mehr oder weniger auf Spekulation. Ohne exakte Bestandsaufnahme können wir nicht wissen, sondern höchstens vermuten, ob jemand nicht will oder nicht kann und sich des Ernstes der Lage bewusst ist oder nicht. Deshalb lautet Ihre oberste Devise bei den *Problems,* individuell vorzugehen.

Was steckt denn nun dahinter?

Aus Sicht des Mitarbeiters wird es gute Gründe für den derzeitigen Zustand geben. Nachdem Sie seine Erklärungen gehört haben, können Sie seine Einschätzung nachvollziehen und gemeinsam mit ihm eine passende Lösung erarbeiten. Die Lösung kann je nach Ursache wiederum nur individuell und selektiv sein. Wenn es sich um einen bisher guten und wertvollen Mitarbeiter handelt, halten wir es für gerechtfertigt, die Handlungs- und Unterstützungsmöglichkeiten, die Ihnen zur Verfügung stehen, auszuschöpfen. Ganz gleich, welche Lösung Sie gemeinsam erarbeiten, Sie sollten hierzu eine klare Zielvereinbarung mit diesem Mitarbeiter treffen. Formulieren Sie möglichst prägnant, welches konkrete Ziel Sie ihm setzen. Erläutern Sie ihm, warum dieses Ziel zur Wiederherstellung seiner Leistungsbereitschaft für Sie und das Unternehmen wichtig ist, und definieren Sie den Rahmen, zum Beispiel Zeit, Ressourcen, der bei der Umsetzung einzuhalten ist. Verantwortung, Initiative und Energie sollten beim Betroffenen angesiedelt sein. Nicht Sie, sondern der Mitarbeiter muss das Problem lösen. Ihr Beitrag besteht darin, Ihre Erwartungen deutlich zu machen – und die Voraussetzungen zu schaffen, dass er sein Problem lösen kann. Zum besseren Verständnis wollen wir Ihnen ein Beispiel für eine individuelle und selektive Problemlösung geben:

Ein Mitarbeiter fällt plötzlich durch viele Fehler, mangelnde Konzentration und das Vergessen von alltäglichen Aufgabenbestandteilen auf. Die Führungskraft beobachtet die Situation über zwei Wochen und sucht dann das Gespräch. Dort stellt sich heraus, dass der Mitarbeiter massive private Probleme hat, die sogar so weitreichend sind, dass er zwischenzeitlich eine psychotherapeutische Behandlung angefangen hat und Antidepressiva nimmt.

Der Führungskraft wird schnell klar, dass sie hier mit erhöhten Leistungsanforderungen nicht weiterkommt. Es erscheint wichtig, dem Mitarbeiter Zeit und Raum zu geben, um seine persönliche Situation zu klären, damit er zu seiner alten Leistungsbereitschaft zurückfinden kann. Mit dem Mitarbeiter wird vereinbart, dass er für einen Zeitraum von drei Monaten von bestimmten Aufgaben entlastet wird, die Kollegen für ihn übernehmen. Darüber hinaus wird vereinbart, dass er in diesem Zeitraum auch auf die Einhaltung seiner Arbeitszeiten achtet und Überstunden möglichst vermeidet. Durch die herabgesetzten Leistungsanforderungen soll der Mitarbeiter den Freiraum bekommen, sich neben seiner privaten Situation nicht auch noch durch die beruflichen Anforderungen unter Druck gesetzt zu fühlen. Es wird vereinbart, dass Zwischengespräche erfolgen und am Ende der drei Monate überprüft wird, ob er sein altes Leistungsniveau wiedergefunden hat.

Erfreulicherweise haben die vereinbarten Maßnahmen in dieser Situation zum Erfolg geführt, und der Mitarbeiter war bereits vor Ablauf der drei Monate wieder auf seinem bisherigen Leistungsniveau.

Gibt es objektive Korrelate zwischen dem Grad der Beanspruchung und der empfundenen Belastung? Nein. Wenn Sie Ihr Umfeld näher inspizieren, werden Sie viele Menschen finden, die in Ihren Augen vielleicht nur auf sehr niedrigem Niveau belastet sind, sich selbst aber dennoch überlastet fühlen. Vielleicht fragen Sie sich, ob es möglich ist, ein Anspruchsniveau extern so zu verändern, dass aus einem wenig belastbaren Mitarbeiter ein »Multitasker« wird, der nicht zu bremsen ist? Wahrscheinlich haben Sie selbst schon festgestellt, dass dies nicht geht. Denn neben der angeborenen und sozialisierten körperlich-geistigen Konstitution spielen hier deutlich verschiedene Strategien im Umgang mit der Welt eine Rolle.

Sowohl in der Psychologie als auch in der Medizin geht man davon aus, dass es bei den Menschen vor allem zwei Bewältigungsstrategien gibt, von denen individuell eine grundsätzlich bevorzugt wird. Die Rede ist von dem »*Repressor-*« oder dem »*Sensitizer*-Stil«. Ein *Repressor* (»Unterdrücker«) reagiert auf bedrohliche Reize aus seiner Umwelt mit konsequentem Vermeidungsverhalten. Als außenstehender Beobachter ist man sich manchmal nicht sicher, ob er die Gefahr einfach nicht wahrnimmt oder sie nicht wahrnehmen will. Bei diesem Bewältigungstyp drücken sich chronisch vermiedene, nicht gelöste oder unterdrückte Konflikte häufig in Somatisierungen aus, die in der Folge zu körperlichen Belastungen führen. Der sensible *Sensitizer* dagegen neigt eher zu übertriebenen Angstreaktionen und zum Katastrophieren. Ihm sind seine Ängste, Gefahren und Konflikte fast schon zu bewusst. Nach Krohne und Roger unterscheiden sich *Repressor* und *Sensitizer* außer im Umgang mit Stresssituationen auch im Ausmaß der Vorwegnahme künftiger Gefahren. Dieses ist beim *Sensitizer* wesentlich ausgeprägter als beim *Repressor.*

Dieses Konzept bewahrheitet sich allerdings nicht nur in Stress- und Gefahrensituationen, sondern auch im ganz alltäglichen Umfeld. Der unterschiedliche Stil, mit Belastungssituationen umzugehen, definiert auch das, was ein Mensch als belastend erlebt. So wird es so sein, dass ein *Sensitizer* deutlich früher von Belastung und auch Überlastung spricht, und damit auch von Überforderung, als ein *Repressor.* Dies macht noch einmal deutlich, dass Demotivationsprobleme, die sich aus einer vom Mitarbeiter geäußerten Über- oder Unterforderung ergeben, auch durch die ganz individuelle Betrachtung und Bewertung der an einen Menschen gestellten Anforderungen bedingt sind. Genauso deutlich macht dieser theoretische Ansatz, dass es wenig sinnvoll ist, einem Mitarbeiter zu vermitteln, dass die von ihm erlebte Belastung doch gar keine sei. Viel entscheidender ist es, mit ihm auszuloten, wie er seine Aufgaben gestalten kann, um diese nicht mehr als so belastend zu erleben. Eine andere Führungsstrategie kann sich bei dem *Repressor* ergeben, der Belastung vielleicht stark verdrängt und sie gar nicht wahrnimmt, bis sein Körper auf die dennoch vorhandene Belastung reagiert und er eventuell krank wird. Für Sie als Führungskraft heißt dies, dass Sie wiederum individuell auf das Belastungs- und Anforderungsverhalten von Mitarbeitern achten müssen, um für den Einzelnen eine Anforderungssituation zu schaffen, die in seinem Erleben weder zu einer Über- noch zu einer Unterforderung führt und somit seine Motivation im optimalen Sinne fördert. Eine Unterschätzung der realen Belastung kann manchmal zum sogenannten Burnout-Syndrom führen, dem seelischen und körperlichen Ausgebrannt–Sein. Häufig handelt es sich bei den Betroffenen um besonders hochmotivierte Mitarbeiter, die neben einem mitunter extremen Leistungsideal auch eine hohe Identifikation mit ihrer Tätigkeit auszeichnet. Wird diese enttäuscht, oder laufen die inneren Ressourcen aufgrund von Stress und Überbelastung leer, fühlt sich die Person, wenn der Zustand andauert, immer energieloser und unmotivierter, bis hin zu einem Gefühl der absoluten Erschöpfung. Diese unerfreuliche Entwicklung werden Sie am wahrscheinlichsten bei *Stars* beobachten. Eine ärztliche Diagnose kann hier die Lage erhellen und eventuell ein neues Licht auf auffällige Fehlzeiten eines Mitarbeiters werfen.

Ein weiteres Problem ergibt sich daraus, dass die Selbstwahrnehmung hinsichtlich problematischer Situationen bei beiden Typen sehr unterschiedlich sein kann. Wie gehen Sie damit um, wenn sich jemand unglaublich toll findet, Sie unter »toll« aber etwas anderes verstehen? Wie sollen Sie weiter vorgehen? Am besten reagieren Sie individuell, je nachdem, welchen Bewältigungsstil Sie bei der Person identifiziert haben:

Handelt es sich bei Ihrem Gegenüber um einen *Sensitizer*, ist es einfach. Die *Sensitizer* verdanken ihrer ausgeprägten Sensibilität nämlich zumeist ein sehr realistisches Selbstbild. Sie sind feinsinnig in ihrer Wahrnehmung und haben entsprechend ein differenziertes Selbstbild entwickelt, da sie in der Interaktion mit anderen auch die Töne zwischen den Zeilen hören. Gibt es zwischen Ihnen beiden Spannungen, weiß er selbst schon längst, dass ein Problem besteht. Außerdem ist ihm häufig klar, wie Sie ihn sehen. Mit einem *Sensitizer* können Sie deshalb ziemlich schnell zum Wesentlichen kommen und ihm durch ein unterstützendes Führungsverhalten den Rücken stärken.

Ganz anders sieht es bei den *Repressoren* aus. Bei Menschen, die zu diesem Bewältigungsverhalten neigen, werden Sie zum Teil auf starke Diskrepanzen stoßen zwischen dem, wie sie sich selber sehen, und dem, wie andere sie sehen. Ein Repressor wie zum Beispiel Herr Hackebeilchen, der durch die Abteilung poltert und rumpelt, »weiß nicht«, dass er poltert. Er weiß nicht, wie er wirkt. Und wenn Sie ihn wegen seiner Leistungen nicht so toll finden wie er sich selbst, dann ist Ihre Führungsaufgabe an dieser Stelle, ihm kontinuierlich Rückmeldung über seine Leistung zu geben. Eine erfolgversprechende Maßnahme ist hier vor allem die genaue Definition von Zielen und Teilzielen, die von Ihnen konsequent kontrolliert werden muss. Feedback ist bei den Repressoren im Vergleich zu den Sensitizern sehr viel wichtiger, um zu vermeiden, dass der Mitarbeiter mit seiner Selbsteinschätzung weiterhin so völlig im Dunkeln tappt. Über Offenheit und regelmäßige Rückmeldungen arbeiten Sie immer auch an Fremdbild-Selbstbild-Diskrepanzen. Der angezeigte Führungsstil bei den Repressoren unter den *Problems* lautet deshalb kontrollieren und Feedback geben.

Veränderungen ermöglichen

Was tun Sie als Führungskraft, wenn Ihnen die geäußerte Unzufriedenheit und das Gemeckere eines Mitarbeiters langsam zu den Ohren herauskommen? Vor allem, wenn sich die mangelnde Motivation in der Qualität der Arbeitsergebnisse entsprechend widerspiegelt? Vielleicht fordern Sie ihn mehrmals zur Besserung auf und drohen für den Fall der Nichtbefolgung Konsequenzen an. So weit zur einfachen Vorgehensweise, die leider nicht immer die wirkungsvollste ist. Wie oft haben Sie dies in vergleichbaren Fällen schon gemacht? Wie lange hielt der Vorsatz des Mitarbeiters? Wie oft fiel er wieder in das alte Verhalten zurück? Mit dem klassischerweise als »autoritär« bezeichneten Führungsstil gelingt es Ihnen in solchen Fällen zwar, Ihrer gerechtfertigten Wut Ausdruck zu verleihen. Die Nachhaltigkeit und Wirksamkeit bleiben in vielen Fällen aber leider oft aus. Eine nachhaltige Veränderung setzt stattdessen die Problemerkenntnis des Mitarbeiters, das Wissen um Alternativverhalten sowie Leidensdruck voraus.

Sie haben bereits die »Veränderungsformel« kennen gelernt. Diese arbeitet mit den Elementen einer positiven Vision, dem erlebten Leidensdruck und einer ersten Ahnung davon, was zu tun ist, um etwas anders und besser zu machen. Die Summe aus diesen Variablen muss größer sein als die vermuteten Kosten der Veränderung. Erst dann wird eine nachhaltige substanzielle Veränderung möglich.

Als Führungskraft haben Sie die Möglichkeit, an allen vier Variablen der Veränderungsformel mit Ihren Interventionen anzusetzen. Im Gespräch müssen Sie mit dem Mitarbeiter klären, was sein Erleben und seine Vorstellung zu den einzelnen Variablen sind und daraus ableiten, was ihn gegebenenfalls hindert, eine gewünschte Veränderung einzuleiten. So mag es zum Beispiel sein, dass Ihr Mitarbeiter keine klare und vor allen Dingen keine positive Vorstellung (Vision) davon hat, wie er durch ein verändertes Verhalten seine persönliche Situation verbessern kann. Dann ist es wichtig, mit ihm herauszuarbeiten, wie sich seine Situation optimiert, wenn er aufgrund wieder erhöhter Motivation zu besseren Leistungsergebnissen kommt. Hierbei kann Ihre Zufriedenheit mit den Arbeitsergebnissen eine Rolle spielen; es können aber auch berufliche Perspektiven die Vision unterstützen oder eventuell eine verbesserte Integration ins Team.

Eine andere Situation ergibt sich, wenn Ihr Mitarbeiter unter der beruflichen Situation, die sich aus der mangelnden Motivation ergibt, nicht wirklich leidet. Dann ist es Ihre Aufgabe als Führungskraft, über Feedback zum Leistungsverhalten und gegebenenfalls auch Aufzeigen von Konsequenzen und Sanktionen Leidensdruck zu erzeugen. In diesem Fall muss der Mitarbeiter erleben, dass das von ihm gezeigte beziehungsweise auch nicht gezeigte Verhalten nicht in Ordnung ist und von Ihnen auch so nicht akzeptiert wird.

Eine dritte Gestaltung der Situation kann sich daraus ergeben, dass der Mitarbeiter zwar sehr wohl eine positive Vorstellung hat und auch unter der gegebenen Situation leidet, aber nicht weiß, was er tun soll, um etwas zu verändern. Hier ist Ihre Aufgabe dann, mit dem Mitarbeiter gemeinsam zu überlegen, welche Maßnahmen möglich und notwendig sind, um die angestrebte Änderung herbeizuführen.

Eine tückische Variable der Veränderungsformel ist die Variable der erlebten Kosten der Veränderung. Damit ist gemeint, dass immer, wenn wir etwas verändern, wir auch etwas aufgeben. Dieses Aufgeben kann durchaus als bedrohlich oder als sehr großer Verlust erlebt werden. Ziel muss immer sein, den Nutzen der Veränderung insgesamt höher im Erleben zu gestalten als den vermeintlichen Verlust, die Kosten der Veränderung. Hierbei geht es darum, mit dem Mitarbeiter gemeinsam zu überprüfen, ob die von ihm vermuteten Konsequenzen zum einen wirklich real eintreten werden und zum zweiten in ihren Auswirkungen so gravierend sind, wie sie von ihm vermutet werden. Die Veränderungsformel bietet Ihnen einen guten Ansatz, sehr individuell und selektiv mit Ihren *Problems* an der Problemlösung zu arbeiten.

Wenn der Aspekt »Geld« zu Demotivation führt

Ein Motivationsproblem bei Mitarbeitern kann sich durchaus auch daraus ergeben, dass sie sich für die geleistete Arbeit nicht gerecht entlohnt fühlen. Um diesen Aspekt nachzuvollziehen, stellen Sie sich einmal folgende Situation vor: Sie besuchen 20 Jahre nach dem Schulabschluss ein Klassentreffen und sehen dort Ihre alten Kameraden und Kameradinnen wieder. Sie treffen auch einen alten Kollegen, nennen wir ihn Felix Meyer. Sie waren bis zum Ende der Schulzeit Klassenkameraden, hatten denselben Schulweg und verbrachten große Teile Ihrer Freizeit gemeinsam. Nach der Schule haben Sie ihn aus den Augen verloren. Auf besagtem Klassentreffen stellen Sie schnell fest, dass Felix Meyer sich deutlich verändert hat. Er spielt den ganzen Abend das Spiel »mein Haus, mein Auto, mein Boot«. Felix Meyer belässt es nicht bei Erzählungen, sondern kann auch entsprechende Belege per Foto anführen. Sie müssen sich eingestehen, dass es sich um ein Haus der extravaganten Kategorie handelt. Ihnen ist klar, dass Sie sich ein solches Haus in Ihrer heutigen beruflichen Position niemals leisten könnten. Das Auto ist eine im italienischen Modena gefertigte Nobelkarosse und das an der Côte d'Azur liegende Boot durften Sie in ähnlicher Ausführung schon einmal im Kino bewundern. Zudem ist Felix Meyer bei allem sichtlichen Wohlstand immer noch ganz umgänglich geblieben. Er wirkt gelöst, heiter und freundlich.

Am Ende des Abends steigen Sie in Ihr Auto und fahren nach Hause. Sie sind nachdenklich geworden. Sie fragen sich ...

Ja, was fragen Sie sich? Vielleicht sind Sie in der glücklichen Situation, ein erfülltes Familien- und Privatleben zu genießen, welches Ihnen deutlich wichtiger ist als materieller Wohlstand oder Status. Dann werden Sie Ihr Treffen vielleicht mit dem Gedanken »auch schön« abschließen und nicht weiter darüber nachdenken. Vielleicht ist Ihnen aber auch durch den Kopf gegangen, für welches Jahresgehalt Sie sich Tag und Nacht abrackern – mit dem Sie bis zum heutigen Abend eigentlich auch ganz zufrieden waren. Bis Felix Meyer auftauchte. Und Sie angefangen haben, sich mit ihm zu vergleichen.

Manchen Menschen ist es wichtig, sich mit anderen zu vergleichen. Der Prozess der sozialen Bewertung auf Basis dieses Vergleichs führt zu positiven, neutralen oder negativen Selbstbewertungen. Relevant ist hierbei nicht, wie viel man tatsächlich hat, sondern wie viel man im Vergleich zur Bezugsgruppe besitzt – dies entscheidet über die Zufriedenheit oder Unzufriedenheit eines Menschen. Die wenigsten vergleichen hierbei »weit nach oben« oder »weit nach unten«. Kaum jemand neigt dazu, seine Kontodaten mit Bill Gates oder nicht weniger betuchten Prominenten zu vergleichen, da diese sich einfach in ganz anderen monetären Dimensionen bewegen. Eher selten zeigt sich die Tendenz des Vergleichs nach unten, da es hier doch allenfalls zu Mitleid mit dem anderen beziehungsweise Zufriedenheit und Dankbarkeit darüber kommt, dass es einem selbst eigentlich doch ganz gut geht. Das ist aber nicht das, was die meisten von uns wissen wollen. Sie wollen etwas über ihren realen Marktwert erfahren, und zwar ziemlich genau. Es gibt hierbei vor allem zweierlei Bezugsgruppen (»*Peer Groups*«), die von Bedeutung sind: die »*Inner Peer Group*« und die »*Outer Peer Group*«.

Die Felix Meyers dieser Welt wecken unseren Neid – auch wenn wir das natürlich niemals zugeben würden. Immer wieder müssen wir daran denken, wie er es wohl angestellt hat, all das zu erreichen, was wir nicht

Abbildung 47

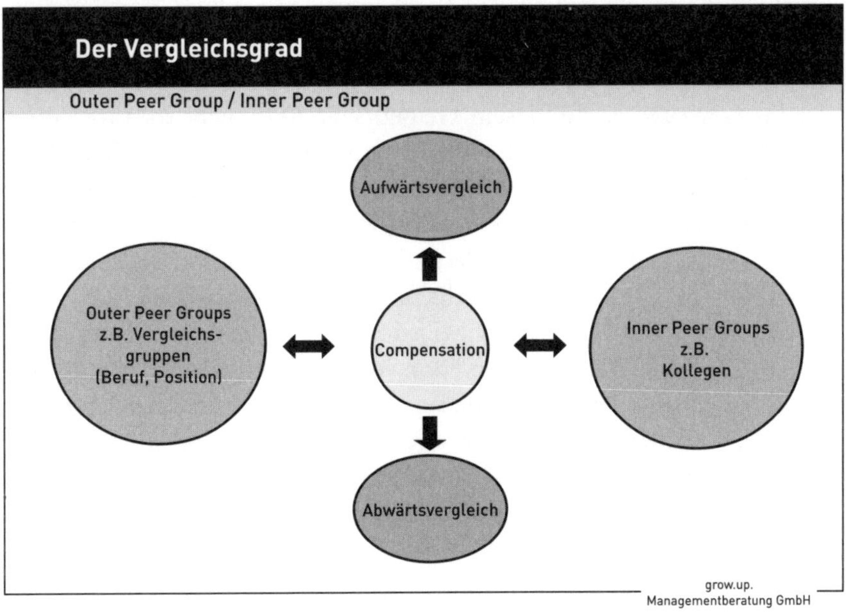

geschafft haben: »Was kann der, was ich nicht kann?!«. Wir empfinden Neid, weil Felix Meyer ein Teil unserer *Outer Peer Group* ist, das heißt, er gehört zu der von uns gewählten äußeren Vergleichsgruppe.

Diese äußere Vergleichsgruppe besteht nicht nur aus uns bekannten und identifizierbaren Personen. Als Vergleich wählen wir auch Positionsinhaber in Unternehmen vergleichbarer Größe und in einer vergleichbaren Führungsebene. Eine ganze Beratungsbranche lebt von der Durchführung von Gehaltsstrukturuntersuchungen und von analytischen Stellenbewertungen. Sie versuchen Objektivität zu schaffen, damit wir unseren Bedarf nach Vergleich kostenwirksam befriedigen können. Schaut man sich allerdings solche Stellenbewertungssysteme einmal über mehrere Unternehmen vergleichbarer Branchen hinweg an, finden sich Unterschiede im Vergütungsniveau von zum Teil mehreren 100 Prozent für ein und dieselbe betriebliche Aufgabenstellung. Insofern gelingt das Objektivieren der äußeren Vergleichsgruppen dann doch häufig nur in geringem Umfang.

Ein zweiter Vergleichsmaßstab findet sich innerhalb eines Unternehmens. Stellen Sie sich einmal vor, Sie haben freitags gegen 16 Uhr einen Termin bei Ihrem Personalchef. Auf dem Weg zu seinem Büro kommt er Ihnen entgegen, bittet um Entschuldigung, er sei noch eine Viertelstunde unabkömmlich, würde dann aber zurück sein, Sie mögen doch schon einmal in seinem Büro Platz nehmen. Da es sich nicht lohnt, in Ihr Büro zurückzukehren, nehmen Sie das Angebot an. In dem Büro angekommen, entdecken Sie die auf dem Tisch liegende Gehaltsliste. Selbstverständlich kämpfen Sie eine Zeit lang mit Ihren inneren Werten und Überzeugungen, aber Ihr Gewissen ist an diesem Freitagnachmittag nicht so stark ausgeprägt wie Ihre Neugier und Sie werfen einen Blick auf die Gehaltsdaten Ihrer Kollegen. Zu Ihrem Entsetzen müssen Sie feststellen, dass selbst der Kollege, der erst vor einem halben Jahr für eine vergleichbare Position eingestellt wurde, mehr als das Anderthalbfache Ihrer Bezüge bekommt und das, obwohl Sie Ihre Position bereits im fünften Jahr ausüben.

Eine solche Feststellung dürfte bei jedem eine heftige Missbalance auslösen. Anschließende Aktivitäten in Form von nachhaltigeren Gesprächen mit dem Vorgesetzten oder Umorientierungen außerhalb des eigenen Unternehmens sind vorprogrammiert. Diese zweite Vergleichsgruppe, die *Inner Peer Group,* besteht aus Kollegen, die in vergleichbarer Position beziehungsweise Hierarchieebene im eigenen Unternehmen tätig sind. Wichtig ist hier, zu begreifen, dass es sich um keine absoluten, sondern um relative Vergleichskriterien handelt. Denken Sie zum Beispiel an angehende Ärzte, die sich einer ungeheuer langen Ausbildungs- und Lehrzeit unterziehen. Ähnlich ergeht es auch Juristen, die nach einer langen und lernintensiven Studienzeit noch das Referendariat absolvieren müssen. Mit einem Blick auf das Gehalt schneiden die jungen Juristen im Vergleich zu anderen Hochschulabsolventen gar nicht gut ab. Der *Inner-Peer-Group*-Vergleich wird jedoch eine relative Gerechtigkeit innerhalb dieser Gruppe aufweisen.

Am Beispiel des eher mäßig bezahlten Berufseinsteigers bestimmter Branchen und Berufe wird die Wirkung einer weiteren psychologischen Dynamik deutlich. Die Rede ist vom sogenannten *delay of gratification*, der Fähigkeit zum Belohnungsaufschub. Hier geht es um das Zurückstellen von unmittelbaren Vorteilen zugunsten langfristiger Belohnungen, wie etwa einem späteren besseren Gehalt und sozialem Prestige. Im Versuchsplan zum Belohnungsaufschub werden meist Kinder vor die Wahl gestellt, entweder ein kleineres Geschenk sofort oder ein größeres später zu bekommen. Durch den Übergang vom Lust- zum Realitätsprinzip lernt das Kind in einer stabilen Umwelt die Fähigkeit zum Belohnungsaufschub. Es kann also jene Verhaltensweisen auswählen, die langfristig die größten Gewinne ermöglichen, auch wenn kurzfristige Wünsche nicht befriedigt werden können. Die Grundlage zu einem *delay of gratification* ist demnach ein intaktes Vermögen zur Selbstregulation.

Das Modell des Vergleichs mit der *Inner Peer Group* oder *Outer Peer Group* macht deutlich, wie Gehaltsunzufriedenheit entstehen kann. Als Führungskraft müssen Sie den Maßstab, der in Ihrem Unternehmen gilt, dem Mitarbeiter transparent und verständlich machen, damit er das Empfinden von Ungerechtigkeit hinsichtlich seiner eigenen Bezahlung wieder verliert. Den psychologischen Aspekt des *delay of gratification* können Sie nutzen, um gerade jungen Mitarbeitern deutlich zu machen, dass sich ihnen bei entsprechender beruflicher Entwicklung deutlich attraktivere Perspektiven zeigen.

Dass die Vergütung für unterschiedliche Menschen einen sehr unterschiedlichen Wert haben und damit für deren Motivation ein durchaus wichtiges Kriterium sein kann, machen auch die Ausführungen im folgenden Abschnitt deutlich.

Geld als Motivator? – Linear- und Decken-Effektler

Motivation ist der Grund, warum ein Mensch sich für ein bestimmtes Ziel engagiert. Hierunter wird der Wunsch verstanden, etwas zu gestalten, zu erreichen und zu bewirken. Dieses Streben resultiert aus der individuellen Bedeutung, die das angestrebte Ziel für einen Menschen hat, und entscheidet zudem über Ausdauer und Energieeinsatz bei der Zielverfolgung.

Im Gegensatz zur intrinsischen Motivation, aufgrund welcher man etwas um seiner selbst willen tut, kann man mit Einschränkung auch durch äußere Anreize motivieren (extrinsische Motivation). Geld kann eine solche extrinsische Motivation sein:

- um bestimmte Konsequenzen herbeizuführen, zum Beispiel Arbeiten wegen des Gehalts,
- um bestimmte Konsequenzen zu vermeiden, etwa Geldnot zu erleiden.

Extrinsische Motivatoren, wie zum Beispiel ein hohes Gehalt oder andere Varianten von »C«, können intrinsische Motivatoren in der Mehrzahl der Fälle jedoch nur ergänzen, nicht ersetzen. Ist Geld ein Motivator, dann meist als Mittel zum Zweck, um die intrinsische Motivation »Status« anzusprechen. Meist verfügt Geld als Motivator auch nur über eine extrem kurze Halbwertszeit: Kaum ist die Gehaltserhöhung auf dem Konto, ist sie keine Erhöhung und kein Ansporn mehr, sondern das normale monatliche Gehalt. Mag die Höhe des Gehalts gerade für Berufseinsteiger und Aufstrebende noch reizvoll sein, so nimmt seine antreibende Kraft jedoch spätestens dann ab, wenn ein gewisser Lebensstandard erreicht ist und die Schäfchen im Trockenen sind. Oder man hat irgendwann genug Geld verdient, doch es fehlt an Zeit, den Wohlstand überhaupt zu genießen. Ist ein solcher oder vergleichbarer Zustand erreicht, spricht man von »Decken-Effektlern«:

Ab einem gewissen Gehaltsniveau nähert sich der motivierende Effekt der Variable C (*Compensation*) zunehmend einer Decke, einer Horizontalen und geht schließlich gegen null. Die Höhe dieser Decke ist zum Beispiel abhängig von der privaten Lebenssituation des Einzelnen, dem Familienstand oder der Aufwändigkeit des Lebensstils.

Ausnahmen bestätigen allerdings wie immer die Regel. Für manche Menschen, insbesondere für die mit einem hohen Statusmotiv, ist Geld insofern ein wichtiger Motivator, als dass es für sie als Mittel zum Zweck zur Befriedigung eben jenes Motivs dient. Mit Geld können sich diese Menschen den Status, den sie für sich als wichtig und richtig erachten, erkaufen. Das Geld wird in einen immer aufwändigeren und luxuriöseren Lebenswandel investiert. In dem Fall gibt es keine Schwelle, die Wirk-

Abbildung 48

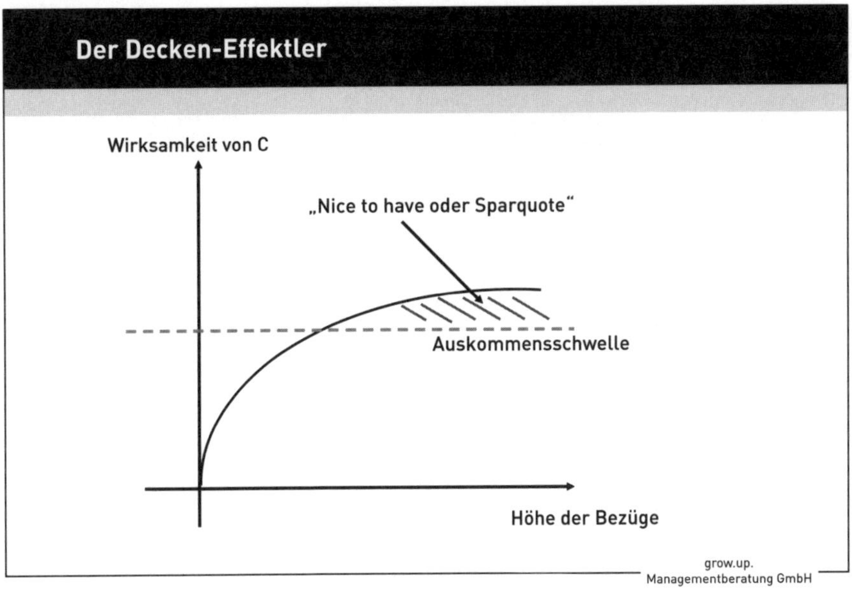

samkeit von C steigt gleichmäßig an und ein Großteil der Arbeitsmotivation ist darauf ausgerichtet, die monetäre *Compensation* zu erhöhen, die ja auch dringend gebraucht wird, weil sich die laufenden monatlichen Ausgaben auf astrale Summen belaufen und der erreichte Status mindestens gehalten oder aber immer wieder erhöht werden muss. Diese Gruppe, genannt »Linear-Effektler«, stellt den deutlich kleineren Anteil der Mitarbeiter dar.

Die Ausführungen zum Decken- und zum Linear-Effektler machen Ihre Einflussmöglichkeit hinsichtlich der Motivation von Mitarbeitern mit Aspekten der Gehaltsgestaltung noch einmal deutlich. Sie können davon ausgehen, dass Sie gerade bei Berufseinsteigern, die sich erst noch etwas aufbauen möchten, mit Geld durchaus eine motivierende Wirkung erreichen können. Seien Sie sich aber darüber im Klaren, dass diese bei einem zunehmend gut situierten Lebensstandard in der Mehrzahl der Fälle abnimmt. Stellen Sie jedoch bei einem Mitarbeiter eine deutliche Leidenschaft für einen aufwändigeren Lebenswandel sowie eine eindeutige Statusmotivation fest, können Sie hier über die Gestaltung der Vergütung auch Motivation erreichen. Diese Mitarbeiter sind dann auch besonders über eine variable Vergütung anzusprechen. Mit ihr haben sie die Mög-

Abbildung 49

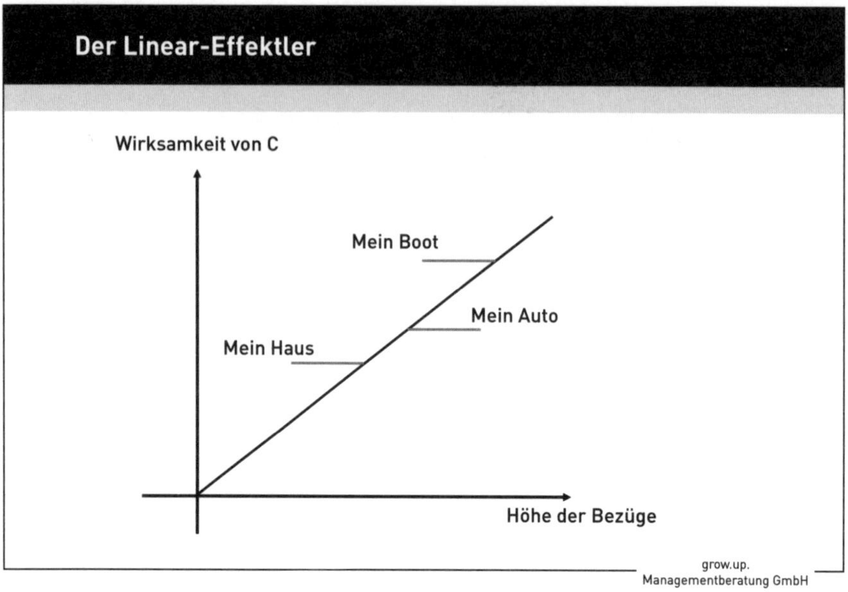

lichkeit, ihren Lebenswandel deutlich stärker selbst mitzugestalten als bei einer fixen Vergütung.

Compensation-Regeln

Im Allgemeinen sind Menschen darauf angewiesen, ihre Arbeitskraft anzubieten, um den eigenen Lebensunterhalt sicherzustellen.

Sie erinnern sich an das Aufwand-Ertrag-Balance-Modell, das Ihnen in diesem Buch schon mehrmals begegnet ist. Im ersten Kapitel haben Sie auch schon die verschiedenen Strategien kennengelernt, wie Menschen mit einem Ungleichgewicht zwischen Aufwand, Ertrag und *Compensation* umgehen:

- *A-Minus-Strategie* (Verminderung des Aufwands, »Dienst-nach-Vorschrift«-Methode)
- *E-Plus-Strategie* (Erhöhung des Ertrags, mehr Anerkennung, mehr Herausforderungen, mehr lernen, mehr Status)
- *C-Plus-Strategie* (Mehr Compensation in Form von Geld oder geldwertem Vorteil)

Die erste Regel bezüglich der *Compensation* ist die der marktüblichen Bezahlung. Sie kommen nicht umhin, für vergleichbare Tätigkeiten auch vergleichbare Bezüge zu gewährleisten. Wie oben erwähnt wählt sich ein Mitarbeiter die Vergleichsgruppe nicht nur innerhalb des Unternehmens, sondern auch außerhalb. Vielleicht kennt er Personen, die in ähnlicher Aufgabenstellung arbeiten, und hat daher einen Gradmesser über die Angemessenheit seiner Bezüge. Schwierig wird es hier für mittelständische Unternehmen, die aus betrieblichen Gründen seltene Spezialisten beschäftigen müssen, die nur in geringer Anzahl in Europa – oder gar weltweit – verfügbar sind. Diese Mitarbeiter nehmen nicht die im regionalen Umfeld gewährten Bezüge als marktüblichen Vergleichsmaßstab, sondern vergleichen den für sie relevanten Marktwert entsprechend global.

Eine weitere *Compensation*-Regel betrifft die Transparenz über die Zusammensetzung der eigenen Bezüge (nicht über die der anderen!). Diese an sich einfache Forderung wird mit der Komplexitätssteigerung betrieblicher Vergütungssysteme verstärkt zu einer wichtigen Führungsaufgabe. Im Lauf der letzten Jahre sind die einfachen Angestelltenvergütungssysteme komplexeren Modellen gewichen, die variablere Bestandteile, wie Boni, Tantieme, Gratifikationen oder erfolgsabhängige Ergebnisbeteiligungen, beinhalten. Insofern steigt hier die Notwendigkeit für Führungskräfte deutlich an, Mitarbeitern zu verdeutlichen, wie sich ihre eigenen Bezüge zusammensetzen. Die C-Variable stellt schließlich auch einen zentralen Bestandteil des Arbeitskontraktes dar. Insofern ist ein fehlendes Verständnis der Zusammensetzung oder mangelhafte Information hierzu unmittelbar relevant für die Zufriedenheit des Mitarbeiters.

Die wenigsten Gehaltssysteme sind, wenn man sie einmal näher betrachtet, gerecht. Dies liegt nicht an der Unfähigkeit oder dem bösen Willen der verantwortlichen Personen, sondern schlicht und ergreifend daran, dass die Gesetze von Angebot und Nachfrage auch auf dem Arbeitsmarkt gelten. Insofern müssen zu bestimmten Zeiten zum Beispiel »Java«-Entwickler einfach zu den Konditionen eingestellt werden, die von den wenigen wechselwilligen Mitarbeitern gefordert werden. Zu anderen Zeiten sind Betriebswirte billig und können für entsprechend geringe Einstiegsgehälter vom Markt geworben werden. Jeder Versuch oder Gedanke, diese Prinzipien außer Kraft zu setzen, ist letztendlich zum Scheitern verurteilt, weil das einzelne Unternehmen eben nur ein Marktteilnehmer ist und nicht die Regeln des Gesamtmarktes bestimmen kann.

Ungeachtet dessen erwarten Mitarbeiter Gerechtigkeit. Diesem Bedürfnis müssen Sie, so weit es eben möglich ist, durch die Aufstellung objektiver oder objektivierbarer Kriterien nachkommen. Kriterien können etwa die Verweildauer in der jeweiligen Tätigkeit, das Alter oder das erreichte Ausbildungsniveau sein. Wir empfehlen Ihnen jedoch, wo immer möglich, die Bezüge zu variabilisieren und zu individualisieren, um die letztendlich unmögliche Diskussion über Gerechtigkeit nicht führen zu müssen.

Vorsicht vor Schmerzensgeld

Wenn alle Strategien von A-Minus, E-Plus und C-Plus scheitern, ertönt der Ruf nach Schmerzensgeld. Dieses löst zwar die Ursachen der Schmerzen nicht, wirkt aber ähnlich wie ein Schmerzmittel: Man nimmt die Schmerzen nicht mehr so recht wahr. Die Wirkung von Schmerzensgeld ist jedoch in der Regel eine kurze. Meistens ist sie nur ein kleiner Flicken auf einen viel größeren Riss. Bei den *Problems* geht es vielleicht nur für einige wenige um den Faktor Geld. Vielmehr wird es oft um die Erhöhung des persönlichen Ertrags gehen. Anstelle von Schmerzensgeld sollte die intensive Suche nach neuen Ertragspotenzialen für die betroffene Person im Vordergrund stehen. Ziel Ihres Führungsverhaltens sollte die Möglichkeit der Eröffnung neuer E-Plus-Strategien sein. Die Umsetzung und die Verinnerlichung liegen zu 100 Prozent am Mitarbeiter; an Ihnen liegt jedoch die Erfüllung der Ertragsvariablen. Geben Sie zum Beispiel dem Mitarbeiter positive Verstärkung für konstruktive Verhaltensweisen, indem Sie ihm Ihre Anerkennung und Wertschätzung zeigen und ihn mit neuen Herausforderungen – anstelle einer Gehaltserhöhung – belohnen. Was für den einzelnen Mitarbeiter »Ertrag« ist, können Sie wiederum nur im Gespräch klären. Es können veränderte Aufgaben, neue Lernfelder oder Perspektiven, Teamarbeit und vieles mehr sein.

Leistung braucht Feedback

Während wir im persönlichen Bereich über viele Feedbackquellen verfügen, unsere Partner, Freunde und Familien, ist aufrichtige und konstruktive Rückmeldung im beruflichen Umfeld sehr selten und für den Betroffenen deshalb umso kostbarer. Bieten Sie dem professionellen Feedback einen Raum in Ihrem Unternehmen, indem Sie den Mitarbeitern Rückmeldungen geben, die über »gut gelaufen« oder nach unten verzogene Mundwin-

Abbildung 50

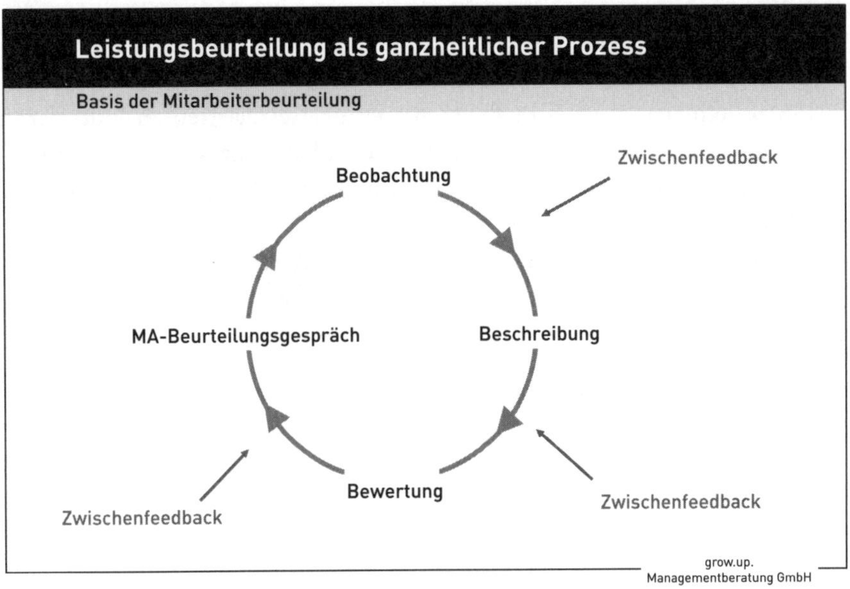

kel hinausgehen. Eine gute Institutionalisierung von Feedback stellen zum Beispiel regelmäßige Feedbackgespräche dar.

Um jemandem umfassend Rückmeldung geben zu können, bedarf es gewisser Standards, um Vergleiche zwischen Mitarbeitern auf ein objektiveres Fundament zu heben. Hierfür sind Mitarbeiter-Beurteilungssysteme das Instrument der Wahl.

Mitarbeiterbeurteilungssysteme sind je nach Unternehmen sehr unterschiedlich aufgebaut. Zumeist finden Sie Verhaltens- und Leistungsdimensionen, anhand derer die Mitarbeiter beurteilt werden. Die Beurteilung erfolgt in unterschiedlichen Abstufungen, wie etwa: »erfüllt die Anforderungen der Position und Aufgabe: nicht / zum Teil / den Anforderungen entsprechend / über die Anforderungen hinausgehend / deutlich über die Anforderungen hinausgehend.«

Es ist wichtig, dass Ihre Mitarbeiter die Beurteilungsdimensionen kennen und lernen, ihr Verhalten und ihre Leistungen selbst anhand Dimensionen einzuschätzen. Das erreichen Sie, indem Sie Zwischenfeedbacks geben und auch in Ihren Feedbackgesprächen immer wieder auf die Beurteilungsdimensionen zurückgreifen. Besprechen Sie mit dem Mitarbeiter, wie Sie ihn zum jetzigen Zeitpunkt bewerten, beziehungsweise wie Sie die aktuell besprochene Leistung bewerten würden. Leistungsbeurteilung ist als ein ganzheitlicher Prozess zu verstehen, der bei manchen Mitarbeitern größere Abstände zwischen den Beurteilungen erlaubt, während bei anderen enge Feedbackschleifen notwendig sind. Mit diesem Führungsinstrument kann es Ihnen gelingen, auch Ihre *Problems* immer wieder neu zu kalibrieren und in die richtige Richtung zu lenken, indem Sie aufgrund von Leistungsrückmeldungen, die auf einem durchdachten Beurteilungssystem beruhen, auf den Abstand zwischen Ist und Soll aufmerksam machen. Mit den folgenden Fragen können Sie sich auf ein Feedbackgespräch vorbereiten.

Klären Sie im ersten Schritt die Anforderungen an die Mitarbeiter:

- Welche Aufgaben umfasst die Position?
- Was genau tut der Mitarbeiter?
- Welche Verantwortung umfasst die Position?
- Welche Kompetenzen benötigt der Mitarbeiter für seine Tätigkeit, beziehungsweise welche sind weniger erforderlich?
- Wie stark müssen die einzelnen Kompetenzen ausgeprägt sein, um die Anforderungen zu erfüllen?
- Welche Anforderungen stelle ich für die Aufgabenerfüllung an den Mitarbeiter?
- Was erwarte ich für eine gute Aufgabenwahrnehmung von dem Mitarbeiter?
- Welches Verhalten erfüllt die Anforderungen in vollem Umfang?
- Mit welchem Verhalten übertrifft der Mitarbeiter die Anforderungen?
- Mit welchem Verhalten sind die Anforderungen nicht immer erfüllt?

Notieren Sie sich am besten konkrete Beispiele für die Erfüllung beziehungsweise Nicht-Erfüllung Ihrer Anforderungen. Prüfen Sie Ihre Einschätzung mit diesen Fragen:

- Habe ich regelmäßig und fortlaufend beobachtet?
- Kann ich meine Bewertung mit einer ausreichenden Anzahl von Beispielen aus dem Alltag begründen?
- Kann ich meine Beurteilung durch sachliche, stichhaltige und abgesicherte Daten und Fakten begründen, die aus eigener Beobachtung stammen?
- Kann ich Beurteilerfehler weitgehend ausschließen?
- Habe ich dem Mitarbeiter zwischendurch ausreichend Feedback zu seinem Verhalten und zu seinen Leistungen gegeben?

- Weiß der Mitarbeiter aus der bisherigen Zusammenarbeit, wie ich ihn einschätze, oder wird meine Beurteilung überraschend für ihn sein?
- Habe ich dem Mitarbeiter genügend Zeit gegeben, um sich seinerseits auf das Gespräch vorzubereiten?
- Welches sind die wichtigsten Punkte der Beurteilung und wie sollen sie im Gespräch angesprochen werden?
- Mit welchen Einwänden ist im Gespräch zu rechnen?
- Welche Ziele will ich mit der Beurteilung erreichen?

Abbildung 51

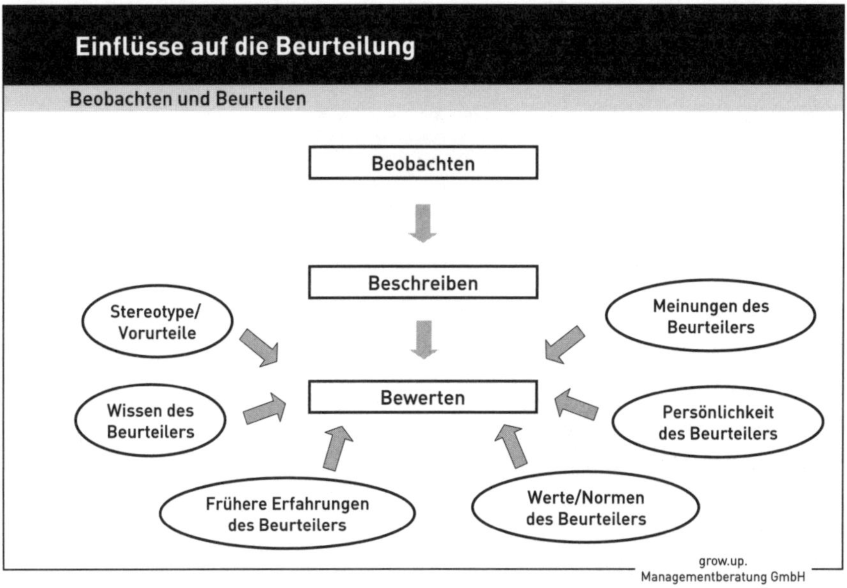

Überprüfen Sie Ihre Beurteilungen selbstkritisch, ob Sie den Leistungen Ihrer Mitarbeiter wirklich gerecht werden. Weder zu wohlwollende noch zu kritische Beurteilungen helfen dabei, die Leistungen in Ihrem Verantwortungsbereich zu optimieren.

Auch eine Nivellierung aller Beurteilungen hin zu mittleren Bewertungen nützt weder dem Unternehmen noch dem Mitarbeiter – sie bleiben für alle Beteiligten ohne verwertbare Aussage. Der Aspekt der selbstkritischen Beurteilung der Mitarbeiterleistung ist für ein faires Führungsverhalten sehr wichtig. Auch als Führungskraft sind Sie nur ein Mensch und unterliegen der Gefahr, sich in Ihrer Einschätzung von vielfältigen Wahrnehmungs- und Beurteilungsfehlern täuschen zu lassen. Diese sind im Wesentlichen:

Abbildung 52

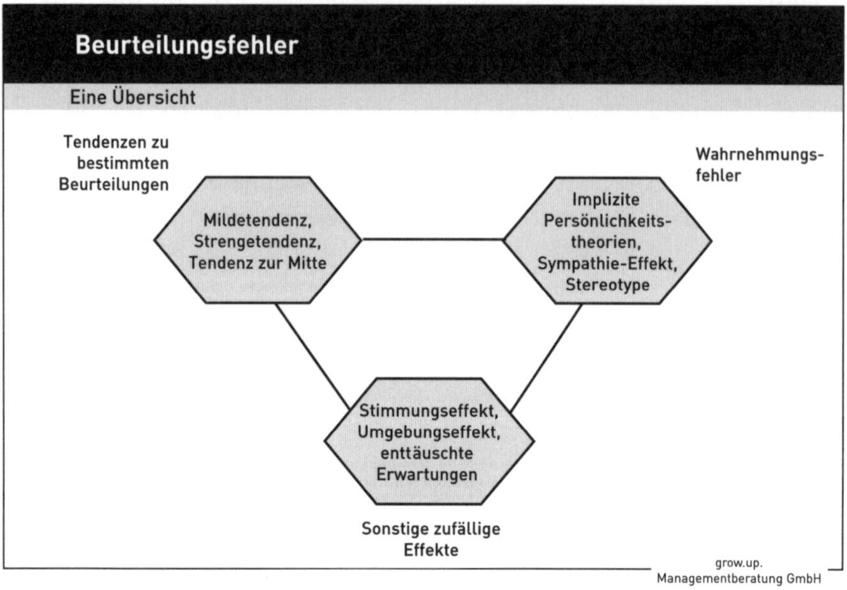

- Die Mildetendenz
- Die Strengetendenz
- Die Tendenz zur Mitte
- Implizite Persönlichkeitstheorien
- Der Sympathie-Effekt
- Stereotype
- Der Stimmungseffekt
- Der Umgebungseffekt
- Enttäuschte Erwartungen

Für alle Beurteilungen gilt: Die Basis für die Beurteilung ist die Aufgabe. Prüfen Sie für jede einzelne Beurteilungsdimension und jeden Mitarbeiter, ob und inwieweit er diese Kompetenzen in seinem Aufgabenbereich zeigen kann und benötigt.

Sie können nur beurteilen, was der Mitarbeiter wirklich tut oder tun soll. Unterschiedliche Aufgaben stellen unterschiedliche Anforderungen an Ihre Mitarbeiter. Deswegen können die einzelnen zu beurteilenden Kompetenzen für den einen Mitarbeiter zur Ausübung seiner Tätigkeit sehr wichtig, für den anderen jedoch weniger wichtig sein. Auch der Maßstab, was in einer Position gut ist und was nicht, variiert von Position zu

Position. Beurteilungen sind demnach also nur für Mitarbeiter mit exakt den gleichen Aufgaben vergleichbar. Entwerfen Sie deshalb Beurteilungsbögen mit genau definierten Kriterien, die festlegen, welches Verhalten und welche Leistungen beobachtet, beschrieben und schließlich bewertet werden.

Wenn Sie bei Ihren Mitarbeitern Wachstum und Leistungssteigerung erreichen wollen, müssen Sie nicht nur deutlich machen, wenn Sie gute Leistungen sehen. Sie müssen genauso aufzeigen, dass Sie unzureichende oder sogar fehlende Leistungen bemerken und diese nicht akzeptieren. Das »Ampel-Modell« illustriert auf anschauliche Weise die summierten Potenziale und Schwachstellen, die Sie anhand einer Ampel Ihren Mitarbeitern verdeutlichen können: »Grün« für diejenigen Mitarbeiter, die mit ihrer Leistung dazu beitragen, die Leistungsfähigkeit des Bereichs/Unternehmens zu sichern beziehungsweise zu steigern. »Gelb« für Mitarbeiter, mit denen Sie die derzeitige Leistung halten, und »Rot« für die Mitarbeiter, welche die Leistungsfähigkeit des Bereichs gefährden.

Sehen Sie bei einem Mitarbeiter rot, ist es höchste Zeit, Kritik zu üben. Für solche Kritikgespräche gilt wie für alle anderen Gespräche: Gehen Sie niemals unvorbereitet in das Gespräch. Vorbereitung heißt in diesem Fall nicht nur, das eigene Verhalten kritisch unter die Lupe zu nehmen, denn bei Kritikgesprächen kommt Ihrer Gesprächskompetenz eine entscheidende Bedeutung zu. Vorab zu überlegen ist in jedem Fall eine angemessene Maßnahme wie der Mitarbeiter wieder zu seiner alten Leistungsfähigkeit geführt werden kann. Nach wie vor lautet Ihre Devise, unbedingt selektiv und individuell vorzugehen. Der Führungsstil der Wahl bedeutet Führen durch enge Feedbackschleifen. Das Thema Kritik- und Feedbackgespräche werden wir im Folgenden aufgreifen.

Das 4-L-Modell der Konfliktlösung

Leistungsdefizite und vor allem auch unterschiedliche Leistungseinschätzungen sind immer auch eine mögliche Basis für Konflikte zwischen dem Vorgesetzten und dem Mitarbeiter. Von einem Konflikt sprechen wir, wenn scheinbar unvereinbare Interessensgegensätze vorliegen – ein nicht auflösbar erscheinender Widerspruch. Solange verhandelt wird, liegt noch kein Konflikt vor, denn dann bemüht man sich noch um eine Lösung. Findet sich nach langem Hin und Her aber immer noch keine Lösung und emotionalisiert sich die Situation aufgrund von Handlungs- und Leistungsdruck bei mindestens einem der Beteiligten, dann entsteht ein ernst zu nehmender Konflikt. Sie sollten sich darum kümmern, denn in der Regel sind die Kosten und der Aufwand für eine Konfliktlösung geringer als die Summe der negativen Auswirkungen, die entstehen, wenn das Problem lange Zeit nicht beachtet oder sogar verdrängt wird. Konflikte, die nicht rechtzeitig erkannt und angesprochen werden, haben häufig auch die Tendenz zu eskalieren.

Konflikte entstehen vor allem immer dann, wenn unterschiedliche Interessen, Erwartungen oder Motive bestehen, die nicht oder nicht klar ausgesprochen werden. Jeder Konfliktbeteiligte hat bestimmte Gedanken, Gefühle, Wahrnehmungen und Einstellungen, die sein Verhalten bedingen, die aber nicht offen zutage treten. Reagiert wird auf ein äußeres sichtbares Verhalten, die Bedeutung wird dabei meist nicht hinterfragt.

So zeigt beispielsweise Person A ein bestimmtes Verhalten, das von Person B interpretiert wird. Auf Basis der Interpretation des Verhaltens (zum Beispiel »A hat das nur gesagt, weil er mich ärgern will«) reagiert Person B auf das Verhalten von Person A feindselig. Person A wiederum sieht nur die feindselige Reaktion von Person B und interpretiert ihrerseits »B greift mich an – das werde ich mit gleicher Münze zurückzahlen«. Wird über die Ursachen des Konflikts, nämlich die zugrunde liegenden unterschiedlichen Erwartungen und Motive, nicht gesprochen, bewegen sich A und B in einem Teufelskreis, der sich immer weiter hochschaukelt. Das Misstrauen auf beiden Seiten nimmt zu und gleichzeitig auch die Fehlinterpretationen der Beweggründe des Verhaltens der anderen Person.

Es gibt bestimmte Symptome, an denen man erkennen kann, dass ein Konflikt vorliegt – auch wenn er unausgesprochen vor sich hin schwelt. Dazu gehören:

- *Ablehnung, Widerstand*
  Ein Konfliktbetroffener versucht, den Konfliktgegner an seiner Zielerreichung zu hindern. Das kann auf verschiedene Arten geschehen, zum Beispiel können Arbeiten nicht mehr sorgfältig ausgeführt, Informationen nicht weitergeleitet, Meinungen boykottiert werden.
- *Rückzug, Desinteresse*
  Beim Konfliktbetroffenen sinkt die Arbeitsmotivation, er verschließt sich.

- *Gereiztheit, Aggressivität, Feindseligkeit*
  Wird dem Ärger nicht direkt Luft gemacht, bleibt er unterschwellig bestehen und kommt in vielen anderen Situationen zum Ausdruck.
- *Mobbing, Gerüchte*
  Konfliktparteien versuchen häufig, die Gegenpartei schlechtzumachen oder zu behindern und sich gleichzeitig Unterstützung von Dritten zu suchen.
- *Sturheit, Uneinsichtigkeit*
  Der Konfliktgegner wird als Schuldiger wahrgenommen, der dem Betroffenen persönlich »etwas will«. Durch die einseitige Wahrnehmung schwinden die Empathie und Bereitschaft, sich in die Sichtweise des anderen hineinzuversetzen.
- *Förmliches Verhalten, Überkonformität*
  Herrscht ein Konflikt zwischen einem Mitarbeiter und dessen Führungskraft, traut dieser sich aus Angst vor negativen Konsequenzen oft nicht, das Problem offen anzusprechen. Stattdessen verhält er sich eher überangepasst oder betont freundlich.
- *Körperliche Symptome, Krankheiten*
  Konflikte bringen körperliche Reaktionen wie etwa Stress, erhöhten Blutdruck oder Schwächung des Immunsystems mit sich. Treten diese körperlichen Reaktionen über lange Zeit auf, können Sie zu echten Krankheiten werden. Insofern können auch ein hoher Krankenstand und eine hohe Fluktuation Ausdruck eines schlechten Arbeitsklimas und von Konflikten sein.

Psycho-physiologische Hintergründe für Konfliktstress liegen tief im menschlichen Gehirn verankert. Dabei spielen die drei großen Hirnbereiche eine wichtige Rolle: das Stammhirn, das Mittelhirn und das Großhirn.

Diese drei Bereiche sind in unterschiedlichen stammesgeschichtlichen Entwicklungsstadien entstanden. Das Stammhirn ist der älteste Teil des Gehirns, der relativ wenig verändert von unseren Vorfahren übernommen wurde. Darin sind die Instinkte und Antriebsmechanismen lokalisiert, die nach dem Lust-Unlust-Prinzip funktionieren. Das bedeutet, dass ein Reiz als angenehm oder unangenehm bewertet wird und dementsprechend eine Annäherungs- oder eine Flucht- beziehungsweise Ablehnungsreaktion erfolgt. Die Bewertung und entsprechende Reaktion verläuft in Bruchteilen von Sekunden und wird uns nicht bewusst.

Auf der Ebene des Mittelhirns, das sich nach dem Stammhirn entwickelt hat, werden diese grundsätzlichen Bewertungen dann näher differenziert und in verschiedene Gefühle ausgeformt.

Das Großhirn hat sich in der Evolution am spätesten entwickelt. Hier finden die bewussten Denk- und Bewertungsprozesse statt.

Nimmt das Stammhirn eine Bedrohung der eigenen Bedürfnisse wahr, reagiert es mit einer grundsätzlichen Ablehnungs- oder Alarmreaktion. Gleichzeitig werden Kampf- und Fluchthormone ausgeschüttet: Der ganze Körper ist in Alarmbereitschaft. Dies erschwert eine realitätsgerechte Situationsbewertung. Befindet sich jemand in diesem Zustand der physiologischen Erregung, ist er rationalen Argumenten nicht mehr zugänglich. Seine Wahrnehmung ist durch die Aktivierung des Alarmsystems verzerrt und auf eine Aufforderung wie »Jetzt denk doch erst mal richtig nach, bevor du ...« folgt sehr wahrscheinlich eine wütende Antwort wie »Ich bin doch kein Idiot – das weiß ich selbst!«. Ist jemand in Rage, ist es daher besser, zunächst einmal nur Verständnis für seine emotionale Situation zu signalisieren und eine rationale Diskussion auf einen späteren Zeitpunkt zu verschieben, wenn er wieder einen kühlen Kopf hat.

Ob ein Mensch aus diesem Erregungszustand heraus dann tatsächlich mit Angriff oder Flucht reagiert, hängt von der Persönlichkeit ab und davon, welche Lernerfahrungen im Großhirn gespeichert sind. Jeder Mensch hat andere Erfahrungen gemacht und reagiert daher trotz eines vergleichbaren physiologischen Zustands anders. Manche Menschen tragen Konflikte eher nach außen, während andere sie eher in sich hineinfressen.

Ihr Ziel als Führungskraft sollte es sein, die Konfliktsituation wieder in eine Verhandlungssituation zu verwandeln. Demnach besteht Ihre Herausforderung darin, alle beteiligten Konfliktparteien zu »entemotionalisieren« und deren Reaktionen wieder in einen angemessenen Rahmen zurückzuführen. Aus diesen Aufgaben lässt sich Ihre Rolle in einer Konfliktsituation sehr gut ableiten: Sie übernehmen die Rolle des Konfliktmoderators. In diese Rolle werden Sie aufgrund Ihrer Führungsposition öfter geraten, sie ist für Sie unvermeidbar. Sie sollten in dem gesamten Konflikt eine äußert neutrale und sachliche Position einnehmen und eine Lösung herbeiführen, bei der am Ende keine der Konfliktparteien mit wesentlichen Vor- oder Nachteilen aus der Situation herausgeht. Voraussetzung für die Übernahme dieser Rolle ist selbstverständlich Ihre persönliche Neutralität. Es ist von enormer Wichtigkeit, nicht Partei für eine der Konfliktparteien zu ergreifen, sonst fällt es Ihnen in Ihrer Führungsrolle sehr schwer, eine akzeptable Lösung zu generieren. Bemühen Sie sich, eine *Win-Win*-Situation herzustellen. Eine »*Win-Win*-Strategie« ist eine Konfliktlösung, bei der beide Beteiligten einen Nutzen erzielen. Ähnliche Interessen der Konfliktbeteiligten sind eine notwendige Voraussetzung für diese Form der Konfliktlösung. Bei der *Win-Win*-Strategie geht es nicht darum, die eigene Position durchzusetzen oder gezwungenermaßen Abstriche zu machen, sondern eine dauerhafte Lösung zu finden, die von allen Beteiligten getragen und akzeptiert wird. Hier soll eine Situation geschaffen werden, in der jeder die Wahrnehmung und auch das Gefühl hat, durch diese Lösung etwas zu gewinnen und nicht zu verlieren.

Generell sind alle Konflikte durch verschiedene Ebenen der Tiefe, die ein Konflikt erreichen kann, gekennzeichnet. Auf allen Konfliktebenen ist eine Lösung möglich, sogar auf der letzten und tiefsten Ebene. Anhand von Abbildung 53 können Sie sich ein Bild über die vier wesentlichen Konfliktebenen machen.

1. Die Sachebene: Zu Beginn zeigen sich Konflikte im Allgemeinen auf der Sachebene. Es werden zunächst Argumente ausgetauscht, Meinungen

Abbildung 53

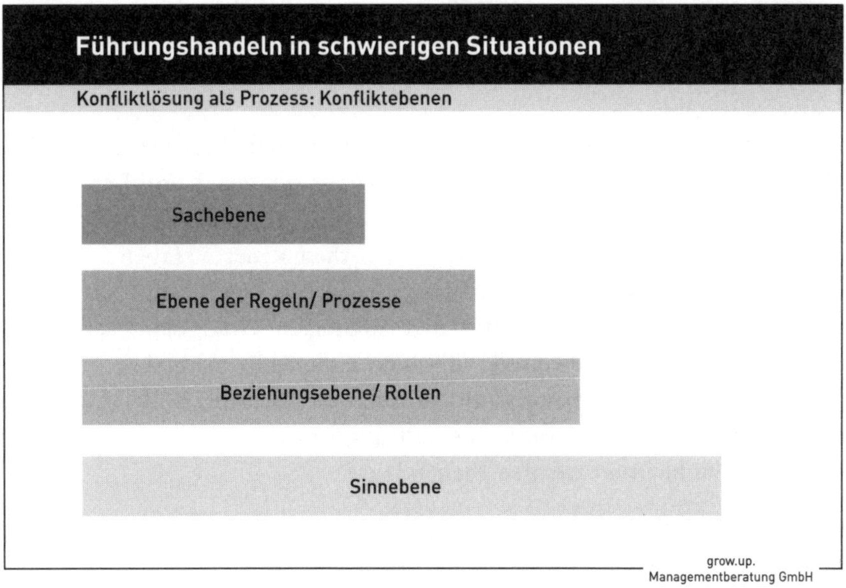

einander gegenübergestellt und Sichtweisen verglichen, bewertet oder sogar entwertet. Zu diesem Zeitpunkt geht es manchmal auch nur vordergründig noch um den Widerspruch in der eigentlichen Sache. Kommt es nicht zeitnah zu einer Lösung, intensivieren sich die Anstrengungen von mindestens einer der Konfliktparteien, zu gewinnen. Stellen Sie sich darauf ein, dass es jetzt lauter werden kann, bereits gebrachte Argumente wiederholt und eventuell schärfer formuliert werden. Findet nun keine Konfliktlösung statt, wird im nächsten Schritt die Sachebene verlassen und die Ebene der Regeln aufgesucht.

2. Die Ebene der Regeln: Auf der zweiten Konfliktebene geht es um die Regeln, nach denen entweder bei solch einem Konflikt vorgegangen oder grundsätzlich gearbeitet oder zusammengearbeitet werden soll. Hilfreich ist es für Sie in dieser Situation, wenn Sie gemeinsam mit Ihren Mitarbeitern bereits im Vorfeld Regeln für den Konfliktfall aufgestellt haben, die besagen, was gut, richtig und zulässig ist, und welcher Prozess der Konfliktlösung angestoßen werden soll. Ihnen als Führungskraft kommt an dieser Stelle die Rolle zu, eben jene Regeln zu suchen, deren Gültigkeit und Anwendung zu thematisieren und neue Prozesse für zukünftige Konfliktsituationen beziehungsweise die Zusammenarbeit zu generieren.

Die Fragen, die auf dieser Ebene zu beantworten sind, lauten:

- »Was soll hier gut und richtig sein?«
- »Wie sollen wir uns verhalten?«
- »Wie gehen wir vernünftig mit solchen Konflikten um?«

3. Die Beziehungsebene: Ist es nicht gelungen, auf den vorhergehenden Ebenen eine Einigung zu erzielen, so verlagert sich der Konflikt zwangsläufig eine Stufe tiefer auf die Beziehungsebene. In dieser Phase wird die Beziehung zwischen den Konfliktparteien thematisiert. Haben Sie einen Konflikt mit einem Ihrer Mitarbeiter, wird sich das Thema auf dieser Ebene höchstwahrscheinlich um den zulässigen Grad der Vertikalität drehen. Diskussionsgegenstände sind häufig die Rolle, Aufgaben und Verpflichtungen des Mitarbeiters und in Relation dazu die Rolle, Aufgaben und Verpflichtungen von Ihnen als Führungskraft.

Die hier zu beantwortenden Fragen lauten:

- Was ist dein Recht und deine Verpflichtung als X?
- Was ist mein Recht und meine Verpflichtung als Y?

Abbildung 54

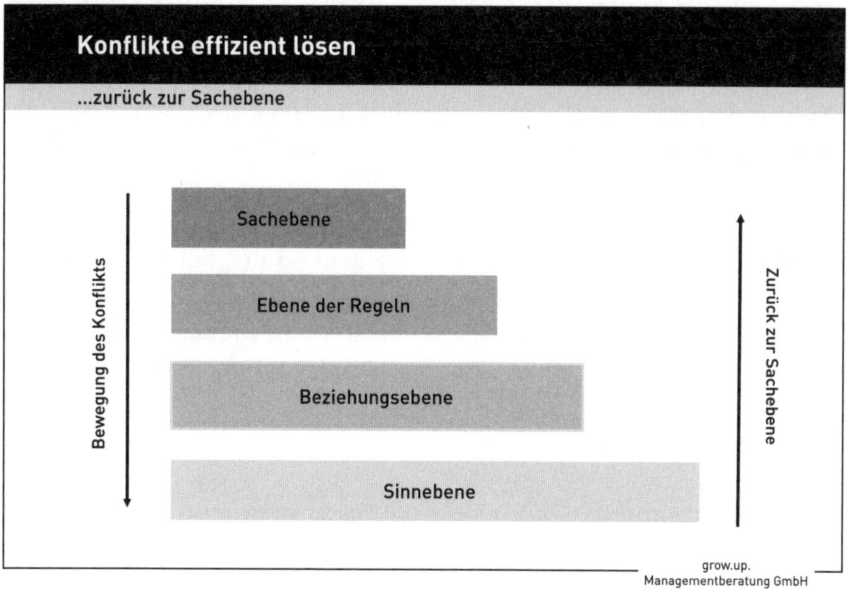

Ein Konflikt kann auch erst auf dieser Ebene entstehen. Entscheidend sind hier Faktoren von Sympathie und Antipathie sowie die Akzeptanz der Rolle. Ein Beispiel sind Konflikte, die entstehen, wenn der bisherige Kollege Führungskraft wird, und ihn die ehemaligen Kollegen in dieser neuen Rolle aber nicht akzeptieren. Auslöser kann jedoch auch das Zusammentreffen zweier Personen mit gegensätzlichen Persönlichkeiten sein, die einander einfach nicht verstehen.

4. Die Sinnebene: Auf dieser letzten möglichen Ebene werden schließlich die grundlegenden Fragen des »ob überhaupt« thematisiert. Wie Sie sicherlich bemerkt haben, wurde auf den vorangegangenen Ebenen versucht, den Konflikt über die Modifikation des »Wie« zu lösen. Auf der Sinn-Ebene stellen sich zwei andere Fragen:

1. Fühlen die Konfliktparteien sich noch den gemeinsamen Zielen verpflichtet?
2. Macht die Fortsetzung der Beziehung unter den gegebenen Umständen noch Sinn?

Doch auch auf dieser Ebene ist noch eine Konfliktlösung möglich. Für die Konfliktlösung ist wichtig zu beachten, dass ein Konflikt zum einen auf jeder der beschriebenen Ebenen entstehen kann oder sich aber auf jede der beschriebenen Ebenen hinentwickeln kann. Im Konfliktverlauf kann die Ebene auch wechseln. Wesentlich für eine erfolgreiche und dauerhafte Konfliktlösung ist, dass der Konflikt auf der Ebene, wo er sich tatsächlich befindet, gelöst wird. Entscheidend ist hier im Vorfeld also die Frage: »Worum geht es hier wirklich?« Es macht wenig Sinn, auf der Sachebene eine Konfliktlösung herbeizuführen, wenn sich der wirkliche Konflikt auf der Prozess- oder Beziehungsebene befindet. In diesem Fall werden Sie schnell feststellen, dass die herbeigeführte Lösung auf der Sachebene nur von kurzer Dauer ist. Sehr schnell werden sich die Konfliktparteien ein neues Thema, über das es sich vermeintlich zu streiten lohnt, suchen. Denn der wirkliche Konflikt, der zum Beispiel auf der Beziehungsebene liegt, ist nicht gelöst.

Führungsinstrument: Kritik- und Feedbackgespräche

Feedback heißt, Rückmeldung über die eigenen Leistungen und das eigene Verhalten zu erhalten. Um zu wissen, wie sie von anderen wahrgenommen und erlebt werden, benötigen Menschen diese Rückmeldung. Feedback ist somit die einzige Möglichkeit, das Selbstbild mit dem Fremdbild, das andere von einem haben, zu vergleichen. Somit ist Feedback also eine wesentliche Chance, das eigene Leistungs- und zwischenmenschliche Verhalten zu verändern und zu verbessern. Aus diesem Grund spielt Feedback in der Mitarbeiterführung eine sehr wichtige Rolle.

Ziele

Mitarbeiter haben nicht nur das Recht sondern wollen vor allem auch, dass ihre erbrachte Leistung und Anstrengung wahrgenommen und entsprechend gewürdigt wird. Somit ist Feedback eine echte Führungsaufgabe, die dem Mitarbeiter verdeutlicht, dass seine Leistungen anerkannt werden. Um Ihren Mitarbeitern ein wirkungsvolles Feedback geben zu können, sollten Sie genaue Kenntnis über die nachfolgend aufgeführten Aspekte haben:

- das Tätigkeitsfeld und die Aufgaben des Mitarbeiters,
- inwieweit das Leistungsniveau des Mitarbeiters bereits ausgeschöpft ist oder noch Potenziale vorhanden sind,

- welche Motive den Mitarbeiter bewegen, damit Sie mit Ihren Maßnahmen seine Motivation nicht in Demotivation verwandeln,
- ob es sich bei gegebenen Abweichungen um ein Problem des Könnens oder des Wollens handelt, denn dementsprechend sind je nach Problem unterschiedliche Feedbackvorgehensweisen und verschiedene sich anschließende Maßnahmen angebracht.

Feedback ist ein fortlaufender Prozess, der in allen Phasen des Führungshandelns erfolgen muss. Nur so können Sie bei Ihren Mitarbeitern Änderungen, Verbesserungen oder Steigerungen erreichen. Das Geben von Feedback hat einige sehr wichtige Vorteile, die für Sie nachfolgend zusammengestellt sind:

- Lernen aus Fehlern oder anhand einer Situation wird ermöglicht.
- Probleme kommen auf den Tisch.
- Problemlösungen setzen gebundene Energien frei.
- Das Verstärken positiver Verhaltensweisen und Eigenschaften festigt diese Energien.
- Veränderungen werden begleitet und unterstützt.
- Austausch über die Wahrnehmung einer bestimmten Sache oder Situation findet statt.
- Kennenlernen der Wertvorstellungen des anderen.
- Intensivierung der Beziehung.
- Lernen über die eigene Person.
- Selbstbild-Fremdbild-Abgleich.

Feedbackgespräche, in denen Sie Kritik äußern möchten (Kritikgespräche), gehen Sie am besten mit der Zielsetzung an:

- konkrete Missstände anzusprechen,
- Verständnis für die nicht ausreichende oder fehlerhafte Leistung sowie für Fehlverhalten bei dem Mitarbeiter zu erzeugen,
- Motivation zur Verbesserung des aktuellen Zustandes zu erreichen,
- eine Klärung unterschiedlicher Wertvorstellung zu ermöglichen,
- die Beziehung zu verbessern.

Inhalt – unterschiedliche Arten von Feedback

Grundsätzlich gibt es zwei Arten von Feedback: positives oder negatives. Sie können entweder mit positiver oder negativer Verstärkung arbeiten, das heißt: Sie verwenden im Rahmen des positiven Feedbacks Lob, Anerkennung und Incentivierung, wohingegen Sie bei der Anwendung von negativem Feedback Kritik, Missfallensbekundungen, Untersagungen und Sanktionen gebrauchen. Egal, welche Form von Feedback Sie verwenden, achten Sie unbedingt darauf, es angemessen anzubringen. Passen Sie jedes Feedback an die Bedeutung des ursprünglichen Themas an.

Nachfolgend finden Sie die einzelnen Feedbackmethoden so angeordnet, dass sie deren Bedeutungsgrad für die Mitarbeiter widerspiegeln. Zudem zeigt die gewählte Reihenfolge gleichzeitig auch die zunehmende Wirksamkeit der einzelnen Methoden.

Positives Feedback/Verstärkung:

- *Das Lob für ein Verhalten oder eine Leistung:* Diese Art von Feedback zeigt dem Mitarbeiter, dass seine Anstrengungen oder auch die Ergebnisse seiner Bemühungen sichtbar sind, wahrgenommen und für gut gehalten werden.
- *Die Steigerung des Lobs ist die Anerkennung:* Anerkennung geht über das Einzelthema hinaus und bezieht die Person des Mitarbeiters – so weit es um das Arbeitsverhalten geht – in ihrer Gesamtheit mit in das Lob ein; es wird also die Wirksamkeit des Leistungsverhaltens der jeweiligen Person für das Vorankommen des Bereichs oder der Abteilung gewürdigt.
- *Die wirksamste Form der Verstärkung ist die Incentivierung:* Das bedeutet, Sie stellen Ihrem Mitarbeiter positive Konsequenzen in Aussicht, wenn das bisher gezeigte Verhalten weiter aufrechterhalten wird. Dabei muss diese Incentivierung nicht notwendigerweise monetär sein, denken Sie an das Aufwand-Ertrag-Modell: Auch mit Erträgen kann man incentivieren.

Negatives Feedback/Bestrafung:

- *Die schwächste Form des negativen Feedbacks ist die Kritik:* Hier wird sachlich am Verhalten oder am Ergebnis der Leistung Kritik geübt, das heißt ein Vergleich mit einem definierten Soll-Maßstab vorgenommen.
- *Die Steigerungsform der Kritik ist das Missfallen:* Hier beziehen Sie in Ihre Kritik auch arbeitsbezogene Einstellungen und Verhaltensaspekte des Mitarbeiters mit ein.

- *Auf der nächsten Ebene geht es um Untersagung:* Das Verhalten oder das Vorgehen des Mitarbeiters soll so nicht noch einmal stattfinden, da es definierten Kriterien ganz deutlich nicht entsprach.
- *Die Steigerungsform der Untersagung ist die Androhung von Sanktionen:* In diesem Fall verdeutlichen Sie Ihrem Mitarbeiter Konsequenzen für den Fall, dass das kritisierte Verhalten noch einmal stattfindet.

Ablauf eines Feedbackgesprächs

Wenn Sie bei Ihren *Problems* Leistungssteigerung erreichen wollen, um die Ziele Ihres Bereichs zu erfüllen, dürfen Sie nicht nur deutlich machen, dass Sie gute Leistungen sehen. Sie müssen im Wesentlichen aufzeigen, dass Sie ebenso unzureichende Leistungen bemerken und diese nicht tolerieren. In solch einem Fall ist es Ihre Aufgabe, konstruktive Kritik zu üben. Sie bietet dem Mitarbeiter die Chance, sich positiv weiterzuentwickeln. Ein Kritikgespräch in diesem Sinne ist mehr ein Entwicklungs- oder Förderungsgespräch auf der Basis einer Ergebnis-Ursachen-Maßnahmen-Analyse.

Feedbackgespräche haben das Ziel, dass Sie als Führungskraft Ihrem Mitarbeiter Rückmeldung darüber geben, was in der letzten Zeit gut und was weniger gut gelaufen ist. Im Grunde geht es darum, abzugleichen, wo Sie gemeinsam mit Ihrem Mitarbeiter hinsichtlich der Leistungserbringung stehen. Dabei können Feedbackgespräche von der Dauer her sehr variabel sein – von einigen Minuten bis zu mehreren Stunden. In einem Feedbackgespräch sollten Sie erreichen, dass Ihr Mitarbeiter Ihre Sichtweise nachvollziehen kann und diese akzeptiert, damit er bereit ist, im Nachgang möglichst viel vom Feedback umzusetzen und zu verbessern.

Ein Feedbackgespräch ist für Sie recht angenehm und relativ einfach, solange Sie Positives zu sagen haben. Geht es in einem Gespräch um kritisches Feedback, wird es schon schwieriger, dennoch sollten Sie sich nicht davor drücken. Gehen Sie in Feedbackgesprächen mit Sensibilität vor und machen Sie von Ihrer Gesprächs- und sozialen Kompetenz Gebrauch, denn dann wird es Ihnen kaum passieren, dass Sie Aussagen ungünstig formulieren und falsch verstanden werden. Beachten Sie auch, mit welchem Mitarbeitertyp aus unserem Typenmodell Sie sprechen, um die Sprache zu finden, in welcher er Sie richtig verstehen kann.

Laden Sie Ihren Mitarbeiter zu einem ausführlichen Feedbackgespräch ein. Es gelten in diesem Gespräch die gleichen grundlegenden Regeln der Gesprächsvorbereitung, Durchführung und Nachbereitung wie für andere

Gespräche mit Mitarbeitern auch. Darüber hinaus sollten Sie darauf achten, dass das Feedback:

1. ... *umkehrbar akzeptabel* ist. Wir könnten auch sagen: »Was du nicht willst, das man dir tu, das füg auch keinem andern zu.« Formulieren Sie Ihr Feedback also so, wie Sie es selber auch nachvollziehen und akzeptieren könnten.
2. ... mit *konkreten Beispielen* aus der täglichen Zusammenarbeit erklärt und verdeutlicht wird (wo und wann haben Sie das beobachtet?).
3. ... *Beobachtungen in Bezug zur Position und Aufgabe setzt.* Bringen Sie Beobachtungen zur Person des Mitarbeiters (etwa bestimmte persönliche Eigenschaften) immer in Beziehung zu den Erwartungen, die mit der Stelle der entsprechenden Person verknüpft sind (zum Beispiel bestimmte Ordnungsvorstellungen, Verhaltensmuster, formale Anforderungen).
4. ... *konkret, sachlich und realistisch* bleibt. Sprechen Sie die Dinge, die Ihnen wichtig sind, konkret an und reden Sie nicht um den heißen Brei herum – weder bei guten noch bei schlechten Leistungen. Überziehen Sie dabei aber nicht, denn von einem Fehler geht die Welt nicht unter, und nur, weil ein Bericht rechtzeitig fertig geworden ist, brauchen Mitarbeiter keine Lobeshymnen.
5. ... deutlich macht, dass es sich dabei um Ihre *persönliche Wahrnehmung* der Situation beziehungsweise des Verhaltens handelt. Um das zu verdeutlichen, sollten Sie *»Ich-Botschaften«* formulieren (zum Beispiel »Ich habe den Eindruck gewonnen, dass ...«).
6. ... Ihre Eindrücke und Wahrnehmungen *beschreibt* und *nicht endgültig bewertet.* Für eine Bewertung sollten Sie erst hören, wie der Mitarbeiter die Situation einschätzt.
7. ... sich *immer auf ein Verhalten bezieht*, aber nicht die ganze Person und Persönlichkeit meint.
8. ... immer die gemeinsame *Suche nach Verbesserung* umfasst. Einfach zu sagen: »Das ist schlechte Arbeit!«, ohne aufzuzeigen, wie es besser gehen könnte, wird keine Veränderung bewirken. Auch bei guten Leistungen sollten Sie immer fragen: »Wie können wir es noch besser machen?« Lassen Sie Ihre Mitarbeiter wachsen.
9. ... einen Vergleich zwischen Selbst- und Fremdbild ermöglicht. Feedback stellt eine wesentliche Ressource dafür dar, das Selbst- und das Fremdbild miteinander zu vergleichen. Das Selbstbild entwickelt sich langsam und wird zum festen Bestandteil der Persönlichkeit – »So bin ich«.

Mit Feedback können Sie leicht Fremdbild-Selbstbild-Diskrepanzen auslösen, die erst einmal verarbeitet werden müssen. Aus diesem Grund hilft die Schock-Therapie nicht, sondern führt eher zur Ablehnung des Feedbackgebers. Einen positiven Effekt erzielen Sie außerdem nur, wenn Sie in der Sache klar und im Ton akzeptabel bleiben. Worauf Sie achten sollten, wenn Sie Kritik gezielt einsetzen möchten:

1. Ein wesentlicher Punkt ist die Dosierung entsprechend des Anspruchs- und Qualifikationsniveaus, welches vom Mitarbeiter gefordert wird. Wenn er ein geringes eigenes Anspruchsniveau hat, ist deutlichere und intensivere Kritik notwendiger und wirkungsvoller als bei einem zu geringen Qualifikationsniveau. Denn die Qualifikation wird durch die Kritik nicht besser. Der Mitarbeiter fühlt sich allenfalls überfordert und hilflos. Er weiß nicht, was er tun soll, und wie er es besser tun kann – ihm fehlt ja gerade die entsprechende Qualifikation.
2. Bei der Kritik müssen Sie gewährleisten, dass diese differenziert erfolgt. Machen Sie sie an beobachtbarem Verhalten fest. Der Mitarbeiter weiß dann, was er ändern muss, und Sie geraten nicht in ziellose, auf Rechtfertigung gerichtete Diskussionen.
3. Sie sollte zeitnah, das heißt möglichst sofort nach dem entsprechenden Vorfall erfolgen.
4. Sie sollte von der Intensität her dem Anlass angemessen sein.
5. Kritik äußert man im Allgemeinen nicht öffentlich, es sei denn, Sie wünschen gerade diese Wirkungssteigerung. Gehen Sie dabei sehr vorsichtig vor, um nicht eine allgemeine Verurteilung des Mitarbeiters zu bewirken.
6. Es ist wichtig, gemeinsam mit dem Mitarbeiter Maßnahmen zu erarbeiten, die den Zustand verbessern. Eine Kritik ohne sich daran anschließende Maßnahmen bleibt wirkungslos.

Holen Sie im letzten Schritt idealerweise das *Commitment* des Mitarbeiters ein. Im besten Fall sollte er die Kritik als berechtigt empfinden. Dies wird nicht in jedem Fall erreichbar sein, aber Ihr Bemühen sollte immer in diese Richtung gehen. Wenn der Mitarbeiter die Kritik als der Sache angemessen, dem Grunde nach berechtigt und als akzeptabel vorgebracht anerkennt, wird sich am ehesten eine Bereitschaft zur Verhaltensänderung einstellen.

Soll Kritik beim Empfänger ankommen und Positives bewirken, muss darauf geachtet werden, dass:

- die Kritik nicht wehtut;
- der Gesprächspartner nicht verärgert wird – sonst blockiert er;
- pauschale und verallgemeinernde Behauptungen vermieden werden;
- die eigene Körpersprache unter Kontrolle ist – vermeiden Sie Ablehnung durch Haltung, Mimik, Gestik;
- der Ton ruhig und freundlich ist – zumindest aber neutral;
- keine Fehler, sondern Veränderungswünsche genannt werden;
- keine Interpretationen für Fehlverhalten des anderen vorgenommen werden – fragen Sie Ihren Mitarbeiter nach den Gründen;
- Hintergründe für das Verhalten durch Fragen geklärt werden, um Abhilfe zu schaffen.

Muster – wie führen Sie ein Kritikgespräch?

Eröffnen Sie das Kritikgespräch, indem Sie auf das gemeinsame Interesse verweisen, Fehler zu vermeiden. Beantworten Sie dann gemeinsam mit dem Mitarbeiter die folgenden Fragen:

- Welche Probleme liegen vor?
- Fragen Sie den Mitarbeiter nach seiner Einschätzung und Wertung der Situation, seiner Leistung, seines Verhaltens.
- Entkräften Sie fadenscheinige Ausreden, hinter denen sich der Mitarbeiter eventuell versteckt, mit Belegen.
- Warum liegen diese Probleme vor? (Ursachen, wie ist es dazugekommen?)
- Fragen Sie Ihren Mitarbeiter, welche Ursachen und Entwicklungen er sieht.
- Fragen Sie Ihren Mitarbeiter, an welchem Punkt er welche Unterstützung gebraucht hätte.
- Wie können wir gemeinsam in Zukunft diese oder ähnliche Probleme vermeiden?
- Halten Sie fest: »Was wird wer bis wann tun?«
- Stellen Sie sicher, dass der Mitarbeiter Sie und die besprochenen Maßnahmen beziehungsweise Verbesserungsvorschläge richtig verstanden hat. Fragen Sie zum Beispiel: »Stellen Sie sich vor, Sie sind wieder in einer ähnlichen Situation. Wie werden Sie vorgehen?«
- Sprechen Sie die vom Mitarbeiter vorgeschlagenen Schritte gemeinsam mit ihm durch.

Halten Sie die Ergebnisse schriftlich fest und vereinbaren Sie einen Termin für ein nächstes Feedbackgespräch. In diesem Gespräch benötigen Sie Ihre Notzizen, um nachzuvollziehen, was im letzten gespräch vereinbart wurde. Bedenken Sie, dass unterlassene Kritikgespräche Ihnen in erheblichem Maße schaden. Die ausbleibende Reaktion auf Fehlverhalten macht Sie als Führungskraft unglaubwürdig, sowohl bei Vorgesetzten als auch bei Kollegen und Mitarbeitern.

Lernen und wachsen als Führungskraft

Bei jeder der vier Mitarbeitergruppen, die wir Ihnen im Rahmen dieses Buches vorstellen, lernen Sie nicht nur etwas über die betreffenden Gruppen – Sie lernen immer auch über sich selbst. Auch bei den *Problems* eröffnen sich Ihnen neue und mitunter spannende Lernfelder.

Problems bereiten Ihnen oft Probleme, indem sie plötzlich etwas tun, was Sie nicht verstehen oder was Sie ärgert. Gerade hier besteht die Gefahr, sehr emotional zu reagieren. Die *Problems* »wollen nicht mehr«. Und damit treffen sie unseren wunden Punkt. Hier ist professionelle Kühle angesagt. Das Schlüsselwort bei den *Problems* lautet: »Ent-emotionalisieren«.

Ein gewisser Abstand zum Mitarbeiter hilft, sich von dessen Demotivation und eventuell destruktivem Verhalten nicht provozieren zu lassen. Häufig vertritt ein *Problem*-Mitarbeiter bei Konflikten, die in dieser Konstellation auftreten, auch gar keine feste Meinung, sondern ist eher ein Opportunist, der nach Mitteln und Wegen sucht, seinem Frust irgendwie Ausdruck zu verleihen.

In solchen Situationen ist es von großem Vorteil, sich selbst im Wechselspiel von Selbst- und Fremdbild sehr gut zu kennen. Es erleichtert Ihnen, ein Bild Ihrer selbst zu vermitteln, das so wirkt, wie es Ihrer Absicht entspricht. Auch hier geht es wieder um die Frage der richtigen Dosierung. Wir empfehlen Ihnen professionelle Kühle – Sie dürfen (sollen!) dennoch freundlich bleiben. Freundlich, aber bestimmt, heißt es so schön. Der Akzent liegt unmissverständlich auf »bestimmt«. Doch wenn wir bestimmt sind, schlagen wir schnell einen harten Ton an und überspannen den Bogen – vielleicht sogar, ohne es zu bemerken. Seien Sie deshalb aufmerksam. Achten Sie auf die Reaktionen des Gesprächspartners. Bitten Sie Freunde und Partner um Rückmeldung über Ihr Auftreten oder Ihr Gesprächsverhalten. Lernen Sie, Ihr Verhalten entsprechend der Wirkung, die Sie erzielen wollen, zu modulieren – Sie werden erstaunt sein über die Vielfalt an Zwischentönen, die andere bei Ihnen heraushören und zwischen denen Sie willentlich variieren können. Hierbei geht es natürlich nicht darum, eine Person zu inszenieren, die Sie nicht sind, um andere in ihrer Wahrnehmung zu manipulieren. Es geht uns vor allem darum, Sie für die Möglichkeiten zu sensibilisieren, welche die Kommunikation für Sie offen hält, wenn Sie sich darauf einlassen, sich selbst einmal mit »anderen Ohren zu hören« und mehr Vielfalt in Ihre Art zu bringen, mit anderen Menschen zu kommunizieren.

Problems wieder ins Boot zu holen ist mit Sicherheit eine der mühevollsten Aufgaben der Mitarbeiterführung. Vor allem, weil Sie das Gefühl haben, »die auch noch mitziehen zu müssen«, denn von alleine bewegen sie sich nicht. Das kostet ganz eindeutig Kraft.

Nehmen Sie auch diese Mitarbeiter als Herausforderung an und als Anlass dazu, immer neue Strategien zu entwickeln, bis Sie ins Schwarze treffen. Setzen Sie Ihren Mitarbeitern eine Bewährungsprobe, in der Sie Verhandlungsbereitschaft zeigen. Lassen auch Sie sich auf die Probe stellen. Die Prüfungen für Sie bestehen darin, sich in Geduld zu üben und mit Ihrem eigenen Ärger umzugehen, ohne ihn offen zu zeigen. Manche Binsenweisheiten verlieren nie an Wahrheit, so auch das »erst eine Nacht drüber schlafen« oder »tief durchatmen und bis zehn zählen«, bevor Sie die anderen Ihren Ärger spüren lassen. Tom Peters hat einmal gesagt: »Jedes Unternehmen hat die Mitarbeiter, die es verdient.« Wir glauben, dass auch jede Führungskraft die Mitarbeiter hat, die sie verdient.

7. Führungsverhalten bei den Deadwoods

Die *Deadwoods* sind diejenigen, die nicht können und – wesentlich problematischer – auch nicht wollen. Dieser Typus von Mitarbeitern, denen nicht nur das nötige Know-how fehlt, sondern auch die leistungsbezogene Motivation, macht in vielen Unternehmen etwa 10 bis 15 Prozent der Belegschaft aus. Da es sich bei den *Deadwoods* um eine Frage des Könnens *und* des Wollens handelt, kann der Schaden vielfältig und groß sein. Für Sie als Führungskraft geht es darum, schnell eine klare Handlungsstrategie zu verfolgen. Bewerten Sie möglichst objektiv, warum der Mitarbeiter für Sie zu den *Deadwoods* gehört, und wie groß die Defizite hinsichtlich »Können und Wollen« sind.

Abbildung 55

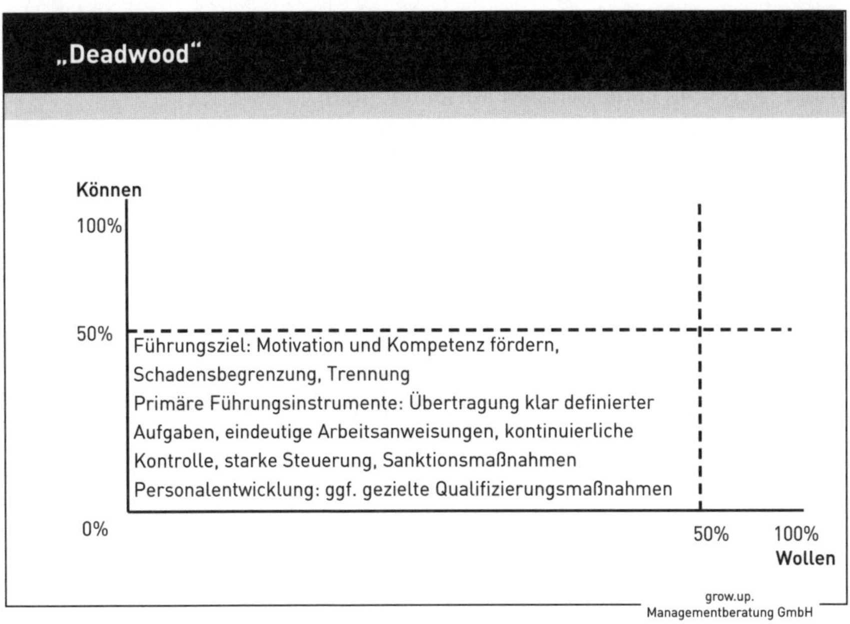

Führungsziel: Schadensminimierung und Desinvestition

Prüfen Sie, ob bei betroffenen Mitarbeitern das Problem des Wollens oder des Könnens im Vordergrund steht, denn danach richtet sich die Strategie zum Umgang mit dem Mitarbeiter. Ist es eine Frage des Könnens, machen zum Beispiel Sanktionen keinen Sinn, denn die Qualifikation verbessert sich durch Sanktionsmaßnahmen nicht im Geringsten. Steht allerdings die Frage des Wollens im Vordergrund, sollten Sie herausfinden, was die Ursache der Leistungsabweichung beziehungsweise der Leistungsverweigerung ist und dementsprechend reagieren.

1. *Qualifizieren:* Sie sehen das Können-Problem als vordergründig und gehen Sie davon aus, dass der Mitarbeiter bei besserem Können wieder mehr Spaß und damit auch mehr Motivation haben wird.

2. *Schadensminimierung:* Sie sehen sowohl das Können- wie auch das Wollen-Problem, haben aber vielleicht nicht die Möglichkeit, sich von dem Mitarbeiter zu trennen. Schadensminimierung heißt in diesem Fall, ihm Aufgaben zuzuweisen, bei denen er auch bei schlechteren Ergebnissen wenig Schaden verursacht.

3. *Trennung:* Bei gravierenden Können- und Wollen-Problemen sollte ihr Ziel immer die Trennung sein. Selbst bei hoher Abfindung ist der Schaden meist noch geringer als derjenige, den der Mitarbeiter in den nächsten Jahren im Unternehmen anrichten kann.

Viele Führungskräfte neigen zu einem irrationalen Optimismus nach dem Motto »Das wird schon noch!«. Diese Hoffnung erfüllt sich jedoch nur, wenn ein ordentliches Quäntchen Motivation beim Mitarbeiter vorhanden ist. Ohne Motivation geht gar nichts. Manchmal ermöglicht zum Beispiel eine Repositionierung eine Veränderung, und die Motivation bessert sich. Erst wenn Sie genau überprüft haben, dass ein Mitarbeiter definitiv nicht mehr kann *und* nicht mehr will, und sich daran auch unter veränderten Bedingungen nichts ändert, dann können Sie von einem *Deadwood* sprechen und mit den oben vorgestellten Maßnahmen reagieren. Sie tun sehr gut daran, den Mitarbeiter geprüft und im Rahmen des regelmäßigen Mitarbeitergesprächs mit ihm gesprochen zu haben. Sie müssen sich in Ihrer Einschätzung vollkommen sicher sein, dass es sich bei dem ihm um einen wirklichen *Deadwood* handelt. Sie schützen sich auf diese Weise auch davor, sich selbst zu stark zu hinterfragen und im Stillen Selbstzweifel zu hegen.

Von der Aufwandsreduktion zum Deadwood

Die hier beschriebenen Phänomene lassen sich auch in Begriffen des Aufwand-Ertrag-Balance-Modells beschreiben (vergleiche Kapitel 1, 4 und 6). Ist für die betroffenen Mitarbeiter – aus welchen Gründen auch immer – weder eine Ertragsoptimierung noch eine *Compensation*-Erhöhung möglich (weil aus Sicht der Vorgesetzten keine entsprechende Leistung vorliegt), taucht bei einem guten Teil von ihnen mit der Zeit die Tendenz auf, ihren Aufwand zu reduzieren. Das heißt, dass die Bereitschaft, sich einzubringen und anzustrengen, auf das Maß zurückgefahren wird, das entsprechend der Kombination aus Ertrag und *Compensation* als adäquat betrachtet wird. Dies geschieht mitunter auf drastische Weise. Beim *Deadwood* bedeutet dies die Reduktion auf ein (nicht sofort auffallendes) Mindestmaß – oder noch weniger.

Bei vielen *Deadwoods* werden Sie beobachten können, dass sich deren persönliche Ertragsfelder verschoben haben: Diese lagen vielleicht ursprünglich in der Berufstätigkeit, wo das Abarbeiten der auf dem Schreibtisch aufgetürmten Unterlagen noch einen persönlichen Erfolg bedeutete. In der Zwischenzeit haben sich die Ertragsfelder jedoch nach und nach immer mehr in die Freizeit verschoben, wo der persönliche Ertrag, nach dem jeder im Leben strebt, durch verschiedene Aktivitäten geerntet wird. Dies kann sich bei dem einen im ehrenamtlichen Engagement ausdrücken, während der andere seine Erfüllung mit den Freunden im Kegelclub oder beim Ausüben eines bestimmten Hobbys findet. Im Beruf ist »Dienst nach Vorschrift« angesagt. Wichtig ist hierbei zu erkennen, dass die Wurzeln für das Problem im Beruf sehr oft in der Vergangenheit liegen und häufig kein direkter Bezug zur aktuellen Situation besteht.

Die Bereitschaft zur Aufwandsreduzierung steigt übrigens besonders dann, wenn es im Umfeld des Mitarbeiters auch Führungskräfte gibt, die dieses Stadium erreicht haben. Die Folgen sind unter anderem »Schlendrian-Phänomene«, die nicht mehr wahrgenommen werden, oder es wird nicht mehr versucht, diese zu beseitigen. Man schaut darüber hinweg. Die Ursachen für das Nicht-Wollen können – ähnlich wie bei den *Problems* – in allen möglichen Lebensbereichen des Mitarbeiters liegen und das berufliche, das familiäre oder das persönliche Umfeld betreffen.

Deadwoods und ihre untragbaren Kosten

Bei der Diskussion um den Standort Deutschland ist eines der zentralen Themen die deutsche Wettbewerbsfähigkeit auf dem internationalen Markt. Natürlich ist die vor allem mit politischen und wirtschaftlichen Faktoren verknüpft. Doch selbstverständlich trägt auch jeder Mitarbeiter dazu bei, die Wettbewerbsfähigkeit des Unternehmens zu erhalten. Sie erinnern sich sicherlich an das Ampel-Modell aus Kapitel 6, das die Potenziale Ihrer Mitarbeiter veranschaulicht. Sehen Sie bei einem Mitarbeiter rot und gefährdet er die Ertragskraft Ihres Unternehmens, müssen Sie handeln. Welche sind die vorwiegenden Thematiken, bei denen die Ampel von grün-gelb auf rot umschaltet? In den offiziellen Statistiken drückt sich solch ertragsgefährdendes Verhalten vor allem in Krankenstandsraten, Fluktuation und Absentismus aus.

Absentismus wird als motivational bedingter, durch die einzelne Person entscheidbarer Entschluss zur Arbeitsabwesenheit verstanden. Die meisten Aussagen im Rahmen diverser wissenschaftlicher Studien lassen sich als »Rückzug« vom Arbeitsplatz einordnen. Verantwortlich sind hierfür Faktoren, die allgemein als Determinanten der Arbeits(un-)zufriedenheit angesehen werden. Hierzu zählen soziale Bedingungen, zum Beispiel das Betriebsklima, und Merkmale der Tätigkeit, etwa Verantwortung für die eigene Arbeit.

Neben motivationalen Ursachen können auch gesundheitliche Aspekte eine Rolle spielen, die sich mit Demotivation verquicken. In medizinischen Modellen werden in diesem Zusammenhang belastende, krank machende Arbeitsbedingungen thematisiert. Eines ist sicher: Psychosoziale Gründe wirken immer auch auf die körperliche Gesundheit ein.

Außer den Rückzugstendenzen, zu denen wir in vielen Fällen auch gesundheitsbedingte Ausfälle zählen müssen, wird auch »abweichendes Verhalten« beobachtet. Hierunter verstehen wir bestimmtes, destruktives Verhalten, die Verletzung von Regeln und die systematische Ausnutzung des Betriebs. Die Dimensionen sind gewaltig: Jedes Jahr verliert die deutsche Wirtschaft zweistellige Milliardenbeträge durch Betrug, Kriminalität und Sabotage. Hier ist die Rede von »Mitarbeiterkriminalität«. Solche Delikte werden in der Regel nur diskret und hinter vorgehaltener Hand behandelt.

Zu groß ist der Imageschaden, der sich aus dem Veröffentlichen solcher Fälle ergeben würde. Zu diesen Ergebnissen kommt die Wirtschaftsprüfungs- und Beratungsgesellschaft PricewaterhouseCoopers (PwC) in ihrer Studie »Wirtschaftskriminalität 2005«. Insgesamt verzeichnen die deutschen Unternehmen mit mehr als 1 Million Euro Umsatz einen Schaden von 23 Milliarden Euro – allein bei den entdeckten Fällen. Der tatsächliche Schaden dürfte bedeutend höher liegen, denn erstens sind fast zwei Drittel der Unternehmen überzeugt, Opfer von Wirtschaftskriminalität geworden zu sein, ohne es entdeckt zu haben. Zweitens sind nicht alle Formen kontraproduktiven Verhaltens am Arbeitsplatz im Hinblick auf den finanziellen Schaden, den sie verursachen, zu beziffern: Hierzu gehören vor allem Phänomene wie Aggression und Mobbing, das heißt Verhaltensweisen, die darauf ausgerichtet sind, andere Organisationsmitglieder zu schädigen.

Das Ausmaß des Schadens, der aus solchen Formen kontraproduktiven Verhaltens resultiert, ist nur schwer nachzuweisen und überhaupt in Zahlen zu fassen, da es sich in nicht direkt kalkulierbaren Größen wie zum Beispiel verschlechtertem Betriebsklima, verringertem Arbeitseinsatz der Mitarbeiter und Fehlzeiten niederschlägt.

Wenn Demotivation destruktiv wird

Jeder hat seine eigene Weise, mit Frustrationen umzugehen. Führen diese zu Demotivation, äußert die sich nicht bei allen Menschen dadurch, dass sie in sich gehen und inaktiv werden. Bei vielen ist das komplette Gegenteil der Fall und sie drängen mit ihren Frustrationen nach außen: Impulsivität oder auch Aggressionen können die Folgen sein. Einige werden darüber hinaus destruktiv gegenüber sich selbst – in Gedanken, Worten und Taten. Andere richten ihre Aggression gegen das Unternehmen. Das Gefühl, ungerecht behandelt, nicht ausreichend entlohnt oder persönlich nicht wahrgenommen zu werden, wird zum Beispiel durch das Stehlen von Bürobedarf oder anderen Utensilien, das Abzapfen größerer Summen oder durch sonstige Wege, sich persönlich am Unternehmen zu bereichern, kompensiert. Vielfach äußert sich Demotivation auch darin, sich selbst zu optimieren, also sich entlang der Statusleiste konsequent hoch zu arbeiten: Umzug ins nächstgrößere Büro, komplett ausgestatteter und für alle sichtbar geparkter Dienstwagen und andere Statussymbole werden zu den Eckpunkten des persönlichen Strebens. Glauben Sie nicht, dass das für einen *Deadwood* nicht möglich ist.

Destruktive Verhaltensformen begegnen einem in Unternehmen auch dann, wenn Mitarbeiter nicht mehr folgen wollen. Dies kann zum Beispiel der Fall sein, wenn jemandem plötzlich ein neuer, jüngerer Vorgesetzter vor die Nase gesetzt wird. Die natürliche Altershierarchie wird durch eine neue Ordnung aufgebrochen: Hierarchie nach Kompetenz. Die neue Rangordnung stößt die anderen, alteingesessenen Mitarbeiter nicht nur vor den Kopf, sondern löst auch Frustrationen aus. Die neue Führungskraft wird nicht anerkannt und es kommt zum stillen, subversiven oder offenen Widerstand. Als *subversiv* (von lat. *Subversor,* »der Umstürzer«) bezeichnet man Tätigkeiten, die im Verborgenen stattfinden und deren Ziel der Umsturz einer bestehenden Ordnung durch Unterwanderung und Untergrabung ist. Methoden der Subversion können sein:

Sabotage: Die Wegnahme, Beschädigung oder Zerstörung von Gegenständen und Bestandteilen der Infrastruktur, die gemeinsam benutzt werden und der Aufrechterhaltung dieser Ordnung dienen.

Diversion: Die Verbreitung von Gerüchten oder Falschmeldungen, die Verfälschung oder Unterdrückung von Nachrichten und Dokumenten, offene oder versteckte Propaganda gegen diese Ordnung oder für Gruppen oder Individuen, die gegen diese Ordnung kämpfen, deren Anwerbung, Ein- oder Ausschleusung und Finanzierung, desgleichen die Korrumpierung oder Abwerbung von Unterstützern der Ordnung.

Subkultur: Der offiziellen Kultur, die für die offiziell erwünschten Werte eintritt, wird eine eigene Kultur entgegengesetzt, die gegensätzliche Inhalte propagiert.

Sobald Sie bemerken, dass Mitarbeiter beginnen, sich auf subversive Weise an ihrem Vorgesetzten, an ihren Kollegen oder am gesamten Unternehmen zu rächen, sollten Sie umgehend einschreiten. Auf keinen Fall sollten Sie nichts tun in der Hoffnung, die Situation erledige sich irgendwie von selbst, das Thema an Kollegen delegieren, die nicht zuständig sind, oder diffuse Versprechungen akzeptieren. Sobald Sie das Thema ansprechen, zeigen Sie den betroffenen Mitarbeitern Ihr Bewusstsein für die Situation und Ihre Bereitschaft, auf Konfrontationskurs zu gehen. Eine gute Lösung besteht darin, konkrete und messbare Vereinbarungen zu treffen, die unter Sanktionsdruck eingehalten werden müssen.

Das öffentliche Leiden

Neben denjenigen Mitarbeitern, die ihren Frust und ihre Demotivation durch Selbst-Optimierung und Statussymbole kompensieren, und denen, die nicht nur sich, sondern auch der Umwelt aggressiv und feindselig gegenübertreten, gibt es auch diejenigen, die ihr Leiden am liebsten öffentlich zur Schau stellen. »Schaut her, wie schlecht sie mich behandeln!«, lautet die Botschaft. Die öffentlich Leidenden gehen leider nicht nur Ihnen, sondern auch den übrigen Mitarbeitern ziemlich schnell auf die Nerven; sie beeinträchtigen zudem auch stark das Außenimage des Unternehmens. Unzufriedene Mitarbeiter, die dies lauthals bekunden, betreiben ein denkbar schlechtes Marketing gegenüber den Kunden, aber auch gegenüber potenziellen zukünftigen Mitarbeitern. Auch hier ist schnelle Veränderung gefragt. Die Kosten, die dieser Mitarbeiter durch Beeinträchtigung des Klimas verursacht, lassen sich nicht errechnen.

Ein Beispiel macht folgende Wirkung deutlich: In einem Produktionsunternehmen wirken zwei Mitarbeiter passiv negativ auf das Arbeitsklima, die Stimmung und die Zusammenarbeit. Der Zustand ist so nicht haltbar. Obwohl die »störenden« Mitarbeiter hinsichtlich ihrer Produktivität (Akkordtätigkeit) zu den guten Mitarbeitern zählen, entschließt sich das Unternehmen, sich von ihnen zu trennen. Nach der Trennung steigt die Produktivität der Abteilung um 20 Prozent. Dies muss unserer Meinung nach nicht weiter kommentiert werden.

Innerlich gekündigt

Man fragt sich, warum manche Arbeitnehmer ihren Arbeitgeber oder andere Organisationsmitglieder zu schädigen versuchen, beziehungsweise warum sie anderer Leute Schaden in Kauf nehmen, um sich einen persönlichen Vorteil zu verschaffen.

Empirische Befunde weisen bislang in zwei Richtungen: Zum einen scheint die Wahrnehmung von organisationaler Ungerechtigkeit im Zusammenhang mit kontraproduktivem Verhalten zu stehen. Das persönliche Erleben der Mitarbeiter, dass der eigene Arbeitseinsatz von der Organisation nicht in ausreichendem Maße wertgeschätzt wird, weist eine positive Korrelation mit verringertem Arbeitseinsatz und anderen organisationsschädigenden Verhaltensweisen auf. Weiterhin werden individuelle Merkmale der Täter als Erklärung herangezogen: persönliche finanzielle

Probleme, fehlende Loyalität der Organisation gegenüber oder auch ein generelles Defizit an Integrität. Diese Mitarbeiter haben sozusagen mit dem Unternehmen abgeschlossen. Sie sind im eigentlichen Sinne keine Mitarbeiter mehr, denn innerlich haben sie – auch wenn ihnen das selbst gar nicht bewusst sein mag – schon lange gekündigt. Sie »tun nur noch so«, als ob sie noch arbeiteten.

Im Rahmen der »Gallup-Studie« zum »Engagement Index« in Deutschland aus dem Jahr 2005 zeichnet sich genau dieses Phänomen ab und liefert wie im Vorjahr eine erschreckende Bilanz: Nur 13 Prozent der deutschen Mitarbeiter sind emotional stark an ihre Unternehmen gebunden, 69 Prozent haben nur eine geringe emotionale Bindung, und 18 Prozent haben bereits die innere Kündigung vollzogen. Engagement bedeutet im Kontext des »Engagement Index« nicht, dass ein Mitarbeiter bei der Arbeit permanent aktiv und beschäftigt ist oder für eine bestimmte Sache besonders eintritt, sondern, dass eine emotionale Bindung zur beruflichen Aufgabe, zum Arbeitsumfeld und gegenüber dem Arbeitgeber besteht. Spitzenreiter unter den von Gallup untersuchten Ländern sind die Vereinigten Staaten von Amerika mit 29 Prozent (Dezember 2004). Es wird allgemein anerkannt, dass Personen, die eine hohe emotionale Bindung aufweisen, zu guten Leistungen fähig sind. Sie stellen eine Kraft dar, welche die Geschäftsentwicklung positiv beeinflusst. Mitarbeiter, die eine geringe emotionale Bindung aufweisen, haben dagegen ein ambivalentes Verhältnis zu ihrem Job. Sie geben auf der Arbeit nur das Notwendige, leisten oft nur Dienst nach Vorschrift. Mitarbeiter ohne emotionale Bindung haben entweder die innere Kündigung aufgrund von Resignation vollzogen oder hassen das, was sie tagtäglich tun. Laut Gallup werden von den Arbeitnehmern als Hauptursachen vor allem mangelnder Führungsstil und auch die schlechte Ausstattung der Arbeitsplätze genannt.

Wer arbeitet, macht einen Fehler – doch wer kündigt, ist noch dümmer! Dies behauptet zumindest die französische Bestseller-Autorin Corinne Maier, die mit ihrem Buch *Endeckung der Faulheit* nicht nur ihren Arbeitgeber vor den Kopf gestoßen, sondern ganz Frankreich in Aufregung versetzt hat. Sicher ist – und das nicht erst seit der Veröffentlichung der jüngsten Gallup-Studie: In jedem Unternehmen gibt es *Deadwoods.* Wir können der Auffassung sein, dass wir diese Mitarbeiter mitziehen wollen, vielleicht weil wir eine gewisse Verantwortung tragen. Es kann jedoch nicht sein, dass der loyale, treue Mitarbeiter, der einem Unternehmen dient, ohne auf die Uhr zu schauen, der sich einsetzt und

Abbildung 56

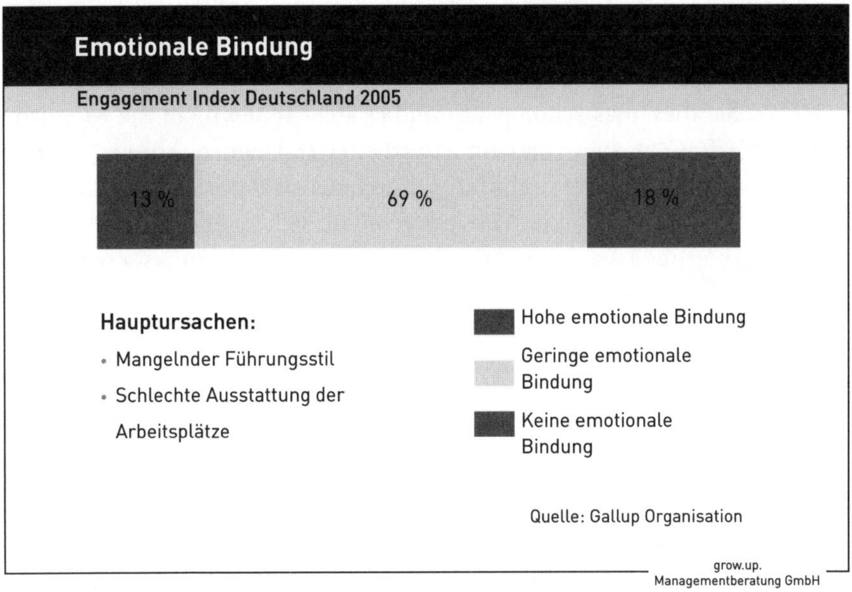

dabei konzentriert arbeitet, das Gefühl gewinnt, er wäre der Dumme, da Nichtleistung ja keine Konsequenzen hat. Deshalb sollten Sie die *Deadwoods* in Ihrem Verantwortungsbereich schnellstens darüber aufklären, dass Arbeitsplatzsicherung durch *aktive Distanzierung* (Corinne Maier) bei Ihnen definitiv nicht funktioniert.

Von der klaren Vorgabe bis zur Kontrolle

Aufbauend auf den grundlegenden Überlegungen zur Mitarbeitergruppe *Deadwoods* setzen wir uns in diesem Kapitel mit Führungsinstrumenten auseinander, die wir Ihnen speziell im Umgang mit Mitarbeitern aus diesem Bereich empfehlen.

Die oben beschriebenen Schwierigkeiten wie Demotivation, Absentismus oder auch Mobbing können Sie letzten Endes nur durch ein sehr klares, vorgebendes und kontrollierendes Führungsverhalten kurieren. Dies greift immer dann, wenn Sie sich von der tatsächlichen Leistungssituation und dem Stand des Mitarbeiters hinsichtlich der Dimension Können und Wollen überzeugt haben. Falls Sie die Chance sehen, ihn aus seinem *Dead-*

wood-Verhalten herauszuführen, lohnt es sich immer, über Maßnahmen wie Qualifizierung, Versetzung, Veränderung der Aufgabeninhalte oder Ähnliches zu versuchen, wieder mehr Leistungsbereitschaft und Freude an der Arbeit zu wecken.

Haben Sie dies alles schon getan und es steht Ihnen nicht die Möglichkeit zur Verfügung, sich von dem Mitarbeiter zu trennen, können Sie nur über ein sehr eindeutiges und klares, durchaus strenges und vorgebendes Führungsverhalten korrekte Arbeitsergebnisse sicherstellen oder das Auftreten eines groben Fehlverhaltens in Ihrem Verantwortungsbereich vermeiden.

Ich sehe dich

Ein Problem bei den *Deadwoods* ist, dass sie in der Führungsarbeit sehr anstrengend sind. Immer wieder erleben wir vor diesem Hintergrund, dass Führungskräfte irgendwann aufgeben, diese Mitarbeiter zu korrigieren, zu kritisieren oder zu einem veränderten Leistungsverhalten zu führen. Der Satz einer Führungskraft bezüglich eines *Deadwood*-Mitarbeiters beschreibt diese Situation sehr anschaulich: »Noch drei Jahre, den sitze ich aus.« Dieses Gewährenlassen kommt einer Erlaubnis und Akzeptanz der Minderleistung gleich.

Erinnern Sie sich an dieser Stelle an die Veränderungsformel. Bei den Mitarbeitern des *Deadwood*-Bereichs kann die mangelnde Bereitschaft zur Verhaltensänderung durchaus in einem fehlenden Leidensdruck liegen. Dann müssen Sie diesen über Ihr Führungsverhalten, was durchaus auf professioneller Ebene freundlich sein soll, erzeugen. Ein erster Schritt hierzu ist, dem Mitarbeiter deutlich zu machen, dass Sie seine Minderleistung sehen und nicht weiter akzeptieren. Dies auch, wenn Sie das täglich wiederholen müssen.

Klare Erwartungen formulieren

Wenn Sie den Mitarbeiter kontrollieren wollen, müssen Sie im Vorfeld die Erwartungen an ihn und sein Leistungsverhalten klar formulieren. Besteht sein gravierendes Problem darin, dass persönliche Verhaltensweisen im Team, gegenüber Kunden oder in sonstigen Feldern der Zusammenarbeit nicht akzeptabel sind, gilt es, sie dem Mitarbeiter klar aufzuzeigen und ihm auch deutlich zu machen, welche Konsequenzen dieses Verhalten für andere hat. Im zweiten Schritt muss er genau wissen, welche Verhaltensänderungen Sie von ihm erwarten und auch, wie er sie erreichen kann. Besteht das Problem mit dem Mitarbeiter eher darin, dass Arbeitsergebnisse in nicht ausreichender Qualität oder Quantität abgeliefert werden, gilt es auch hier, ihm sehr klar zu vermitteln, was Ihre Leistungserwartungen in welchem Zeitraum sind. Ohne diese klare Vorgabe wird der Mitarbeiter immer wieder Ausflüchte und Ausreden haben, warum er die von Ihnen erwartete Leistung nicht erbringen konnte. Im einfachsten Fall, weil er ja gar nicht wusste, was genau Sie von ihm erwarten. Um wenig zielführenden Diskussionen darüber, warum ein Mitarbeiter eine erwartete Leistung nicht erbringen konnte, aus dem Weg zu gehen, ist es von Vorteil, nicht nur klar Arbeitsergebnisse zu definieren, sondern genauso die Qualität, die Quantität, den Zeitraum, in dem die Arbeit erbracht werden soll, und die Ressourcen, auf die der Mitarbeiter zurückgreifen kann. Vereinbaren Sie auch, dass er, sobald er irgendwelche Schwierigkeiten bei der Aufgabenerledigung hat, zu Ihnen zu kommen hat, um mit Ihnen das weitere Vorgehen zu besprechen. Wenn Sie diese Voraussetzungen schaffen, bleiben den Mitarbeitern nicht viele Vorwände, um sich aus einer nicht erbrachten Leistung herauszureden.

Führungsinstrument: Kontrolle

Der Begriff »Kontrolle« ist durch Ansätze, welche die Freiheit und die Selbstbestimmung von Mitarbeitern in den Vordergrund stellen, etwas ins Hintertreffen geraten und hat für viele Führungskräfte einen schalen Beigeschmack bekommen. Hierbei handelt es sich jedoch unseres Erachtens nach um einen gedanklichen Fehler: Vielfach wird der unternehmerisch denkende Mitarbeiter gefordert, der selbstständig handelt. Alle Menschen denken jedoch unternehmerisch, denn sie versuchen immer, mit einem möglichst geringen Aufwand den maximalen Nutzen zu erzielen. Der Unterschied besteht darin, ob sie im Sinne des gesamten oder ausschließlich im Sinne des eigenen Unternehmens Unternehmer sind.

Daher ist die Überprüfung des Richtungsinhalts, also Kontrolle in unserem Verständnis eine notwendige und wesentliche Führungsaufgabe. Besonders notwendig ist Kontrolle, wenn die Qualifikation und die Kenntnis der qualitäts- und richtungsbestimmenden Algorithmen beim Mitarbeiter nicht oder noch nicht ausreichend vorhanden sind.

»Wie gehe ich mit Kontrolle richtig um?« Die erste Aufgabe ist, die Vorhersehbarkeit zu erhöhen. Es muss Klarheit darüber geschaffen werden, dass Kontrolle stattfindet. Die zweite Aufgabe liegt darin, die Art und Frequenz transparent zu machen. Es soll klar und deutlich werden, dass es eine Regelmäßigkeit gibt. Drittens muss Transparenz geschaffen werden, anhand welcher Kriterien wie kontrolliert wird. Zu einem solchen Verfahren gehört die zuvor definierte Erfassung der Daten, die kontrolliert werden sollen, zum Beispiel Qualität und Qualitätskennzahlen, sowie ein permanenter Bericht über die Anzahl und Ergebnisse der durchgeführten Maßnahmen. Ebenso wichtig sind eindeutige Vereinbarungen über ein Verhalten, das noch »im Rahmen« beziehungsweise »nicht mehr in Ordnung« ist, genauso wie etwa die Festlegung in Zukunft angestrebter Abwesenheitsdaten.

Idealerweise wenden Sie Kontrolle an, um für den Mitarbeiter den Nutzen zu steigern, indem Sie ein »Lernereignis« daraus machen. Lassen Sie, nach einiger Zeit der Übung, den Mitarbeiter selbst sagen, ob er sich noch in die definierte Richtung bewegt, und wenn das nicht der Fall ist, wie denn mögliche Gegenmaßnahmen aussehen könnten.

Sie sollten bei Kontrolle Konsequenzen verdeutlichen: Was ist die Konsequenz der bereits erfolgten Richtungsabweichung, und was ist die Konsequenz, wenn weitere Richtungsabweichungen erfolgen, ohne dass eine Korrektur vorgenommen wird?

Definieren Sie klar festgelegte Kontrollprozesse. Zeigen Sie, dass Sie sich nicht nur einmalig und vorübergehend mit der *Deadwood-* und der Abwesenheitsproblematik auseinandersetzen, sondern signalisieren Sie ganz eindeutig, dass permanent ein Auge auf dem Mitarbeiter und seinem Verhalten liegt. Das schärft das Bewusstsein und schafft zusätzliches Vertrauen in die Ernsthaftigkeit, mit der diese Problematiken angegangen werden. Voraussetzung für eine nachhaltige und sinnvolle Kontrolle ist die Formulierung klarer Erwartungen und die betriebliche Transparenz.

Schnäppchen ersteigern, Bankgeschäfte erledigen, persönliche Mails lesen – viele Mitarbeiter nutzen ihre Computer in Firmen auch für private Zwecke. Doch durch Virenangriffe und Wurmattacken sind immer mehr Firmen aufgeschreckt und machen sich Gedanken, wie sie die Surfgewohnheiten der Mitarbeiter kontrollieren können.

Dabei werden immer häufiger Überwachungssoftwares eingesetzt, die vor allem über Filterprogramme verfügen, mit denen nur der Zugriff auf bestimmte Internetseiten erlaubt ist. Einige der Programme erkennen bestimmte Wortkombinationen – oder einen hohen Anteil an nackter

Haut auf den besuchten Websites. Entsprechende Sites können daraufhin gesperrt werden.

Sie haben als Arbeitgeber auf jeden Fall das Recht, Ihre Mitarbeiter ohne vorherige Ankündigung stichprobenartig zu kontrollieren. Seien Sie sich aber bewusst, dass eine Kontrolle etwa ohne Zustimmung des Betriebsrats nicht vorhersehbare Folgen haben kann. Versuchen Sie, durch offene Gespräche mit Ihren Mitarbeitern und zustimmungspflichtigen Personen, Transparenz über Maßnahmen herzustellen. Betonen Sie, dass es Ihnen um das Erreichen der Unternehmensziele geht – und nicht darum, den Einzelnen vorzuführen. Zu viel Kontrolle lässt Mitarbeiter erlahmen, denn dann wirkt sie hemmend. In der richtigen Form und Dosis kann ein kontrollierender Führungsstil aber durchaus anregend bis motivierend sein, denn als Führungskraft bekunden Sie schließlich hiermit Ihr ausdrückliches Interesse und die Wichtigkeit der Arbeit. Wirklich unbequem wird es nur für ganz bestimmte Mitarbeiter, von denen in diesem Kapitel die Rede ist.

Seien Sie sich darüber im Klaren, dass wahrscheinlich nicht nur Sie ein *Deadwood*-Problem haben. Viele Ihrer Kollegen setzen sich mit ähnlichen Schwierigkeiten auseinander. Vor diesem Hintergrund kann es wichtig sein, für eine einheitliche Sprache und Vorgehensweise im Unternehmen zu sorgen. Das heißt, wenn Sie kontrollieren und für Fehlverhalten Sanktionen ankündigen, dann sollten Sie dafür sorgen, dass andere Führungskräfte Ihrer Umgebung in dieselbe Richtung argumentieren, sonst kommt es schnell zu »Umfaller-Thematiken« und dem Empfinden von Ungerechtigkeit und Willkür. Das ist schon bei Kindern so: Sie können noch nicht sprechen, haben aber schon ein Gefühl dafür, wann Meinungsverschiedenheiten zwischen den beiden Elternteilen auftauchen. Und – das wundert uns nicht – sie suchen die Nähe und Anerkennung desjenigen Elternteils, der in der jeweiligen Situation zu ihnen hält beziehungsweise die eigenen Wünsche erfüllt. Diese Fähigkeit geht Erwachsenen nicht verloren, sondern sie haben sie über die Jahre sogar perfektioniert. Stimmen Sie sich deshalb mit den anderen Führungsverantwortlichen ab, wie im Fall einer Sanktion vorgegangen und kooperiert werden soll, um dem einzelnen sanktionierten Mitarbeiter ein einheitliches Bild zu bieten.

Es wird jetzt unbequem ...

Haben Sie festgestellt, dass es sich bei einem *Deadwood*-Mitarbeiter eindeutig um ein Problem des »Wollens« handelt und er dieses Verhalten trotz mehrerer Feedbackgespräche nicht merklich geändert hat, dann sollten Sie ein eindeutiges Kritikgespräch führen. Diese Situation ist meistens unangenehm, sowohl für den Mitarbeiter als auch für Sie. Doch scheuen Sie nicht davor zurück, diese Gespräche zu führen, denn Sie helfen Ihnen, Ihre Interessen und die des Unternehmens auf eindeutige Weise klar zu machen. Auch hierbei gilt wie bei den anderen Mitarbeitergesprächen – Vorbereitung ist alles! Stellen Sie sich vor dem Gespräch folgende Fragen:

- Was wollen Sie mit der Kritik erreichen?
- Wer führt das Gespräch und wer nimmt daran teil?
- Wann ist der beste Zeitpunkt für das Gespräch?
- Wo führen Sie das Gespräch am besten?
- Warum ist gegebenenfalls eine Abmahnung erforderlich?
- Wie argumentieren Sie klar und deutlich?
- Wie lange führen Sie das Gespräch?

Kommt Kritik beim Empfänger auch nach mehrmaliger Ansprache nicht an und bewirkt keine positive Veränderung, ist es an der Zeit, im nächsten Kritikgespräch etwas deutlicher und bestimmter zu werden! Daher ist es sehr wichtig, dass Sie Ihre Kritik klar und präzise anbringen. Die Zeit für Smalltalk ist vorbei, kommen Sie daher möglichst zügig und direkt auf den Anlass und das Ziel des Gesprächs. Seien Sie höflich, aber bestimmt in der Sache. Beschreiben Sie das Fehlverhalten sachlich und stichhaltig und belegen Sie es durch Beispiele. Sie müssen dem *Deadwood*-Mitarbeiter den Ernst der Lage deutlich machen. Geben Sie Ihre Beobachtungen in der »Ich«-Form wieder. Lassen Sie den Mitarbeiter kurz Stellung nehmen, jedoch ohne lange Erklärungen und Argumentationen. Über die Ebene eines einfachen negativen Feedbacks sind Sie an dieser Stelle weit hinaus. Drücken Sie Ihr Missfallen über das wiederholte arbeitsbezogene Fehlverhalten und die nicht ausreichende Leistung sowie nicht akzeptable Verhaltensweisen klar aus. Sagen Sie deutlich, welches Verhalten und welche Leistungen Sie erwarten und vereinbaren Sie entsprechende Ziele, die Sie schriftlich fixieren und vom Mitarbeiter unterschreiben lassen. Verpflichten Sie den Mitarbeiter zur Übernahme von Verantwortung für sein Handeln. Zeigen Sie ihm konkrete Konsequenzen auf, die bei einer Nicht-Einhaltung der unterschriebenen Vereinbarung wirksam werden, und vereinbaren Sie einen neuen Termin für ein weiteres Gespräch.

Sollten die Vereinbarungen nicht eingehalten werden, arbeiten Sie im folgenden Gespräch nur noch mit eindeutigen Anweisungen. Setzen Sie die angekündigten Konsequenzen (Sanktionen) deutlich um. Zeigen Sie gleichzeitig weitere Konsequenzen für weiteres Fehlverhalten auf. Sagen Sie, was Sie von dem Mitarbeiter erwarten, ohne ihm jedoch erneut die Möglichkeit für Erklärungen zu geben. Diese Chance hatte er bereits mehrfach. Sind die Anlässe für ein Kritikgespräch schwerwiegender oder trotz ausgesprochener Ermahnungen dauerhaft anhaltend, sollten Sie weitere Maßnahmen treffen. Informieren Sie sich gut über die arbeitsrechtliche Situation, beraten Sie sich eventuell mit Experten der Personalabteilung und bereiten Sie entsprechende Unterlagen für eine Abmahnung im Rahmen eines solchen Gespräches vor.

Und jetzt das Wichtigste – seien Sie konsequent! Setzen Sie die angekündigten Konsequenzen bei Nichtbefolgen auch tatsächlich um und sanktionieren Sie.

Aufgabenverteilung und andere Repositionierungen

Bei *Deadwoods* geht es darum, nicht weiter in sie zu investieren, sich möglichst bald von ihnen zu trennen oder den Schaden minimal zu halten. Vor allem, wenn Sie sich nicht ohne weiteres von den betroffenen Mitarbeitern trennen können, sollten Sie dem Thema Aufgabenerledigung Ihre volle Aufmerksamkeit schenken. Aufgaben und deren Erfüllung gilt es hierbei zählbar, messbar und an der Vergütung ablesbar zu gestalten.

Bei Führung, beim Management, im Vertrieb und auch beim Flirten geht es darum, die Selbstbestimmung des Gegenübers etwas aufzuweichen. Das bedeutet, dass mein Gegenüber anfangen soll zu tun, was *ich* gerne möchte, nicht was *er* oder *sie* gerne will. Entziehen Sie Ihrem *Deadwood* die Selbstbestimmung, indem Sie eindeutige Vorgaben geben: Was soll wie genau und bis wann erledigt werden? Klare Aufgaben vorzugeben und deren Erledigung strikt zu kontrollieren ist hier das Führungsmodell der Wahl. Die Selbstbestimmung zu entziehen bedeutet deshalb auch, wenig Freiraum zu lassen und immer wieder den Zwischenstand abzurufen. Machen Sie harte Vorgaben und sehen Sie genau hin: Sind die Aufgaben zum vereinbarten Zeitpunkt erledigt, wenn nicht, warum nicht, und woran liegt die Verzögerung?

Je enger die Prozesse sind, die Sie vorgeben, desto effektiver können Sie auch mit den in diesem Kapitel vorgestellten Instrumenten Kontrolle und Sanktion arbeiten. Bieten Sie Ihrem *Deadwood* keine Kuschelecke zum Wohlfühlen. Es ist auch wenig sinnvoll, mit Leuten, die weder können noch wollen, einen Segeltörn zu starten, denn Sie werden im Nirgendwo ankommen. Bei den *Deadwood*-Mitarbeitern ist das Galeerenkonzept angesagt: Auf der Galeere besteht die Notwendigkeit, die einzelnen Ruderer in einen Gleichtakt zu bekommen, um Bewegung zu ermöglichen. Dies erreichen Sie, indem Sie größere Aufgaben herunterbrechen, Abläufe standardisieren, automatisieren und wiederholbar machen.

Sie müssen bei Ihrem Führungsverhalten bedenken, dass die hier empfohlenen engen Kontrollschleifen sich an das Prinzip der Ausbildung anlehnen – man fängt bei null an. Wenn die Aufgabe zum Beispiel lautet, eine Glühbirne zu wechseln, muss zuerst eine Leiter geholt werden. Was ist eine Leiter, wie sieht sie aus, wo befindet sie sich? Dies mag im Einzelnen sehr mühsam erscheinen – es ist aber der beste Weg, Schritt für Schritt vorzugeben, gezielt Kontrolle auszuüben und unmittelbar Rückmeldung über Geleistetes zu geben.

Eine Möglichkeit, um den Schaden, den der *Deadwood* im Unternehmen auf mehr oder weniger verdeckte Weise anzurichten pflegt, minimal zu halten, besteht darin, diesem Mitarbeiter nur ganz bestimmte Aufgaben zu übertragen. Um bei den *Deadwoods* für einen reibungslosen Ablauf zu sorgen hilft es manchmal, bestimmte Tätigkeiten und Arbeitsabläufe auf ihre Reibungslosigkeit hin zu überprüfen, um auf sich ständig wiederholende Fehler aufmerksam zu werden. Diese können daraufhin gezielt abgeschafft werden.

Wenn dies alles nicht hilft, empfehlen wir Ihnen, mit Sanktionen zu arbeiten. Möglichkeit eins ist, jemandem eine Platzhalterfunktion zu übertragen. Dies bedeutet einen Posten, der aus bestimmten Gründen existieren muss und bei dem – und das ist das Entscheidende – nicht viel falsch gemacht werden kann. Weitere Möglichkeiten sind Aufgaben, die keine bedeutsamen oder schwerwiegenden Fehler zur Folge haben können. Besonders geeignet sind solche Aufgaben, die Schritt für Schritt ganz genau definiert sind. Eindeutige Arbeitsaufträge, die stark gesteuert und kontinuierlich kontrolliert werden, stellen die optimale Form der Schadensbegrenzung dar.

Eine besonders pfiffige Lösung zum Umgang mit dem *Deadwood* berichtete uns einmal ein Seminarteilnehmer. Im Betrieb pflegte sich in regelmäßigen Abständen eine Vielzahl an Materialien anzusammeln, deren Entsorgung bislang an einen anderen Dienstleister übertragen wurde. Eines

Tages entschloss er sich kurzerhand, die Entrümpelung des Kellers nicht länger outzusourcen, sondern intern zu regeln – mit den *Deadwood*-Mitarbeitern. Diese Repositionierungs-Maßnahme hatte eine Kosteneinsparung von rund 3 Millionen Euro zur Folge und der Unternehmer hat seine Strategie beibehalten. Es mag sein, dass die *Deadwood*-Mitarbeiter nicht vor Glück jubelten. Dennoch, wenn man von einem nur noch vorhandenen Mindestmaß an Können und Wollen ausgeht, weswegen sich diese Mitarbeiter nicht mehr an der aktiven Wertschöpfung im Unternehmen beteiligen, dann sind *Deadwoods* mit einer solchen Aufgabe zumindest noch einigermaßen brauchbar.

Wie unser obiges Beispiel zeigt, scheint es ein in mehrfacher Sicht lohnenswerter Ansatz zu sein, die *Deadwoods* unter Ihren Mitarbeitern wieder produktiv werden zu lassen, sei es beim Ausräumen des Kellers, beim Archivieren oder beim Vernichten alter Akten. Es ist auf jeden Fall denkbar, dass Sie auf diese Weise wieder einen Fuß in die Tür zur Motivation, zum Wollen des Mitarbeiters setzen können. Gelingt dies, besteht die Möglichkeit, über einen graduellen Kompetenzaufbau nachzudenken; im Rahmen der Personalentwicklung könnten sich hieraus gezielte Qualifizierungsmaßnahmen ergeben. Lücken im Wissen und Können eines Mitarbeiters lassen sich in der Regel durch Ausbildung und Schulung relativ zeitnah beheben. Tabu sollten in jedem Fall Aufgaben mit Kundenkontakt sein. Der Schaden, der hier angerichtet werden könnte, ist nicht kalkulierbar.

Eine weitere Maßnahme besteht in der gezielten Isolation der Tätigkeiten eines Mitarbeiters von den übrigen Kollegen, um einen ungetrübten Einblick in dessen Arbeitsweise zu gewinnen, ohne dass die Einflüsse anderer auf die Qualität der Arbeit vorgeschoben werden könnte. Besonders für stark anschlussmotivierte Mitarbeiter bedeutet eine räumliche oder auf Arbeitsinhalte bezogene Isolation eine Kontrollmaßnahme, die schon einer Sanktionierung gleichkommt. Wägen Sie deshalb gut ab, welcher Schweregrad und welche Dringlichkeit vorliegen, um dem Mitarbeiter auf angemessene Weise zu begegnen. Bestrafen Sie nicht, bevor Sie die entsprechenden Belege und Beweise für eine solche Notwendigkeit gesammelt haben.

Eine weitere Alternative stellt die Versetzung an einen anderen Arbeitsplatz dar, an dem zum Beispiel überhaupt weniger Fehler gemacht werden können, oder die vielleicht in ihrem Ausmaß auch weniger gravierend ausfallen als beim vorherigen Aufgabenbereich. Hierbei helfen auch ganz klare und eindeutige Arbeitsanweisungen. Solche, die eigentlich nicht falsch verstanden werden und in sehr kleinen und engen Kontrollschleifen erfasst werden können.

Eine Versetzung wollen wir in keinem Fall mit dem beliebten Phänomen des Weglobens verwechselt wissen. Diese Vorgehensweise hilft der einzelnen Führungskraft vielleicht für kurze Zeit, schädigt aber das Unternehmen. Versetzungen sind dann das Mittel der Wahl, wenn sich die Demotivation aus Problematiken in der Zusammenarbeit mit Kollegen und/oder Führungskräften ergibt. Dann kann es sogar sein, dass der *Deadwood*-Mitarbeiter plötzlich wieder ein gern arbeitender *Workhorse* wird.

Führungsinstrument: Sanktion

Eine Ihrer Führungsaufgaben lautet, Bewegung zu erzeugen; dazu brauchen wir Motive und Motivation. Wir assoziieren Motivation im Allgemeinen mit positiven Dingen. Dass es auch eine andere Form der Motivation gibt, haben wir bereits beschrieben. Motivation auf etwas hin, das Aufsuchen von etwas Attraktivem, ist genauso Motivation wie das Wegbewegen von etwas Unattraktivem. Es gibt keinen Grund, warum man im Unternehmen nur mit der positiven Einflussnahme führen sollte, vielmehr gibt es eine ganze Reihe von Gründen, warum das nicht ausschließlich sinnvoll ist. Sie schränken zum Beispiel die Wahl Ihrer Beeinflussungsmittel sehr stark ein. Positiv motivieren fällt den meisten Menschen auf Anhieb leicht. Lob, Anerkennung, *Incentives* oder mehr Geld, dies ist alles unproblematisch. Sanktionierend motivieren durch Entzug oder negative Gegengewichte (Konsequenzen des Handelns) fällt jedoch vielen Führungskräften schwer. Setzen Sie hierbei an den Motiven an und wählen Sie – nach Notwendigkeit abgestuft – gesteigert wirksamere Maßnahmen.

Bei Anschlussmotivierten kann das etwa die Desintegration aus der Gemeinschaft in Form von Versetzung oder Einzelaufgaben und eine zeitweise Interesselosigkeit an der Person sein.

Bei Leistungsmotivierten ist es die Versagung der Anerkennung für das Geleistete oder die vorübergehende Nicht-Teilnahme an betrieblichen Wettbewerben oder der Entzug von Vergünstigungen.

Bei machtorientierten Mitarbeitern ist es die Zurücknahme des Einfluss- und Verantwortungsbereiches. Besonders empfindlich trifft diese Mitarbeiter natürlich das Ansetzen an prestige- oder statusrelevanten Kennzeichen, wie etwa ein kleinerer Dienstwagen oder der Entzug sonstiger Privilegien. Sanktionen sind auch jede Form der Einschränkung von gegebenen Freiheiten. Erst in letzter Konsequenz greifen Sie zu Ermahnung und Abmahnung, was dann gegebenenfalls auf eine Trennung hinausläuft.

Besteht ein Problem des Wollens, gibt es verschiedene Abstufungen bezüglich der Schweregrade. An erster Stelle steht die Nachlässigkeit. Nachlässigkeiten sind verzeihbar, bedürfen aber des Feedbacks. Es muss eine Botschaft von Seiten der Führungskraft gesendet werden: »Ich habe gesehen und wahrgenommen, dass Sie nicht vollständig bei der Sache sind.« Das Ziel muss sein, das Problembewusstsein des Mitarbeiters zu erhöhen. Im Wiederholungsfall müssen Sie Maßnahmen zur Konzentrationssteigerung einsetzen. Dies kann durch Planung, Strukturierung, Automatisierung oder Standardisierung von Abläufen sowie die Reduktion von ablenkenden Faktoren geschehen.

Bei fahrlässigem Verhalten wurde mit grober Unaufmerksamkeit oder Verstoß gegen bekannte Regeln gehandelt. Hier muss sanktioniert werden, und zwar zuerst durch deutliche Kritik, im Wiederholungsfall auch mit Andeutung von Konsequenzen. Ziel ist hierbei, das entsprechende Verhalten sofort und nachhaltig abzustellen.

Im Fall des Vorsatzes verhält sich der Mitarbeiter bewusst gegen die ihm bekannten Regeln. Dies erfordert unbedingt sofortige Sanktion, eventuell auch mit Öffentlichkeitswirkung. Regelverstöße haben leider eine ansteckende Wirkung, so dass das Bekanntwerden von sanktionierten Regelbrüchen gewissermaßen als Abschreckungsmaßnahme dient. Je nach Schwere des Vergehens kann man es natürlich auch bei einem Verweis oder einer Abmahnung belassen. Es kann aber auch Schweregrade geben, die zur sofortigen Trennung führen.

Generell gilt beim Thema Sanktionen Folgendes: Haben Sie keine Angst. Wenn Sie gerecht agieren, werden Sie kaum erleben, dass Sie die Gruppe der Mitarbeiter gegen sich aufbringen. Gerade die leistungsmotivierten Mitarbeiter betrachten Sanktionen für Nicht-Leister als Wertschätzung ihrer Leistung. Ganz wichtig: Bleiben Sie konsequent! Bevor Sie zu Sanktionen greifen, fragen Sie immer: »Halte ich das durch?« Konsequenz im Guten wie im Bösen ist wichtig für Ihre Akzeptanz. Sie können auch sagen: »Ein Versprechen muss gehalten werden.«

Für viele Führungskräfte stellen Sanktionen belastende Situationen dar, die sie emotional stark beschäftigen. Versuchen Sie aber nicht, die Sanktion zwar durchzuführen, sie aber gleichzeitig verbal klein zu reden, zu negieren oder durch besonders liebevolles, fürsorgliches oder verständiges Verhalten dem sanktionierten Mitarbeiter gegenüber erträglicher zu machen. Der Mitarbeiter muss lernen, dass es so nicht geht, und darf nicht durch zusätzlich geschenkte Aufmerksamkeit oder Rücksichtnahme noch belohnt werden.

Vermeiden Sie vom Beginn Ihrer Karriere an Situationen, die zu einer Aufhebung der Vertikalität führen. Sie sollten Ihren Mitarbeitern nicht zu nah sein und zu freundschaftlich gegenübertreten. Es kommen auf jeden Fall Situationen auf Sie zu, in denen die Vertikalität gebraucht wird – ob zur Bewegungssteigerung, zur Richtungseinhaltung oder bei der Richtungskorrektur. Besonders schwierig ist das für Vorgesetzte, die aus den Reihen der Mitarbeiter befördert wurden. Trotzdem sollten Sie versuchen, die von der Gruppe zugestandene Form und Intensität der Vertikalität, also des Abstandes zwischen Ihnen und den Mitarbeitern, zu nutzen. Wir meinen hier nicht, dass es keinen offenen, kollegialen und transparenten Umgang miteinander geben darf. Wir sprechen von Formen der »Verkumpelung«, die von den Mitarbeitern häufig gar nicht gewünscht und intendiert werden. Einzelne Führungskräfte führen sie aber in bestimmten Situationen, zum Beispiel auf Betriebsfesten, mehr oder weniger unbewusst herbei, um den Abstand zwischen sich und den Mitarbeitern zu verringern. Wir wollen auch kein krampfhaftes Beibehalten des »Sie«, auch wenn das »Du« mehr Nähe ausdrückt als das englisch-amerikanische »You«. Es sollte einer erwachsenen Führungskraft möglich sein, auch Mitarbeiter zur Gefolgschaft zu bringen, mit denen sie sich duzt. Eine professionelle Distanz brauchen Sie spätestens dann, wenn Sie sich mit *Deadwoods* auseinandersetzen müssen.

Nur wenn Sie bei Sanktionen mit Nachdruck und Konsequenz handeln, sind Sie für Ihre Mitarbeiter glaubwürdig und können Ihre Maßnahmen erfolgreich durchsetzen. Beachten Sie hierbei die folgenden neun Punkte:

1. Es muss ein *klares Verständnis* dafür da sein, was mit den Sanktionen bewirkt werden soll. Und das sowohl bei Ihnen als auch bei den Mitarbeitern.
2. Sanktionen sind *nur bei Wollen-, nicht bei Können-Themen* hilfreich. Wenn Sie auf mangelnde Qualifikation mit Sanktionen reagieren, überfordern Sie den Mitarbeiter und machen ihn hilflos – das hat nichts mit sinnvoller Führung zu tun.
3. Achten Sie darauf, dass es möglichst eine *zeitlich direkte Koppelung* gibt zwischen dem zu sanktionierenden Verhalten und der Sanktion.

4. Sanktionen müssen immer *zeitlich begrenzt* sein. Es gibt unserer Kenntnis nach kein betriebliches Verhalten, das dauerhaft zu sanktionieren ist. Wenn das Verhalten und die Leistung wieder akzeptabel sind, beenden Sie die Sanktion sofort.
5. *Knicken Sie nicht ein.* Auch wenn Sie Mitleid haben – was Sie als Mensch durchaus auszeichnet –, führt das bei den Mitarbeitern nur zu der Lernerfahrung, dass es ja doch noch Wege gibt, der Sanktion zu entgehen. Diesen Weg sollten Sie – so schwer es Ihnen auch fällt – verschlossen halten.
6. Lassen Sie bei entschuldbaren Themen durchaus auch einmal *Gnade vor Recht* ergehen. Machen Sie aber deutlich, dass die Gründe im Verhalten des Mitarbeiters liegen. So sollte zum Beispiel nach langjährigem tadellosem Verhalten ein schlimmer, aber erster Fauxpas nicht direkt zu Sanktionen führen.
7. Hören Sie *nicht auf des »Volkes Stimme«*, denn die wertet die Kriterien für Sanktionen anders und kümmert sich weniger um Verhaltensbeeinflussungen, sondern eher um Neid, Missgunst und offene Rechnungen. Das sind keine sinnvollen Voraussetzungen für Sanktionen.
8. Wenn Mitarbeiter dann immer noch nicht folgen wollen, nutzen Sie im Wiederholungsfall die Möglichkeit, *öffentlich sichtbar* zu sanktionieren. Hier müssen Sie, gerade um den Abschreckungseffekt zu erreichen, zu inszenierten Maßnahmen greifen. Setzen Sie diese Sanktionsschwere wirklich nur in Wiederholungsfällen ein, denn öffentlich wirksam zu sanktionieren ist schon eine harte Strafe.
9. Im nochmaligen Wiederholungsfall trennen Sie sich. Wenn Sie zulassen, dass man, und sei es Ihr bester Leistungsträger, andauernd gegen Ihre Anordnungen oder gegen gemeinsam aufgestellte Regeln verstößt, und Sie nicht handeln, verlieren Sie Ihre Glaubwürdigkeit. Der Verlust Ihres wichtigsten Leistungsträgers ist nichts im Vergleich mit den Problemen, mit denen Sie bei allen anderen Mitarbeitern zu kämpfen haben, wenn Sie sich nicht durchsetzen.

Wenn es nicht mehr geht – Trennung

Das Problem beim *Deadwood* ist häufig, dass Sie sich nicht so einfach trennen können. In den meisten Fällen liegt dies daran, dass Unternehmen sehr lange stillschweigend zugeschaut und nichts gegen die mangelnde Minderleistung und das Fehlverhalten unternommen haben. Es gibt viele

Unternehmen, die nicht so handeln können, wie sie wollen, weil die Personalvertretung zu stark ist und eine Trennung von entsprechenden Mitarbeitern nicht akzeptiert. Besonders wenn bislang die Strategie »Augen zu und ignorieren« angesagt war, ist es schwer, plötzlich für die Entlassung eines Mitarbeiters zu argumentieren.

Dieses Problem betrifft sowohl kleinere als auch umsatzstarke Unternehmen. Besonders in Zeiten, in denen es dem Unternehmen gut geht, erfahren Mitarbeiterentlassungen eine ausgesprochene Nulltoleranz. Dass Trennungen erfolgen, damit es dem Unternehmen auch morgen noch gut geht, erkennen die wenigsten Trennungsgegner. In anderen Unternehmen ist die Vertikalität nicht steil genug, um solche Entscheidungen konsequent durchsetzen zu können – den Führungskräften fehlt es an Macht.

Viele Unternehmen sind außerdem der Auffassung, dass es Ihnen billiger kommt, jemanden im Betrieb zu lassen und mitzuziehen, als sich von ihm zu trennen und eventuell eine einmalige Abfindung zu zahlen. Seien Sie sich jedoch bewusst, dass der Preis, der gezahlt wird, ohnehin nicht in Gehaltsziffern zu erfassen ist; denn der Preis, der am teuersten kommt, ist die Motivation der anderen, die durch den *Deadwood* kaputt gemacht wird. Aus diesem Grund befürworten wir, *Deadwoods*, die eine demotivierende Wirkung auf die übrigen Mitarbeiter ausüben, aus dem Unternehmen konsequent »herauszuentwickeln«.

Konsequenz in diesem Punkt scheint umso wichtiger, wenn man bedenkt, dass mancherorts der Mut zum Umdenken völlig zu fehlen scheint. In manchen Großunternehmen geht man von fünfstelligen Mitarbeiterzahlen aus, die das Unternehmen streichen könnte, ohne an Produktivkraft zu verlieren.

Die Scharfrichter-Methode

Gehen Sie anständig und fair mit Mitarbeitern um, und zwar bis zu dem Tag, an dem Sie sich trennen. Die Trennung sollte dann eindeutig, kurz und schmerzlos und im Zweifel gegen Geld erfolgen. Die »Rumzappelei« mit deutschen Arbeitsgerichten haben wir, wenn wir uns richtig erinnern, in 20 Jahren in noch keinem einzigen Fall als erfolgreich erlebt.

Beachten Sie: Bei Verhaltensthemen hat jeder das Recht auf eine zweite Chance, aber nicht auf eine dritte, vierte oder fünfte. Ihr Unternehmen kann nicht zu einer Anstalt für schwererziehbare oder verhaltensauffällige Mitarbeiter werden.

Wenn Sie einen Problemfall mit Leistungsdefiziten haben, ziehen Sie nicht den Leistungsstandard herunter, sondern machen Sie dem Mitarbeiter klar, dass er ein Problemfall ist und Sie alles in Ihrer Macht Stehende tun werden, um gemeinsam mit ihm diese Problematik zu lösen. Ziehen Sie eventuell Experten hinzu, sei es aus dem Personalbereich, der Personalentwicklung oder externe Berater oder Coaches – aber begrenzen Sie die Zeit. Setzen Sie sich nach gemeinsamer Beratung mit den Experten einen Zeitraum, innerhalb dessen eine deutliche Besserung eingetreten sein muss. Dann entwickelt sich der Mitarbeiter entweder wieder zurück zum *Workhorse,* oder Sie müssen über kurz oder lang (lieber über kurz) das Engagement auflösen.

Eine Schwierigkeit kann bei Mitarbeitern mit zu geringem Wachstumspotenzial auftauchen. Sie investieren, probieren und qualifizieren, aber Sie stellen fest, dass zu wenig umgesetzt wird. Tendenziell sollten Sie sich auch in solch einem Fall lieber wieder von dem Mitarbeiter trennen, denn er wird im allerbesten Fall nur Mittelmaß werden. Auch durch Druck wird das Anspruchsniveau dieser Leute selten besser. Doktern Sie nicht zu lange an solchen Fällen herum, weil Sie sich vor vielleicht negativen Konsequenzen scheuen. Hier müssen Sie als Führungskraft definieren, wie viel Investment für die Hebung welcher Potenziale betrieblich machbar und sinnvoll erscheint. Generell gilt jedoch, dass Sie Qualifikationsdefizite bei Mitarbeitern erheblich leichter beseitigen können als mangelnde Leistungsmotivation und die Bereitschaft, sich anzustrengen. Wenn Sie Leute haben, bei denen Sie feststellen, dass sie am liebsten eine warme, trockene und überdachte Umgebung haben, entfernen Sie sie lieber aus Ihrem Umfeld, vor allem dann, wenn bei Ihnen nicht das Kuscheleckenprinzip vorherrscht (vergleiche das Führungskultur-Modell in Kapitel 2). Denn sowohl auf einer Galeere als auch auf einer Segelyacht ist es nicht immer warm und trocken. Und das sollte jedem, der ein Unternehmens-Boot besteigt, bewusst sein.

Die Führungskraft im psychologischen Spannungsfeld

Bei der Mitarbeiterführung des *Deadwoods* werden Sie natürlich auch wieder mit verschiedenen Aspekten Ihrer eigenen Persönlichkeit konfrontiert. Vielleicht empfinden Sie sich selbst als zu weich oder zu nachgiebig, und der Umgang mit der angezeigten Härte fällt Ihnen schwer. Natürlich ist Ihr Verhalten auch stark abhängig vom Bereich, in dem Sie strenger durchgreifen wollen. In der Produktion ist es selbstredend leichter, Abläufe zu standardisieren und zählbar zu machen, während es erheblich schwieriger ist, eindeutige Kriterien für vielfältige Bürotätigkeiten in der Verwaltung zu schaffen. Deshalb ist es hier ein Muss, klare, schriftlich fixierte Vereinbarungen zu treffen, so dass sich beide Seiten auf den Kontrakt berufen können. So schaffen Sie auch in den Bereichen Verbindlichkeiten, in denen sich eine Messung der Leistung schwieriger gestaltet als in anderen.

In unserem Kulturraum sind das Recht auf persönliche Selbstbestimmung und Freiheit essentielle Werte. Das ist auch gut so. Es ist daher nicht verwunderlich, wenn Ihnen das Beschneiden der beruflichen Selbstbestimmung von Mitarbeitern in Form von harten Regulationen schwerfällt. Bei manchen Mitarbeitern handelt es sich aber wirklich um Problemkinder, und die kommen auch in den besten Familien vor. Bei deutlich abweichendem Verhalten beziehungsweise Leistungen sollte immer hart durchgegriffen werden. Warum? Um die Gemeinschaft zu schützen, aber auch, weil es häufig der einzige Weg ist, diese Kinder – wieder – in die Gemeinschaft zu integrieren. Integration gelingt weder durch Wegsehen noch durch pädagogisches Weichspülen. Je mehr Aufmerksamkeit Sie dem Fehlverhalten eines Mitarbeiters schenken, ohne dass dies für den Betroffenen Konsequenzen hat, desto mehr fühlt sich jemand in seinem Verhalten zu Recht geradezu bestärkt. Solange Sie jemandem nicht beweisen können, dass er seinen Arbeitsvertrag nicht erfüllt oder eine zwischen Ihnen getroffene schriftlich festgehaltene Vereinbarung nicht einhält, befindet sich der Mitarbeiter in der besseren Position.

Wie gewinne ich mehr Klarheit, Konsequenz und Verbindlichkeit? Wie treffe ich den richtigen Ton? Eine Frage, die viele Führungskräfte beschäftigt. Die Antwort lautet: Überlegen Sie sich Ihre Aussagen im Vorfeld sehr genau, schreiben Sie sie auf oder lernen Sie sie auswendig. Bleiben Sie bei aller Klarheit sachlich, das heißt keine emotionalen Reaktionen, und freundlich distanziert. Die wenigsten Menschen sind Freunde klarer Worte. Eine Kommunikation, bei der unmissverständlich deutlich wird, was gemeint ist, schränkt die Interpretationsfreiheit drastisch ein – und löst damit Angst aus. Klare Worte haben häufig etwas Endgültiges in unseren Ohren.

Dies ist besonders dann der Fall, wenn ein Thema von hoher Bedeutsamkeit ist: Je stärker der Grad der ausgelösten Emotionalität, desto unwahrscheinlicher wird eine rationale Antwort auf die deutliche Ansage, die Sie unter Umständen zu geben haben. Lassen Sie sich hiervon jedoch nicht irritieren. Bleiben Sie freundlich und erhalten Sie dadurch auch für Ihren Gesprächspartner die Möglichkeit, auf einer konstruktiven Ebene weiter zu kommunizieren – auch wenn die Thematik eine brenzlige ist. Denn eines ist sicher: Realitäten sind unterschiedlich, manchmal unglaublich unterschiedlich. Auf wessen Realität man sich schließlich einigt, ist eine Frage der Macht. Sie besitzen die Macht, bei Ihren *Deadwood*-Mitarbeitern mehr Realitätsdruck zu erzeugen. Und dies erreichen Sie am besten mit der Verbindlichkeit klarer Worte und eindeutigen Aussagen.

Einen wichtigen Aspekt dürfen Sie bei Entscheidungen, Vereinbarungen und Sanktionen gegenüber dem *Deadwood* jedoch nicht vergessen: Sichern Sie sich nach oben hin ab. Die Strategie Ihrer Wahl muss von Ihren Vorgesetzten und anderen Verantwortungsträgern unbedingt mitgetragen werden. Wenn Sie sich dafür entscheiden, nicht weiter in einen Mitarbeiter zu investieren, besteht die Gefahr, dass er die »Öffentlich-Gekreuzigten-Nummer« spielt und die Führungskraft über Ihnen schwach wird und umfällt – dann sind Sie der Dumme und stehen im Regen. Sichern Sie sich deshalb vorher ab, damit Sie keine unangenehme Überraschung erleben und Ihnen bei Ihrem Vorgehen niemand in den Rücken fällt.

Als Führungskraft geraten Sie allzu oft in eine Position, die Sie zwischen den Stühlen sitzen lässt. Das Management des Unternehmens erwartet von Ihnen, dass Sie bestimmte Ziele erreichen und Aufgaben beziehungsweise Herausforderungen meistern. Ihnen zugeordnet sind Mitarbeiter, die von Ihnen erwarten, anerkannt, belohnt, wertgeschätzt, gefördert und motiviert zu werden. In dieser Sandwich-Position machen Sie – vielleicht zum ersten Mal – die Erfahrung, dass sich eigentlich niemand mehr wirklich für Ihre Belange interessiert. Manchmal beschleicht Sie vielleicht, zumindest am Anfang der Führungslaufbahn, ein gewisses Gefühl von Einsamkeit und Leere. Die Einsamkeit resultiert daraus, dass es nicht mehr allzu viele Leute gibt, mit denen Sie Ihre Sorgen und Gedanken besprechen können, denn die früheren Ansprechpartner, Ihre Kollegen auf der Mitarbeiterebene, sind ja häufig Teil der Sorgen. Hoffen Sie deshalb nicht auf die Solidarität im Team. Die übrigen Mitarbeiter solidarisieren sich manchmal mit einem *Deadwood,* obwohl sie das Verhalten auch nicht wirklich gut finden und selbst darunter leiden. Vielleicht, weil sie niemanden anschwärzen oder selbst keine Verantwortung übernehmen wollen.

Es ist ein ganz normales Phänomen, dass niemand schwierige Entscheidungen treffen will, sei es aus Angst, einen Fehler zu begehen und sich schuldig zu machen, oder um sich nicht alleine positionieren und gegen den Strom der Mehrheit schwimmen zu müssen. Viele setzen die kollegiale Solidarität höher als die Wirtschaftlichkeit des Unternehmens oder die Gerechtigkeit zwischen den Mitarbeitern. Für Sie ist deshalb wichtig, den Mut zu haben, auch mal einen unbequemen, aber konsequenten Weg zu gehen. Zuerst will keiner seinen Kopf hinhalten, aber sobald eine richtige Entscheidung erste Früchte trägt, will niemand dagegen gewesen sein, und anfängliche Widerstände sind plötzlich auf wundersame Weise aus der gemeinsamen Erinnerung gelöscht.

Mit der Übernahme einer Führungsaufgabe wird Ihr Wirken und Handeln in der Organisation viel sichtbarer als das der Mitarbeiter. Sie stehen von nun an durchgängig im Rampenlicht; je höher Sie in der Hierarchie steigen, desto stärker sind die Scheinwerfer auf Sie gerichtet. Sie betreten ein Spannungsfeld, das sich an verschiedenen Polen ausrichtet, zwischen denen Sie sich von nun an bewegen. Diese Rolle beinhaltet, dass Sie in einer Vielzahl von Situationen möglicherweise nicht oder nicht sofort sagen können oder dürfen, was Sie zu dem Thema wirklich denken. Sie müssen sich eindeutig auf der richtigen Seite des Tisches platzieren und das ist die Seite, welche die Interessen des Unternehmens vertritt. Ihre Aufgabe als Funktionsträger ist es, die Ziele des Unternehmens effizient zu erreichen. Durch das Stehen im Rampenlicht wird jede Äußerung, jede Handlungsweise und auch Unterlassung mit ganz anderer Aufmerksamkeit verfolgt, als dies früher in Ihrer Rolle als Mitarbeiter der Fall war. Was erwartet Ihr Unternehmen von Ihnen? Sie sollen den Profit steigern. Dies sollen Sie tun, indem Sie den Umsatz erhöhen, Wettbewerbspositionen verbessern, den Marktanteil ausbauen, die Größe oder Bedeutsamkeit des Unternehmens steigern und Kosten einsparen, verschlanken, dieselben Tätigkeiten mit weniger Mitarbeitern vollziehen oder günstiger einkaufen. Sie sollen Ihre Führungsaufgaben wahrnehmen, bewegen, ausrichten und integrieren, Abläufe sicherstellen und optimieren und zwar sowohl innerhalb der eigenen Abteilung als auch zwischen den Abteilungen.

Man erwartet dabei von Ihnen aber auch Problem- und Geräuschlosigkeit. Man macht einen ganzen Teil Ihres Erfolgs und Ihrer Kompetenz daran fest, dass man wenig Problematisches von Ihnen hört. Sie sollen Ruhe in der Mannschaft sicherstellen. Man erwartet aber auch Exekutionsvermögen von Ihnen, das heißt, Sie müssen in der Lage sein, Entscheidungen des Managements schnell und effizient umzusetzen. Man erwartet außerdem Durchhaltevermögen. Ein Kunde von uns hat das einmal mit dem Begriff »Quäl-Potenzial« anschaulich beschrieben. Man erwartet von Ihnen die Bereitschaft, nicht schon bei der kleinsten Schwierigkeit aufzugeben, und mit hoher Nachhaltigkeit, Ausdauer und Belastbarkeit an den Ihnen gestellten Aufgaben zu arbeiten.

Es gibt auch noch Erwartungen, die häufig nicht offiziell genannt werden. Man erwartet natürlich, dass Sie dem Management des Unternehmens Gefolgschaft leisten. Hinzu kommen die Interessen der Mitarbeiter, die nicht immer denen des Unternehmens entsprechen. Hier sind Sie wieder in einer Vermittlerrolle.

Kennen Sie den Film *Die Feuerzangenbowle* mit Heinz Rühmann? Wir haben uns die Frage gestellt, warum dieser Film mit schöner Regelmäßigkeit alle paar Jahre wiederholt wird. Es gibt Hunderte von Filmen aus dieser Zeit, die wir uns alle nicht mehr anschauen. Warum also ausgerechnet *Die Feuerzangenbowle*? Wenn etwas zum Kult wird, das kommt schließlich von Kultur, können wir ziemlich sicher sein, dass irgendetwas daran zu uns spricht. Das ist bei den überdauernden Klassikern der Werke von Goethe, Mozart, Wagner oder van Gogh zweifelsohne der Fall. Was aber spricht in der *Feuerzangenbowle* zu uns? Erinnern wir uns: Hans Pfeiffer drückt, obwohl inzwischen erfolgreicher Schriftsteller, noch einmal die Schulbank. Was sucht er dort? Möglicherweise ist der unbeschwerte Umgang mit Autoritäten nicht zu verachten, auch die zarte Liebesgeschichte mit der Oberprimanerin hat sicher ihren Reiz. Aller Wahrscheinlichkeit nach sucht er aber noch etwas anderes, nämlich die Erfüllung eines alten Menschheitstraumes. Hans Pfeiffer möchte mit dem Wissen von heute noch einmal jung sein, denn in der Jugend liegt für ihn der Schlüssel zur Sorglosigkeit verborgen. Er wünscht sich zurück in den Zustand der Sorgenfreiheit. Und damit sind wir bei dem von Ihnen zu zahlenden Preis für den Aufstieg in der Hierarchie angekommen – dem »Verlust der Sorglosigkeit«.

Wir hoffen sehr, dass wir Ihnen einen wertvollen Kompass an die Hand gegeben haben, der Ihnen im psychologischen Spannungsfeld des Führungsalltags als Orientierungshilfe dient.

Eine letzte Empfehlung möchten wir Ihnen noch mit auf den Weg geben. In manchen Situationen kann es sein, dass die Spannung unerträglich wird, oder Sie einfach einen Ratschlag brauchen von jemandem, der Sie versteht. Suchen Sie sich für solche Momente einen Mentor oder Coach, der Sie in Ihrer Entwicklung begleitet und unterstützt. Der Mentor sollte jemand sein, der in der Phase der beruflichen Entwicklung deutlich weiter ist als Sie, damit Sie von seinen Erfahrungen profitieren können. Sollte ein entsprechender Mentor nicht verfügbar sein, suchen Sie sich einen erfahrenen und professionellen Coach. Es ist nicht ehrenrührig, jemanden darum zu bitten, Sie zu trainieren und Erfahrungen mit Ihnen aufzuarbeiten und auszutauschen. Wenn jemand sportlich fit werden will, vertraut er sich ja auch einem Trainer an. Achten Sie auf jeden Fall darauf, dass Sie jemanden finden, der langjährige Erfahrungen in einer vergleichbaren Aufgabe hat, bereit und auch in der Lage ist, seine Erfahrungen und sein Wissen weiterzugeben, und selbst ein gutes Modell darstellt. Nutzen Sie die Funktion professioneller Unterstützung frühzeitig. Nur so haben Sie die Gelegenheit, die Themen, die Sie beschäftigen, durchzuarbeiten. Der Mentor oder Coach kann Hilfe zur Selbsthilfe leisten und neue respektive erweiterte Sichtweisen einbringen.

Literatur

Amelang, M.; Bartussek, D.: *Differentielle Psychologie und Persönlichkeitsforschung.* 5. Aufl. Stuttgart: Kohlhammer 2001.

Asendorpf, J. B.: *Psychologie der Persönlichkeit.* Berlin: Springer 2003.

Bandura, A.: *Social Foundation of thought and action.* New York: Prentice-Hall 1986.

Csikszentmihalyi, M.: *Das Flow-Erlebnis. Jenseits von Angst und Langeweile: im Tun aufgehen.* Stuttgart: Klett Cotta 1985.

Csikszentmihalyi, M.: *Kreativität. Wie Sie das Unmögliche schaffen und Ihre Grenzen überwinden.* Stuttgart: Klett Cotta 1996.

Collins, J.: *From Good to Great. Why some Companies make the leap ... and others don't.* New York: Harper Business 2001.

Damasio, A. R.: *Descartes' Error: Emotion, Reason, and the Human Brain.* New York: G. P. Putnams' Sons 1994.

Fiedler, F.; Chemers, M. M.: *Improving Leadership Effectiveness: The Leader match Concept.* New York: Wiley Press 1984.

Frankl, V. E.: *Der unbedingte Mensch.* Wien: Franz Deuticke 1949.

Goleman, D.: *Emotionale Intelligenz.* München: Hanser 1996.

Goleman, D.; McKee, A.; Boyatzis, R.: *Emotionale Führung.* Berlin: Ullstein 2003.

Hersey, P.; Blanchard, K. H.: *Management of organizational behaviour: Utilizing human resources.* Englewood Cliffs: Prentice-Hall 1987.

Maslow, A. H.: *Motivation und Persönlichkeit.* Olten: Walter-Verlag 1977.

McClelland, D. C.: *Macht als Motiv. Entwicklungswandel und Ausdrucksformen.* Stuttgart: Klett-Cotta 1978.

McGregor, D.: *The human side of enterprise*. New York: McGraw-Hill 1960.

Neuberger, O.: *Arbeit: Begriff – Gestaltung – Motivation – Zufriedenheit*. Stuttgart: Enke 1985.

Lorenz, M.; Rohrschneider, U.: *Praxishandbuch für Personalreferenten*. Frankfurt am Main/New York: Campus 2007.

Schulz von Thun, F.: *Miteinander Reden 1. Störungen und Klärungen*. Hamburg: rororo 1981.

Schulz von Thun, F.: *Miteinander Reden 2. Stile, Werte und Persönlichkeitsentwicklung*. Hamburg: rororo 1989.

Schulz von Thun, F.: *Miteinander Reden 3. Das »innere Team« und situationsgerechte Kommunikation*. Hamburg: rororo 1998.

Schwarzer, R.: *Streß, Angst und Hilflosigkeit*. Stuttgart: Kohlhammer 1981.

Seligman, M.: *Erlernte Hilflosigkeit*. Weinheim: Beltz 2000.

Register